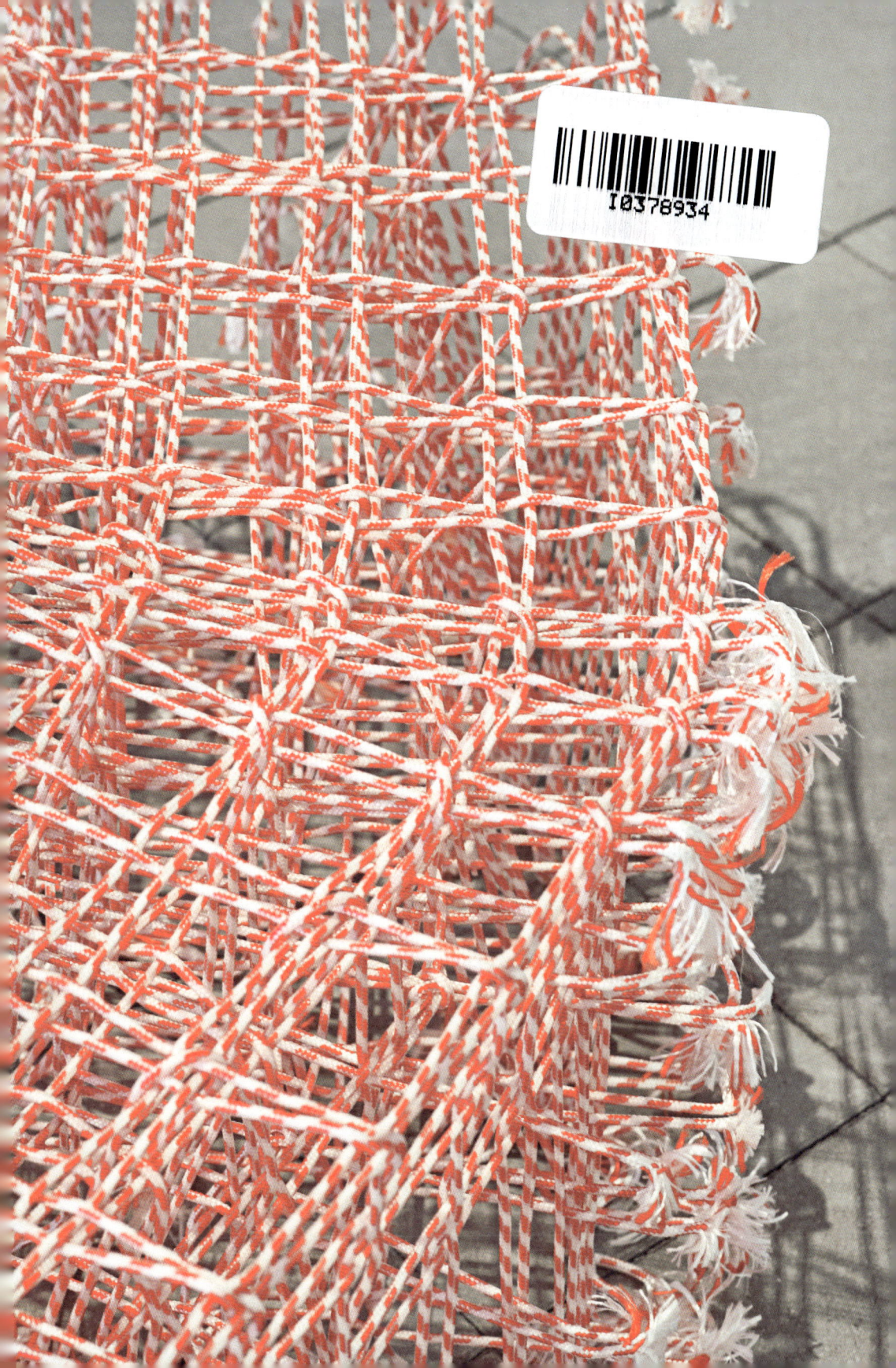

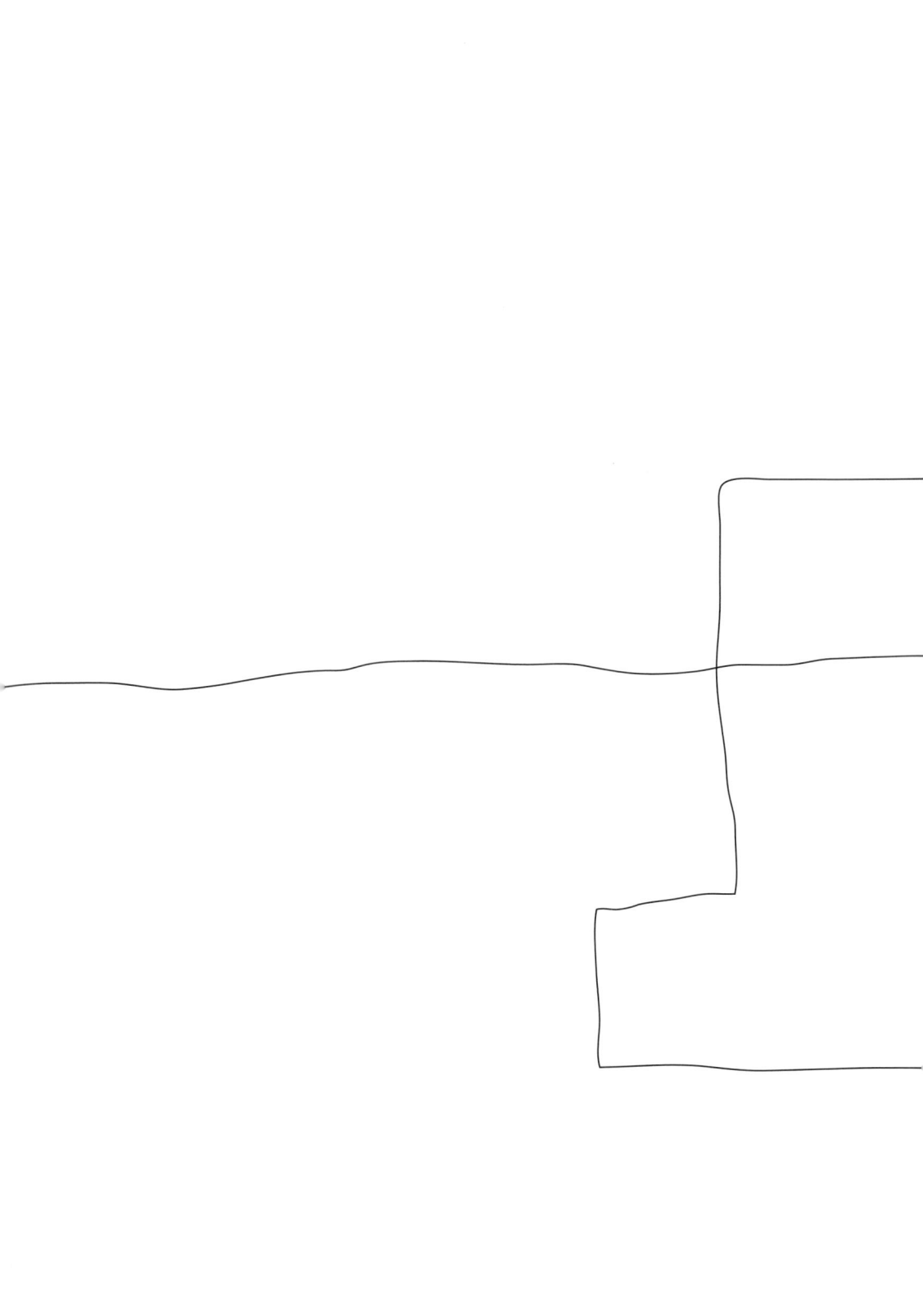

FIBRE—FIXED

COMPOSITES IN DESIGN

Lut Pil & Ignaas Verpoest

stichting kunstboek

In 2002, Design Museum Gent organized the successful exhibition *From bakelite to composite. Design in new materials*, an initiative of materials expert engineer Ignaas Verpoest. This exhibition predominantly focused on historical and contemporary examples of furniture, lighting and interior designs, but also sports equipment, cars and bicycles made of composite materials were put on display.

The exhibition was conceived as a first introduction to composites and as an instrument for discussions on delicate topics such as the duality between composites and plastics, between technique and beauty, between form and function. The exhibition wanted to demonstrate that there is still an evolution in the use of composites and that there is still plenty of room for innovations with regard to materials, production processes and design.

And indeed, 13 years later, in 2015, the very same Ignaas Verpoest, together with design historian Lut Pil, created *Synthetic by Nature*. Linked to a symposium by the same name, the museum displayed some fifty objects made of flax and hemp fibre composites. The exposition and the symposium outlined the innovations and future perspectives of bio-based composites.

Today, 2018, the debate on a sustainable society is more relevant than ever. *Fibre-Fixed. Composites in Design* takes this debate a step further and emphasizes the need for reflection on how designing with fibre-reinforced materials can contribute to finding solutions for social challenges like global warming, ecological impact, sustainability, mobility issues, an ageing population and digitization.

Through its operation, Design Museum Gent wants to create social awareness of the impact of design on the quality of everyday life and of the way in which design reflects our current identity and explores our future.

Design museums all over the world are going through a transition. They are in tune with complex issues in our present-day society, such as environmental and mobility topics, an ageing population and impoverishment, superdiversity and e-culture, and more than ever they take up the role of propagators of the importance of design in a fast-changing society. We also want to remain in tune with the complexities of current day society and make room for reflection on the future role of design and designers. For design is visible everywhere and determines our quality of life in so many ways. As a museum we want to make a sustainable contribution to society and help to build a better living and working environment.

Therefore, I would like to express my thanks to the curators Lut Pil and Ignaas Verpoest and to the Dutch designers collective envisions for their passionate commitment and the many years they have invested in preparing this exposition. Co-creation and connection was made between different worlds and industries, and this has resulted in a substantial added value.

I would also like to express my thanks to the partners that have contributed to this publication: Huntsman, Solvay, Toray Carbon Fibers Europe S.A, JEC-World, 3B-The Fibreglass Company.

Katrien Laporte
Director Design Museum Gent
Ghent, 7 October 2018

In 2002 presenteerde Design Museum Gent de succesvolle tentoonstelling *Van bakeliet tot composiet. Design met nieuwe materialen* op initiatief van materiaalkundig ingenieur Ignaas Verpoest. De tentoonstelling bracht hoofdzakelijk historische en hedendaagse voorbeelden op het vlak van meubilair, verlichting en interieurvormgeving, maar ook sportuitrusting, auto's en fietsen gemaakt uit composietmaterialen werden getoond.

De expo was bedoeld als eerste kennismaking met composieten en als instrument voor verdere discussies over gevoelige punten zoals de dualiteit tussen composieten en plastics, tussen techniek en schoonheid, tussen vorm en functie. De tentoonstelling wou ook aantonen dat het gebruik van composieten nog steeds evolueert en dat er nog veel ruimte is voor innovatie op het vlak van materialen, productieprocessen en design.

En zie, 13 jaar later in 2015 maakte dezelfde Ignaas Verpoest, samen met designhistorica Lut Pil, *Synthetic by Nature*. Gelinkt aan het gelijknamige symposium toonde het museum een vijftigtal objecten gemaakt uit vlas- en hennepvezelcomposieten. In de tentoonstelling en tijdens het symposium werden de innovaties en toekomstperspectieven voor biogebaseerde composieten geschetst.

In 2018 is het debat rond een duurzame samenleving actueler dan ooit. *Fibre-Fixed. Composites in Design* gaat nog een stap verder en onderstreept de noodzaak om na te denken over hoe ontwerpen met vezelversterkte materialen kan bijdragen aan en oplossingen bieden voor maatschappelijke uitdagingen zoals klimaatopwarming, ecologische impact, duurzaamheid, mobiliteitsproblematiek, veroudering van de bevolking en digitalisering. Design Museum Gent wil immers via haar werking de samenleving bewust maken van de grote impact van vormgeving op de kwaliteit van ieders dagelijks leven en van hoe design onze identiteit weerspiegelt en onze toekomst verkent.

Overal ter wereld zijn designmusea in transitie. Ze verhouden zich tot complexe tendensen in onze samenleving zoals het milieu- en mobiliteitsvraagstuk, de vergrijzing en verarming, superdiversiteit en e-cultuur, en ze nemen meer dan ooit de rol op om in die snel veranderende samenleving het belang van design uit te dragen. Ook wij willen ons verhouden tot die complexe maatschappelijke actualiteit en ruimte scheppen voor reflectie over de rol van design en de designer in de toekomst. Design is immers overal en bepaalt op talloze manieren ieders levenskwaliteit. Als museum willen we ook duurzaam bijdragen aan de samenleving en meebouwen aan een betere omgeving om te wonen en te werken.

Ik dank dan ook graag de curatoren Lut Pil en Ignaas Verpoest en het Nederlandse designerscollectief envisions voor het gedreven engagement en de jarenlange voorbereiding voor deze expo. Co-creatie, connectie en verbinding tussen verschillende werelden en sectoren werden gemaakt en leiden tot een enorme meerwaarde.

Dank ook aan de partners die bijgedragen hebben aan deze publicatie: Huntsman, Solvay, Toray Carbon Fibers Europe S.A, JEC-World, 3B-The Fibreglass Company.

Katrien Laporte
Directeur Design Museum Gent
Gent, 7 oktober 2018

8	Fibres Fixing the Future *Lut Pil & Ignaas Verpoest*
22	Sustainable mobility *Ignaas Verpoest*
76	Composites 'close to you' *Ignaas Verpoest*
98	Architecture and the city: designing with composite materials *Lut Pil*
132	Biofibres, recycling, unusual shapes. Experimenting with composites *Lut Pil*
164	Light Light: carbon fibre composite for a lightweight chair *Lut Pil*
196	Co-creation: the dialogue between argumentation and imagination *Gert Staal*
214	envisions & ECO-oh! The hidden potential *Dewi Kruijk*
230	The science behind composites *Ignaas Verpoest*
238	Colophon

9   Fibres Fixing the Future
    Lut Pil & Ignaas Verpoest

23 Duurzame mobiliteit
    Ignaas Verpoest

77 Composieten 'close to you'
    Ignaas Verpoest

99 Architectuur en stad: ontwerpen met composietmaterialen
    Lut Pil

133 Biovezels, recycleren, ongewone vormen. Experimenteren met composieten
    Lut Pil

165 Light Light: koolstofvezelcomposiet voor een lichtgewicht stoel
    Lut Pil

197 Co-creatie: de dialoog tussen bewijsvoering en verbeelding
    Gert Staal

215 envisions & ECO-oh! Het verborgen potentieel
    Dewi Kruijk

231 De wetenschap achter composieten
    Ignaas Verpoest

238 Colofon

FIBRES FIXING THE FUTURE

Lut Pil and Ignaas Verpoest

Fibre-Fixed. Composites in Design presents a broad selection of design projects using composite materials. The book, published on the occasion of the exhibition of the same name held at the Design Museum Gent and designed by graphic design agency Team Thursday, outlines the possibilities of combining fibres with another type of material, often (bio)plastic, to form fibre-reinforced composites.

These fibres can be carbon, glass or other synthetic fibres, or natural fibres such as flax, hemp, jute and silk because nature is also a source of very stiff and strong fibres. The internal structure of fibres can be manipulated, by man or nature, in such a way that its properties become exceptional. Glass fibres are remarkably strong because they are almost flawless. Carbon fibres are incredibly stiff because their internal graphite structure is almost perfect and strongly oriented in the direction of the fibres. In addition to these two fibre types, experiments are carried out with less obvious fibres such as pine needles, banana and rice husk fibres.

Fibres are intrinsically strong, stiff and light, but they are also very supple because they are so thin. In a yarn or fabric these supple fibres glide over each other, making the textile very supple and therefore easy to process into a composite end product.

Plastics or polymers are especially interesting: they are light, colourful and easy to shape into a multitude of different forms. However, they have one essential disadvantage: they are flaccid and easily deformed by exerting only a limited force. The raw material for plastics is usually petroleum or natural gas, but the use of natural or renewable resources (plants, algae...) is growing, which is why these materials are referred to as bioplastics or biopolymers.

When the fibres are glued together or 'fixed' with these (bio)plastics, the strength and stiffness of the fibres is transferred to the whole structure. The lightness of polymers is combined with the stiffness and strength of the fibres, creating a light, stiff and strong composite material or fibre-reinforced polymer. The title of the book and the exhibition *Fibre-Fixed* reflects the essence of composite materials (technically speaking): only when the fibres are fixed and immobilized can they transfer their outstanding properties onto the whole material. The combination 'lightweight and strong and stiff' is unique and cannot be achieved by (non-reinforced) plastics, metals or ceramics.

Composite materials fascinate designers because composites are light, strong and stiff, can easily be molded into products with complex geometric shapes, are versatile in many ways and are potentially highly sustainable. These are the four basic principles of composite materials.

But also the formability of composites has inspired designers from the very beginning to engage in extremely interesting experiments and to create innovative designs that could not (or only laboriously) be accomplished with other materials. As (in most cases) the basis for production is a textile fibre structure, it can easily be draped over the most complex of structures, sometimes traditionally by hand, sometimes in a

Courtesy Peugeot Design Lab

FIBRES FIXING THE FUTURE

Lut Pil en Ignaas Verpoest

Fibre-Fixed. Composites in Design brengt een uitgebreide selectie design-projecten waarin gewerkt wordt met composietmateriaal. Het boek, dat wordt uitgegeven naar aanleiding van de gelijknamige tentoonstelling in Design Museum Gent en is vormgegeven door envisionaires Team Thursday, bespreekt wat er mogelijk is wanneer vezels worden gecombineerd met ander materiaal, veelal een (bio)plastic, en zo vezelversterkte composieten vormen.

De vezels kunnen koolstof-, glas- of andere synthetische vezels zijn, of natuurlijke vezels zoals vlas, hennep, jute en zijde, want ook de natuur zorgt voor bijzonder stijve en sterke vezels. De inwendige structuur van vezels kan, door mens of natuur, zodanig worden gemanipuleerd dat de eigenschappen uitzonderlijk worden. Glasvezels zijn bijzonder sterk omdat ze bijna geen fouten bevatten. Koolstofvezels zijn enorm stijf omdat de inwendige grafietstructuur bijna perfect is en sterk georiënteerd in de vezelrichting. Daarnaast experimenteert men met minder voor de hand liggende vezels, zoals met dennennaalden, bananen- en rijstschilvezels.

Vezels zijn intrinsiek sterk, stijf en licht, maar zijn tegelijkertijd ook heel soepel, omdat ze zo dun zijn. Ook in een garen of weefsel glijden die soepele vezels over elkaar, waardoor het textiel eveneens soepel wordt en dus makkelijk te verwerken tot een composiet eindproduct.

Plastics of polymeren zijn bijzonder aantrekkelijk: ze zijn licht, kleurrijk en eenvoudig te vervaardigen in de meest uiteenlopende vormen. Toch hebben ze een groot nadeel: ze zijn slap en kunnen met geringe krachten makkelijk vervormd worden. De grondstof voor plastics is normaal petroleum of gas, maar natuurlijke of hernieuwbare grondstoffen (planten, algen…) worden steeds meer gebruikt; men spreekt dan van bioplastics of biopolymeren.

Als de vezels aan elkaar worden gekleefd of 'gefixeerd' met die (bio)-

plastics, wordt de sterkte en stijfheid van de vezels overgebracht op het geheel. De lichtheid van polymeren wordt gecombineerd met de stijfheid en sterkte van vezels, en zo ontstaat een licht, stijf en sterk composietmateriaal of vezelversterkt polymeer. De titel van het boek en de tentoonstelling *Fibre-Fixed* vat dus de essentie weer van wat een composiet (technisch gesproken) is: alleen als de vezels gefixeerd of geïmmobiliseerd zijn kunnen zij hun uitstekende eigenschappen overbrengen op het gehele materiaal. De combinatie 'licht en sterk en stijf' is uniek en kan niet gerealiseerd worden met (onversterkte) plastics, metalen of keramische materialen.

Designers zijn geboeid door composieten, omdat composieten licht, sterk en stijf zijn, makkelijk te vormen zijn tot producten met complexe geometrieën, in vele opzichten veelzijdig zijn en een zeer groot duurzaamheidspotentieel hebben. Dit zijn de vier basisideeën rond composieten.

Maar ook vormvrijheid heeft van het begin af aan designers geïnspireerd tot bijzonder interessante experimenten en innovatieve creaties die met andere materialen niet mogelijk (of zeer moeilijk) zouden zijn. Omdat men (meestal) start van een textiele vezelstructuur, kunnen makkelijk complexe vormen gedrapeerd worden, soms heel manueel en ambachtelijk, soms uitermate geautomatiseerd. Bovendien zijn composieten geschikt voor heel kleine tot zeer grote objecten (van millimeter-kleine implantaten tot windmolenwieken van 80 meter lang) en kunnen zeer veel verschillende materiaalcombinaties (vezels, kunststofmatrix) gebruikt worden. De vezels zijn in een oneindig aantal textiele vormen beschikbaar. Dit leidt tot vele mogelijkheden om andere (visuele, tactiele, haptische...) eigenschappen te realiseren. Gecombineerd met een zeer sterk duurzaamheidspotentieel kunnen composieten ingezet worden voor belangrijke maatschappelijke uitdagingen.

© Studio Carina Deuschl
left IL Hoon Roh, Nodus (2014) © 2018 Studio IL Hoon Roh

Die uitdagingen zijn onder meer klimaatopwarming, ecologische impact, duurzaamheid, mobiliteitsproblematiek, veroudering van de bevolking en digitalisering. De evolutie naar een steeds meer urbane samenleving vereist nieuwe mobiliteitsconcepten en meer energie-efficiënte voertuigen. Composieten zijn daarvoor essentieel. In een inclusieve samenleving waarin ook andersvaliden volledig participeren, en met een verouderende bevolking, kunnen composiete hulpmiddelen bijdragen tot betere integratie. Daarnaast heeft een duurzaam producerende samenleving nood aan hernieuwbare energie, energiezuinige transportmiddelen, snelle robots en lichte exoskeletten. Composieten helpen dit realiseren. Omdat de meeste composieten steeds leiden tot lichtere producten en objecten, zal dit bij zeer vele 'bewegende' toepassingen (auto's, vliegtuigen, fietsen...) leiden tot sterke energiebesparingen tijdens het gebruik. Bovendien worden steeds meer biogebaseerde vezels en bioplastics gebruikt, waardoor de ecologische voetafdruk van composietmaterialen verder wordt verlaagd. Recyclage werd lang als een negatief punt vermeld, maar recent zijn daarvoor

fully automated production process. Moreover, composites are suitable for making very small or very large objects (ranging from tiny millimeter-size implants to 80-meter long windmill blades) and can be composed of a wide variety of material combinations (fibres, plastic matrix). The fibres are available in an infinite number of textile forms. This offers a great potential to realize other (visual, tactile, haptic...) properties. In combination with their excellent sustainability potential, composites can be used to resolve a number of major societal challenges.

These challenges include global warming, ecological impact, sustainability, the issue of mobility, demographic ageing and digitization. The evolution towards an increasingly more urban society requires new mobility concepts and more energy-efficient vehicles. Composites are essential within that context. In an inclusive society that enables the physically or mentally challenged to participate fully, and with an ageing population, composites can contribute to a better integration. Furthermore, a sustainable society requires renewable energy sources, energy-efficient means of transport, fast robots and light exoskeletons. Composites can help to accomplish this. As most composites reduce the weight of products and objects, this will lead to a substantial energy saving in many 'moving' applications (cars, airplanes, bicycles...). Moreover, bio-based fibres and bioplastics are used to an increasing extent, reducing the ecological footprint of composite materials even further. For a long time recycling was considered a downside, but recently technically and economically viable processes have been developed and put into operation. This enhances the sustainability potential of composites.

The specific properties of composites are also the basis for projects and objects that combine high-tech and functionality with artistic imagination, experiments, poetry, controversial beauty, craftsmanship, old and new cultural habits.

RECOGNIZABLE YET DIFFERENT

Applying the basic principle of hardening textile fibres allows designers to create familiar objects from a different perspective. Using synthetic yarns made of a material obtained from recycled PET bottles Fransje Gimbrère (NL) weaves 3D shapes, impregnates them with bioresin, which is then cured to create a 'hard textile'. The seemingly fragile volumes of these *Standing Textile(s)* (2016-2017) become sturdy structures that can function as cabinets or seating elements.[1]

Intertwined, impregnated and cured carbon fibre is the material that was used to make the supporting structure of *Rami Bench Paris* (2014), a bench created by the South Korean designer IL Hoon Roh. The carbon fibre bundles are hand-knotted. The special pattern in which, to some extent, the threads try to find their own way conjures up associations with tree branches. This reference to trees is not coincidental. IL Hoon Roh is often inspired by the efficient principles of nature.

"Rami, which mean 'tree branches' in Latin, originated from the designer's architectural design research on 'Non-directional Spatial Skeleton Structure' in 2004. Inspiration for such original research derived from the designer's fascination with the rigidity and lightness of a bird skull which led to his long-term study of lightweight, structurally optimised and efficient designs found in nature which have been formed and tested through the evolutionary process and which strictly follow the principle of 'form follows function'. Like the designer's other designs, the Rami series incorporates such optimised characteristics of designs found in nature."[2]

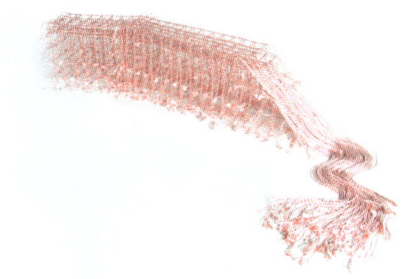
Fransje Gimbrère, Standing Textile(s) (2017)
Photo: Fransje Gimbrère

IL Hoon Roh, Rami Bench Paris (2014) © 2018
Studio IL Hoon Roh

technisch en economisch haalbare processen ontwikkeld en operationeel gemaakt. Composieten hebben zo een zeer sterk duurzaamheidspotentieel.

Tegelijkertijd zijn de eigenschappen van composieten het uitgangspunt voor projecten en gebruiksobjecten waarin hightech en functionaliteit gecombineerd worden met artistieke verbeelding, experiment, poëzie, tegendraadse schoonheid, ambacht, oude en nieuwe culturele gebruiken.

HERKENBAAR EN TOCH ANDERS

Reeds met het basisprincipe van het uitharden van textiele vezels kunnen vertrouwde objecten vanuit een ander perspectief worden ontworpen. Fransje Gimbrère (NL) weeft met gekleurde touwen die gemaakt zijn uit het materiaal van gerecycleerde petflessen en creëert er 3D-vormen mee die ze met biohars impregneert en dan laat uitharden. De ogenschijnlijk fragiele volumes van deze *Standing Textile(s)* (2016-2017) worden stevige constructies en kunnen bijvoorbeeld als kasten en zitelementen functioneren.[1]

In elkaar verstrengelde, geïmpregneerde en uitgeharde koolstofvezelbundels vormen het materiaal waaruit de draagstructuur van *Rami Bench Paris* (2014) is opgebouwd, een zitbank van de Zuid-Koreaanse ontwerper IL Hoon Roh. De koolstofvezelbundels zijn met de hand geknoopt. Het patroon, waarbij de draden deels zelf hun weg zoeken, roept een associatie op met takken van bomen. Die associatie is niet toevallig. IL Hoon Roh laat zich graag inspireren door efficiënte designprincipes uit de natuur.

"Rami, which mean 'tree branches' in Latin, originated from the designer's architectural design research on 'Non-directional Spatial Skeleton Structure' in 2004. Inspiration for such original research derived from the designer's fascination with the rigidity and lightness of a bird skull which led to his long-term study of lightweight, structurally optimised and efficient designs found in nature which have been formed and tested through the evolutionary process and which strictly follow the principle of 'form follows function'. Like the designer's other designs, the Rami series incorporates such optimised characteristics of designs found in nature."[2]

Nodus (2014) van IL Hoon Roh is een lichtend object. Het kamerscherm is een structuur van uitgeharde koolstofvezelbundels en optische vezelkabels met LED-verlichting, rechtopstaand in een aluminium kader. Geïnspireerd op een traditionele Koreaanse techniek die teruggaat tot de twaalfde eeuw is het koolstofvezelmateriaal meer dan 10.000 keer ambachtelijk geknoopt. Niet voor niets heet het scherm 'Nodus', het Latijnse woord voor 'knoop'.

Ook *Twill Weave Daybed* (2016), een ontwerp van Jonathan Olivares (VS) in samenwerking met het Deense textiel bedrijf Kvadrat en het Amerikaanse Hall Composites, opent nieuwe perspec-

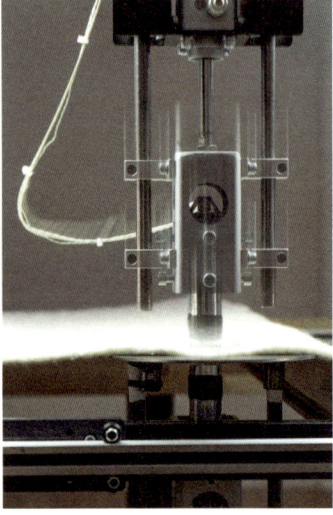

Studio Bas Froon, Micromoulding Soft Biocomposites. Photo: Eric de Vries

Nodus (2014) by IL Hoon Roh is a luminous object. This folding screen is a structure made of impregnated and cured carbon fibre bundles and optic fibre cables with LED lighting, standing upright in an aluminum frame. Inspired by a traditional Korean technique that goes back to the twelfth century, the carbon fibre material has been traditionally hand-knotted more than 10,000 times. There is a reason why this folding screen was named 'Nodus', the Latin word for 'knot'.

Twill Weave Daybed (2016), designed by Jonathan Olivares (US) in collaboration with Danish textile manufacturer Kvadrat and the American company Hall Composites, also opens up new perspectives for interior design textiles. The fibre reinforced composite material has a deliberate textile appearance. The impregnated and cured carbon fibre textile of the lying surface and legs is a twill weave. The same type of weave was used for the woolen upholstery that was specially designed for this daybed by Olivares and Kvadrat. The matt finishing of the carbon composite enhances the visual connection that grows between both textiles. In this object, this material which is often associated with high tech, has a seductive quality as a textile with a warm appeal.[3]

The hardening of textiles can also be realized on a micro scale. Bas Froon (NL) developed a computer-controlled micromoulding machine. Each separate digital design determines where the machine heats and presses the material – natural fibres or recycled textiles combined with bio-based thermoplastics – in order to melt the plastic and to agglutinate the fibres. At these points, the material becomes a strong composite when cooling down. The final result is a soft textile product, strengthened at certain points to provide extra support. The baby carrier bag (2017) illustrates the potential of this production method. No reinforcing components are required to make this custom-made carrier bag, thus keeping its material weight as low as possible. The micromoulding process, which allows the designer to develop his product in a local industrial-artisanal environment, has some additional advantages consciously exploited by Froon: 'Instead of using a labor intensive process of assembling different components I managed to work with one single material. Not only does this simplify the assembly of the product, it also makes it a lot easier to re-use the product later as raw material for the creation of new products.'[4]

Designing with composite materials is a challenge for re-thinking objects of everyday life. XTEND, a portable bathtub designed by Carina Deuschl (DE) in 2015, got its name from its extendibility. This is highly unusual for a bathtub.

Jonathan Olivares, Twill Weave Daybed for Kvadrat (2016) Photo: Daniele Ansidei

tieven voor textiel in het interieur. Het vezelversterkte composietmateriaal heeft hier bewust een textiele uitstraling. Het geïmpregneerde en uitgeharde koolstofvezeltextiel van het ligvlak en de poten is als weefsel een keperbinding (Engels: *Twill Weave*). Voor de wollen bekleding die Olivares en Kvadrat speciaal voor dit dagbed hebben ontworpen is voor eenzelfde binding gekozen. De visuele verwantschap die zo tussen beide textielen ontstaat wordt nog versterkt door de matte afwerking van het koolstofcomposiet. Materiaal dat vooral met hightech wordt geassocieerd verleidt hier als textiel met een warme uitstraling.[3]

Het uitharden van textiel kan ook heel gericht op microschaal gebeuren. Bas Froon (NL) ontwikkelde een 'micromoulding' machine die wordt aangestuurd door een computer. Elk digitaal ontwerp bepaalt telkens opnieuw op welke plaatsen de machine het composietmateriaal – natuurlijke vezels of gerecycleerd textiel gecombineerd met een biogebaseerde kunststof – opwarmt en perst, waardoor de kunststof smelt en de vezels samenkleven. Bij afkoeling wordt het materiaal op die plaatsen een stevig composiet. Het resultaat is een zacht textiel product dat op bepaalde plaatsen is verstevigd om extra steun te bieden. De babydraagzak (2017) illustreert de mogelijkheden van deze productiemethode. De op maat gemaakte draagzak heeft geen nood aan extra verstevigende onderdelen en kan zo het materiaalgewicht minimaal houden. Het micromoulding proces, dat toelaat om lokaal industrieel-ambachtelijk te werken, heeft nog andere voordelen die Froon bewust opzoekt: 'In plaats van het arbeidsintensieve assembleren van verschillende onderdelen is het mij gelukt om vanuit één materiaal te kunnen werken. Hiermee is het niet alleen eenvoudiger om een product te assembleren, maar kan het product later ook eenvoudig worden hergebruikt als grondstof voor nieuwe producten.'[4]

Ontwerpen met composietmaterialen daagt uit om dagdagelijkse dingen te herdenken. Het draagbare zitbad XTEND dat Carina Deuschl (DE) in 2015 heeft ontworpen, wijst met zijn naam op de mogelijkheid om zich als object uit te strekken. Bij een bad is dit ongebruikelijk. XTEND laat echter toe een dunne plaat in koolstofvezelcomposietmateriaal uit te vouwen tot een hoog volume. In de plaat is met een digitaal aangestuurde hogedruk waterstraalsnijmachine een lijnenpatroon gesneden

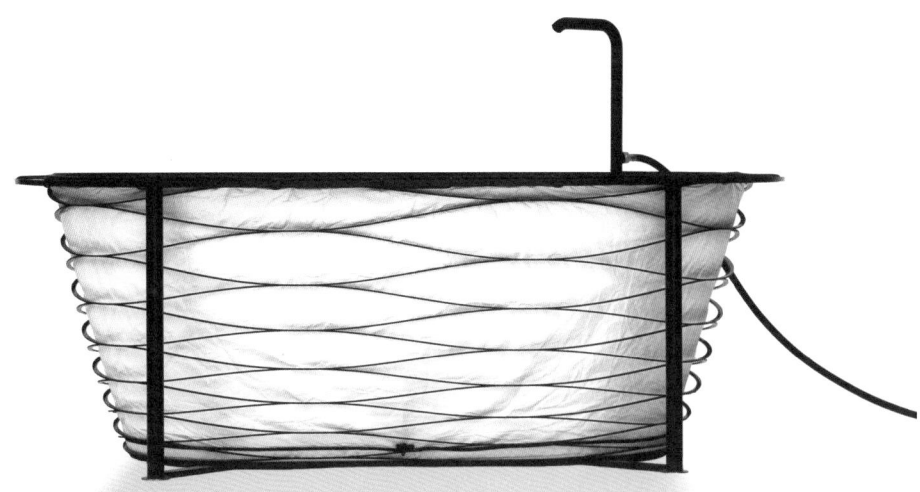

Carina Deuschl, XTEND (2015) © Studio Carina Deuschl

With XTEND, however, you can unfold the collapsible sheet made of carbon fibre composite material into a high volume bathtub. A digitally controlled high-pressure waterjet cutting machine was used to cut the line pattern in this sheet, which, supported by four legs, can be extended into an open tub structure that uses a soft fabric inlay for bathing. This bathtub-on-the-go can be set up anywhere you like. It only weighs 7 kilos and, collapsed, it becomes a minimalist, flat object. Its shape creates a visual play with contrasts of black and white, hard and soft, and combines different layers in its minimalist design. These contrasts form a graphic structure in which you can identify the letters 'XTD' (the letters are also visible on the object itself). 'XTEND' as an acronym is the extended version of 'XTD'. The design concept is visualized in the object's name. High-tech materials and technology have been used here to create a functional object that uses the available space in a different way. This bathtub also combines some unexpected tactile, poetic and aesthetic experiences.

ENVISIONS EN ECO-OH!

Composites had a reputation of being difficult to recycle but that has changed rapidly in the last few years. New techniques have been developed to recover carbon and glass fibres from composites with a thermosetting matrix (epoxy or polyester), and for carbon fibres these techniques have become economically viable and are being readily applied. With thermoplastic matrix composites (polypropylene, nylon...) recycling is in principle easier because these plastics can be melted again. A much-used technique is grinding the production waste or even end-of-life composite components and re-using this ground material as a short-fibre-reinforced composite in injection-moulding or extrusion processes.

A particularly interesting experiment is currently being carried out by the Limburg-based company ECO-oh!: they shred and wash post-consumer plastic waste (which in certain areas is collected in 'pink bin bags'), and mix it with thin layers of randomly oriented fibres from recycled PET. The final result consists of flat sheets that can be further processed into various end products. In collaboration with SLC (Sirris-Leuven-Gent Composites Application Centre, focusing on the technical aspects) and the Dutch designers collective envisions (responsible for product development) they are researching the possibilities of

waardoor de plaat in uitgetrokken stand en ondersteund door vier poten een open kuip vormt voor een inleg in zacht textiel. Dit is een mobiel bad dat men kan opstellen waar men wil. Het weegt slechts 7 kg en is in gesloten toestand een minimalistisch, vlak object. De vormgeving speelt visueel met contrasten van zwart en wit, hard en zacht en combineert het minimalistisch ogende design met verschillende gelaagdheden. Zo vormen die contrasten een grafische structuur waarin men de letters 'XTD' kan herkennen (letters die daarnaast ook letterlijk aanwezig zijn). 'XTEND' is als letterwoord een uitgestrekte vorm van 'XTD'. Reeds de naam visualiseert het designconcept. Hightech materiaal en dito technologie zijn hier ingezet voor een gebruiksobject dat een andere omgang met ruimtegebruik mogelijk maakt. Tegelijkertijd combineert dit bad onverwachte tactiele, poëtische en esthetische ervaringen.

ENVISIONS EN ECO-OH!
Composieten hadden de naam moeilijk te recycleren te zijn, maar daarin is de laatste jaren snel verandering gekomen. Er werden technieken ontwikkeld om koolstof- en glasvezels te recupereren uit composieten met een thermohardende (epoxy of polyester) matrix, en voor koolstofvezels zijn deze technieken nu ook economisch rendabel en worden zij volop toegepast. Bij composieten met een thermoplastische matrix (polypropyleen, nylon, ...) is recyclage in principe eenvoudiger, omdat deze kunststoffen opnieuw kunnen worden gesmolten. Een veelgebruikte techniek is dan ook het vermalen van productieresten of zelfs 'end-of-life' composietonderdelen en deze dan te gebruiken als een korte vezel versterkte composietgrondstof in spuitgiet- of extrusieprocessen.

Een bijzonder boeiend experiment wordt nu uitgevoerd door het Limburgse bedrijf ECO-oh!: zij versnipperen en wassen post-consumer plastic afval (wat in bepaalde regio's opgehaald wordt in de 'roze zakken') en mengen dit

Carina Deuschl, XTEND (2015)
© Studio Carina Deuschl

met dunne lagen willekeurig georiënteerde vezels van gerecycleerde PET. Het eindresultaat zijn vlakke platen die door eenvoudig samenpersen bij verhoogde temperatuur, verder kunnen verwerkt worden tot eindproducten. In samenwerking met SLC (Sirris-Leuven-Gent Composites Application Centre, voor de technische aspecten) en het Nederlandse designerscollectief envisions (voor de productontwikkeling) wordt nu onderzocht hoe dit materiaal in nieuwe producten kan ingezet worden.

Een soortgelijk concept werd ontwikkeld door Waste for Life, een NGO die onder andere actief is in Sri Lanka. Daar verzamelen zij eveneens post-consumer plastic afval, mengen het met vezels uit bananenbladeren en persen daaruit golfplaten die gebruikt worden als dakbedekking voor kleine gebouwen, of vlakke platen waarmee notebooks en clipboards worden gemaakt.

PUBLICATIE EN TENTOONSTELLING
Fibre-Fixed. Composites in Design focust op de voorbije vijf jaar, hoewel sommige ontwikkelingen in een ruimer tijdsperspectief worden geplaatst, en presenteert de te verwachten doorbraken voor de komende jaren. Het boek is zo een vervolg op de tentoonstelling

using this material for the development of new products.

A similar concept was developed by Waste for Life, an NGO operating, among other places, in Sri Lanka. There they also collect post-consumer plastic waste and mix it with banana leaf fibres to be pressed into corrugated sheets used as roof coverings for small buildings.

PUBLICATION AND EXHIBITION

Fibre-Fixed. Composites in Design focuses on the past five years, although some developments can be placed in a broader time perspective, and presents the expected breakthroughs for the coming years. It is a continuation of the exhibition and accompanying publication named *From bakelite to composite. Design in new materials* (Design Museum Gent, 2002).

The publication is an edition by Design Museum Gent-Stichting Kunstboek on the occasion of the exhibition of the same name *Fibre-Fixed. Composites in Design* at the Design Museum Gent (26 Oct. 2018 – 21 April 2019). The publication's editors are also the curators of the exhibition, which is a co-creation in collaboration with envisions. In the scenography created by Tomas Dirrix from designers collective envisions, most projects are set up in their traditional form: recognizable objects in an urban landscape. From a central look-out the spectator views the surrounding world: a world full of objects made of composite materials. Starting from the panoramic view the spectator can zoom in on individual objects. The set-up allows you to pursue a multitude of diverging lines of thought and stimulates you to discover connections and interactions between domains that at first sight have very little in common.

At ground level, a lab context was created beneath this landscape: by integrating the research aspects in a laboratory set-up additional in-depth information is provided on the materials, processes and concepts used for the objects on display. In that context, *Fibre-Fixed. Composites in Design* wants to trigger new insights and creative reflection. Certain processes are represented in a poetic way, like the growth of mycelium in the film *One Day/Four Seconds* (2016) by Wim van Egmond (NL) or the recycling and processing of textiles into textile composite materials in the publication and animation *A Single Sample. Really* (2017) by Christien Meindertsma (NL). Workshops and lectures complement this information and provide additional opportunities to get acquainted with these materials.

The full-page photographs that run like a thread through the book are close-ups of the exhibition's scenography. They are the work of Ronald Smits, commissioned by envisions. The photographs provide a certain rhythm to the various chapters of the book. The article on sustainable mobility (chapter 1) is followed by a presentation focused on composites 'close to you' (chapter 2). Then the focus shifts to architecture (chapter 3), experimenting with bio-fibres, recycling and unconventional shapes (chapter 4) and carbon fibre composite for a lightweight chair (chapter 5). Then there is a report on the realization of the exhibition and a feature on the collaboration between envisions and Belgian plastic recycling company ECO-oh!. The book ends with a concise description of what composites are.

1   www.fransjegimbrere.com/projects/StandingTextiles/StandingTextiles.html
2   ilhoon.com/?portfolio=rami-bench-london
3   kvadrat.dk/collaborations/of-weaves-and-pigments-by-jonathan-olivares
4   basfroon.nl/concepts/biobasedbabycarrier

Waste for Life, roof coverings

en bijhorende publicatie *From bakelite to composite. Design in new materials* (Design Museum Gent, 2002).

De publicatie is een uitgave van Design Museum Gent-Stichting Kunstboek en verschijnt naar aanleiding van de gelijknamige tentoonstelling *Fibre-Fixed. Composites in Design* in Design Museum Gent (26.10.2018 – 21.04.2019). De redactoren van de publicatie zijn eveneens de curatoren van de tentoonstelling die een co-creatie is in samenwerking met envisions. In de tentoonstellingsscenografie, vormgegeven door Tomas Dirrix voor envisions, staan de meeste projecten opgesteld in hun vertrouwde vorm: herkenbare objecten in een stedelijk landschap. Vanuit een centrale uitkijkpost overschouwt de bezoeker zijn omgeving: een wereld vol objecten uit composietmateriaal. Na de panoramische blik is het mogelijk in te zoomen. De opstelling laat denkpistes in verschillende richtingen uitwaaieren en stimuleert om verbanden en interacties te ontdekken tussen domeinen die op het eerste gezicht weinig met elkaar te maken hebben.

Op de benedenverdieping, onder dit landschap, is een labo-context gecreëerd: door de integratie van onderzoeksaspecten wordt verdere duiding gegeven bij de materialen, processen en concepten van de tentoongestelde projecten. Zo wil *Fibre-Fixed. Composites in Design* nieuwe inzichten bieden en creatieve reflectie uitlokken.

Sommige processen worden ook op een poëtische wijze voorgesteld, zoals de groei van mycelium in de film *One Day/Four Seconds* (2016) van Wim van Egmond (NL) of de recyclage en bewerking van textiel tot textielcomposietmateriaal in de publicatie en animatie *A Singe Sample. Really* (2017) van Christien Meindertsma (NL). Workshops en lezingen vullen deze informatie aan en bieden extra gelegenheden om het materiaal concreet te ervaren.

De paginagrote foto's die als een rode draad doorheen het boek lopen zijn detailopnames van de tentoonstellingsscenografie. Ze zijn het werk van Ronald Smits in opdracht van envisions. De foto's ritmeren de verschillende hoofdstukken in het boek. Na een bijdrage over duurzame mobiliteit (hoofdstuk 1) volgt een uiteenzetting over composieten 'close to you' (hoofdstuk 2). Vervolgens verschuift de blik naar architectuur (hoofdstuk 3), experimenteren met biovezels, recyclage en ongewone vormen (hoofdstuk 4) en koolstofvezelcomposiet voor een lichtgewicht stoel (hoofdstuk 5). Daarna volgt een verslag van de totstandkoming van de tentoonstelling en een bespreking van de samenwerking tussen envisions en het Belgische plastic recyclagebedrijf ECO-oh!. Het boek sluit af met een toegankelijke beschrijving van wat composieten zijn.

1 www.fransjegimbrere.com/projects/StandingTextiles/StandingTextiles.html
2 ilhoon.com/?portfolio=rami-bench-london
3 kvadrat.dk/collaborations/of-weaves-and-pigments-by-jonathan-olivares
4 basfroon.nl/concepts/biobasedbabycarrier

SUSTAINABLE MOBILITY

Ignaas Verpoest

The road towards a sustainable society has many forks, but in all scenarios 'sustainable mobility' has a crucial role to play. Not only are vast amounts of materials needed to produce the various means of transportation such as bicycles, cars, trains, and airplanes, but also to build the infrastructure they require: concrete and asphalt for car and bicycle roads and airplane runways, steel and concrete for bridges, railway, tram, and metro lines. Only a very small proportion of the utilized materials is drawn from renewable sources, and the potential to be recycled into new, equivalent raw materials is either limited or requires a great deal of extra energy. The use of materials for the production of means of transportation and the construction of the infrastructure thus in itself has a significant ecological impact already.

However, more important is the energy needed to bring all of these means of transportation into motion (the acceleration of mass requires energy) and keep it in motion (mainly to overcome aerodynamic resistance and the rolling resistance of the wheels on the road surface or tracks). The data on the matter is highly divergent, and dependent upon what is taken into account: only the energy consumed per person per kilometer traveled, or also the energy needed to produce, maintain, and possibly recycle the means of transportation? And is only the energy consumption assessed (and the associated, highly correlated CO_2 emission), or are the other ecological indicators also considered (such as fine particulate or nitrogen oxide emissions)?

A Dutch study compared the CO_2 emissions generated by a two-person trip from the Netherlands to Southern France (Nice).[1] By train or bus, converted to these two persons, the trip generated four times less CO_2 than by car, and seven times less than by airplane.

Some comparisons also consider the building of the infrastructure, which leads to different results.[2] Traveling by train still has the highest energy efficiency (1600 kJ per kilometer per traveler), but the difference compared to the airplane (1850 kJ) and car (2300 kJ) is reduced, since railway infrastructure requires major investments and thus has a high energy impact. However, this data includes a great uncertainty that can be boiled down to the question how broadly the term 'infrastructure' was defined: only the railway tracks/roads, or also the railway stations or airports?

The framework text by Griet De Ceuster offers a broader perspective on the challenge to evolve towards more sustainable mobility, and proposes and evaluates new forms of mobility. It is anticipated that European energy consumption, and thus CO_2 emissions, related to transportation and mobility will cease rising as of 2030 thanks to new technologies and the breakthrough of new forms of shared and/or multimodal mobility, more efficient public trans-

DUURZAME MOBILITEIT

Ignaas Verpoest

De evolutie naar een duurzame samenleving loopt langs vele wegen, maar in elk scenario speelt 'duurzame mobiliteit' een cruciale rol. Niet alleen is er voor het produceren van de verschillende transportmiddelen, zoals fietsen, auto's, treinen en vliegtuigen een zeer grote hoeveelheid materialen nodig, maar ook voor het bouwen van de infrastructuur die zij nodig hebben: beton en asfalt voor auto- en fietswegen en opstijg- en landingsbanen voor vliegtuigen, staal en beton voor bruggen, spoor-, tram- en metrolijnen. De gebruikte materialen komen slechts heel gedeeltelijk uit hernieuwbare bronnen en kunnen slechts beperkt, of met inzet van heel wat extra energie, gerecycleerd worden tot nieuwe, gelijkwaardige grondstoffen. Het gebruik van materialen voor het produceren van transportmiddelen en het bouwen van de infrastructuur heeft dus op zichzelf reeds een belangrijke ecologische impact.

Belangrijker is echter de energie nodig om al deze transportmiddelen in beweging te brengen (een massa die moet versneld worden vergt energie) en te houden (vooral om de aerodynamische weerstand en de rolweerstand van de wielen op het wegdek of de sporen te overwinnen). De gegevens daarover verschillen sterk en hangen af van wat men allemaal in rekening brengt: alleen de verbruikte energie per persoon per afgelegde kilometer, of betrekt men er ook de energie bij die nodig is om het transportmiddel te produceren, te onderhouden en eventueel te recycleren? En wordt alleen het energieverbruik geëvalueerd (en de daarmee vrij sterk gelijklopende CO_2-emissie), of bekijkt men ook andere ecologische indicatoren (zoals uitgestoten fijn stof of stikstofoxides)?

Een Nederlandse studie vergeleek de CO_2-uitstoot voor een reis van twee personen vanuit Nederland naar Zuid-Frankrijk (Nice).[1] Tijdens de trein- of busreis werd, omgerekend naar die twee personen, vier maal minder CO_2 uitgestoten dan wanneer de auto zou gebruikt worden, en zeven maal minder dan wanneer men het vliegtuig zou nemen.

In sommige vergelijkingen gaat men bovendien ook de bouw van de infrastructuur meenemen, wat tot andere resultaten leidt.[2] Reizen per trein heeft nog steeds de hoogste energie-efficiëntie (1600 kJ per kilometer per reiziger), maar het verschil met het vliegtuig (1850 kJ) en de auto (2300 kJ) is kleiner, omdat de spoorinfrastructuur grote investeringen vergt en dus een hoge energie-impact heeft. In deze gegevens zit echter een grote onzekerheid vervat, die terug te voeren is tot de vraag hoe breed het begrip 'infrastructuur' gedefinieerd wordt: alleen de (spoor)wegen of ook de stations of luchthavens[3]?

In de kadertekst van Griet De Ceuster wordt de uitdaging om te evolueren naar een meer duurzame mobiliteit in een breder perspectief geplaatst en

portation, road pricing, more energy-efficient vehicles... Yet the conclusion is as follows: 'Greater efforts are needed to bring down CO_2 even more in order to counter climate change.'

Composites have two ways in which they can contribute to enhanced energy efficiency, or broader, more ecological mobility of persons and goods. On the one hand the means of transportation themselves can be lightened, reducing energy requirements during transportation; on the other hand means of transportation with greater energy efficiency can be made possible and/or competitive. An extensive range of examples of both will be discussed, following a logical pathway from long-distance or inter-city mobility to shorter-distance and thus chiefly intra-city mobility, but also from communal transportation to private transportation. From airplanes and trains, down to bicycles and electric skateboards.

MOBILITY TRENDS ANNO 2018
GRIET DE CEUSTER

From the electric car and self-driving cars to cars on demand: the automotive sector is on the brink of a number of significant technological breakthroughs that could dramatically change mobility as we know it. For centuries, cities have been busy places, and they will undoubtedly remain so in the future. However, tomorrow's mobility solutions will differ from those of today. We are driving ourselves less and less, and are depending on services more and more.

In the 1960s we believed that by today we would be driving rocket-like cars with large tailfins. A bizarre vision of the future. But although it has by now become clear that the future will not be made of flying cars, we do have drones, a futuristic dashboard, and the first self-driving cars. And more is coming. We are slowly moving away from pigeonholing systems of transportation as car, bicycle, bus, train, taxi, pedestrian. Dependence on cars is making way for integrated transportation systems. The car key in our pockets will be replaced by a mobility card and a smartphone full of apps. The way we look at mobility is changing.

In 2018, it is more than just about the latest car model. These are the key trends in the future of mobility.

LIMITS TO GROWTH? The number of vehicles continues to rise. While the number of vehicles rises, we notice that the number of km driven annually does not rise, but is rather even reduced. The result is that our mobility is increasing still: more vehicular km on the road. However, this increase will diminish a great deal by 2030 when the car market becomes saturated: 'everyone' will have a car at that point. The growth of traffic continues until that time, to then completely flatline by 2040. These are figures for the EU and high-income countries. Countries with low and medium incomes do continue to see robust growth, set to plateau at a later stage.

The growth figures for freight transport outdo those for car traffic. As the economy grows, freight traffic grows along with it. But here too, growth is slowing down compared to before. While the growth ratio between the economy and freight traffic used to be 1 to 1, today we are witnessing a 'decoupling': the economy is growing and freight traffic is lagging behind.

Road traffic is and remains the dominant mode of transportation. We expect a growth of 0.6% per year for passenger cars, 1.1% for trucks in EU28 between 2010 and 2050 (source: DG ENER). This is because the growth in traffic is mainly occurring in recreational transportation, which involves cars. Home-work traffic remains stable. For freight transport, growth occurs in the distribution of consumer goods while bulk transport remains stable. Efforts to promote alternative transportation (train, bus, ship) have managed to stem the growth of road traffic.

Air traffic is the only mode of transportation that is increasing spectacularly: a growth of 2.1% per year is expected between 2010 and 2050 (EU28, source DG ENER).

LESS DRIVING OURSELVES, MORE SERVICES We are driving ourselves less and less, and are depending on services more and more. Use is thereby made of good old asphalt (and tracks), but in novel ways. Travelers will benefit from an improved mobility experience, thanks to a slew of innovative technological solutions. Combined mobility services will address the needs of travelers more and more. In addition

24

worden nieuwe vormen van mobiliteit voorgesteld en geëvalueerd. Verwacht wordt dat het Europese energieverbruik, en dus de CO_2-uitstoot, gerelateerd aan transport en mobiliteit vanaf 2030 niet meer zal stijgen, dankzij nieuwe technologieën en de doorbraak van nieuwe vormen van gedeelde en/of multimodale mobiliteit, efficiënter openbaar vervoer, rekeningrijden, energiezuiniger voertuigen... Toch is het besluit: 'Er is nog een grotere inspanning nodig om de CO_2-emissies sterker te doen dalen, zodat de klimaatverandering kan worden tegengegaan.'

Composieten kunnen op twee manieren bijdragen tot een meer energie-efficiënte, of breder, meer ecologische mobiliteit van personen en goederen. Enerzijds kunnen de transportmiddelen zelf lichter worden gemaakt, zodat tijdens het transport minder energie nodig is; anderzijds kunnen meer energie-efficiënte transportmiddelen mogelijk en/of competitief gemaakt worden. Van beide zullen een uitgebreide reeks voorbeelden besproken worden, waarbij een logisch traject gevolgd wordt van lange afstands- of intercity-mobiliteit naar kortere afstands- en dus hoofdzakelijk intracity-mobiliteit, maar ook van gemeenschappelijk naar privétransport. Een traject dus van vliegtuigen en treinen naar uiteindelijk fietsen en elektrische skateboards.

MOBILITEITSTRENDS ANNO 2018
GRIET DE CEUSTER

Van de elektrische auto over zelfrijdende wagens tot auto's op afroep: de autosector staat aan de vooravond van een aantal belangrijke technologische doorbraken die ons mobiliteitsgedrag ingrijpend kunnen veranderen. Eeuwenlang zijn steden drukke plaatsen geweest, en ongetwijfeld zullen ze dat ook in de toekomst blijven. Maar de mobiliteitsoplossingen van morgen zullen verschillend zijn van die van vandaag. We gaan minder en minder zelf rijden, en meer en meer van diensten gebruik maken.

In de jaren 1960 dachten we vandaag in raketachtige auto's met grote staartvinnen te rijden. Destijds een bizar toekomstbeeld. Maar hoewel ondertussen duidelijk is geworden dat de toekomst niet uit vliegende auto's zal bestaan, hebben we wél drones, een futuristisch dashboard en de eerste zelfrijdende auto's. En er is nog meer op komst. Zo gaan we langzaam weg van het opdelen van de vervoerssystemen in de hokjes auto, fiets, bus, trein, taxi, voetgangers. De auto-afhankelijkheid maakt plaats voor geïntegreerde transportsystemen. In plaats van een autosleutel op zak te hebben, lopen we rond met een mobiliteitskaart en een smartphone vol apps. Onze visie op mobiliteit verandert.

Anno 2018 gaat het om meer dan alleen het laatste nieuwe automodel. Dit zijn de belangrijkste trends in de toekomst van de mobiliteit.

GRENZEN AAN DE GROEI? Terwijl het aantal voertuigen blijft stijgen, zien we dat het aantal kilometer dat jaarlijks gereden wordt niet stijgt, en zelfs eerder daalt. Het gevolg is dat onze mobiliteit nog steeds toeneemt: meer voertuig-km op de weg. Maar die stijging gaat een flink stuk minderen tegen 2030 wanneer een verzadiging van de automarkt optreedt: 'iedereen' heeft dan een auto. De groei van het verkeer loopt door tot dan, om dan helemaal stil te vallen tegen 2040. Dit zijn cijfers voor de EU en de landen met hoge inkomens. In landen met lage- en middeninkomens zien we nog wel een sterke groei, en wordt het plateau pas later bereikt.

De groeicijfers van het vrachtverkeer zijn groter dan die van het autoverkeer. Als de economie groeit, groeit het goederenvervoer mee. Maar ook hier loopt de groei langzamer dan vroeger. Terwijl het verband tussen economie en vrachtvervoer vroeger 1 op 1 was, zien we nu een 'ontkoppeling' ontstaan: de economie groeit en het vrachtverkeer volgt slechts op afstand.

Het wegverkeer is en blijft de dominante vervoerswijze. We verwachten een groei van 0,6% per jaar voor personenwagens, 1,1% voor vrachtwagens in EU28 tussen 2010 en 2050 (bron: DG ENER). Dat komt omdat de groei van het verkeer vooral plaatsvindt in het recreatief vervoer, dat met auto's wordt gedaan. Woon-werkverkeer blijft stabiel. Voor goederenvervoer zit de groei in de distributie van consumptiegoederen terwijl bulkvervoer stabiel blijft. Dankzij inspanningen om alternatief vervoer (trein, bus, schip) te promoten is de groei van het wegverkeer niet nog hoger.

Luchtverkeer is de enige vervoerwijze die wél spectaculair toeneemt: er wordt een groei van 2,1% per jaar verwacht tussen 2010 en 2050 (EU28, bron DG ENER).

MINDER ZELF RIJDEN, MEER DIENSTEN We gaan minder en minder zelf rijden, en meer en meer van diensten gebruik maken. Daarbij maken we gebruik van het aloude asfalt (en spoor), maar op nieuwe manieren. Reizigers zullen

25

to collective public transportation, we are seeing the rise of individual public transportation among others through a variety of sharing systems. The culture of sharing is playing an increasingly significant role in the mobile experience of the future.

Bicycle sharing is environmentally friendly, but car sharing is also less taxing on the environment. The car industry is responding to this trend by experimenting with the sharing concept: car manufacturer Renault, for instance, is selling its Zoë model without a battery; you have to rent it.

The trend towards shared mobility has a dual positive impact.

On the one hand there are fewer cars in circulation, and the impact thereof can scarcely be overstated. If everyone in the city were to travel by shared car, then in time 4 to 25 times fewer cars would be needed, depending on the fact whether these cars drive autonomously or not, and whether trams or buses are available in addition. Outside of the city, the effect is less pronounced.

On the other hand, the same cars are also used much more frequently, meaning they are written off quicker, and also replaced quicker. This means fewer old cars in traffic than today: the average car here is now ten years old. If an entirely clean energy-powered car were invented today, under the current constellation it would take at least another ten years before the effects can be felt in our car fleet.

THE CAR-FREE CITY   In large cities, the spatial impact of cars these days mainly translates into an enormous use of space taken up by parked cars. Here we may find the leverage with which to accelerate the breakthrough of shared cars. Today, the impact of the car in the city is much more apparent in the space taken up by parked cars than in the trips these cars make around town. Moreover, this also applies to your own car, which is neatly parked in your driveway or garage. This car also takes up a great deal of space – and thus public space. In 2017, a car is on average used one hour per day. In other words, 23 hours per day this car is just sitting there, being economically useless wherever it is located. Thus, urban authorities would do well to ramp up their efforts.

In the city, everything is so close by that we really do not need a car. From this standpoint, many European cities are experimenting with projects that ban cars from the city. They modify their environment and spatial planning in such a way that nurseries, shops, doctors and work are all found within walking or cycling distance. By once again combining home, work, and recreation, the importance of cars is diminished.

NEW TECHNOLOGY   The car is still used for medium distances, but it is full of new technology such as cooperative systems (C-ITS). The car is 'talking' to systems along the side of the road and with other vehicles about hazardous situations. The best route is also 'discussed', as are warnings for red lights, diversions, and accidents. Road lighting turns on automatically, crossing pedestrians are detected, cars are being charged while driving.

If you connect a fleet of cars to the internet, it is also easier to share these cars with a broad range of users: 24/7 and directly. The trend is to no longer own a car, but to have access to one when needed. This 'demotorization' is particularly popular among youths, who would rather spend their money on other things than a vehicle that spends 23 hours per day sitting in the road somewhere, unused.

BETTER PUBLIC TRANSPORTATION
The future of public transportation also holds dramatic changes: the success of the shared economy will only grow until eventually all modes of transportation will be shared. We will continue to buy and own fewer cars, and increasingly make use of services that offer means of transportation ranging from bicycles to taxis. A mobile subscription, a payment method for all transportation, is a logical result. In London, the Oyster card has existed for some time. These systems will pop up more and more in the rest of Europe as well.

ROAD PRICING   What about free public transportation? This helps combat air pollution and shorten traffic jams. A bus can easily transport a few dozen people, while a car cannot manage much more than four. But the buses do have to be full. And full of former car owners. During the sixteen years of the experiment with free buses in Hasselt (Belgium), the number of travelers per day rose from 1,000 to more than 12,000. But far from all of these were car users who left their cars at home. Mainly pedestrians and people who used to ride bicycles turned to the free bus in droves. The result was overconsumption.

What about widening roads? No more major changes or expansions can be made to Belgium's road infrastructure, save for a number of bottlenecks around Antwerp and Brussels.

Everything points to making car traffic more expensive. Road pricing is the only way to untangle the traffic knot in the medium term, and keep drivers from massively using the roads at busy times. These past years, a number of cities have successfully introduced urban tolls or a congestion tax. This is for instance the case in London, Milan and Stockholm. This does not need to be an extra tax, for instance if you lower income tax. The proceeds can also help invest in public transportation to offer the extra travelers a comfortable transportation experience. Result: taxes are lowered, congestion is reduced, and the mobility range is improved. In other words, win-win-win.

SELF-DRIVING   However, the greatest leap towards the future consists of self-driving cars. They are undergoing testing at the moment, among others by Google in Nevada. Self-driving cars can completely lower the barriers between private and public transportation. You press a button and a vehicle of your choosing appears at your door and takes you where you want. No more parking woes, 'empty' city centers, no more old polluting cars that only get dragged out once in a while – only the latest and cleanest version being used to much greater efficiency. Even congestion can be resolved by daisy-chaining these vehicles like train cars.
The broader societal impact of this evolution can scarcely be overestimated.

26

profiteren van een verbeterde mobiliteitservaring, dankzij een hele reeks van innovatieve technologische oplossingen. Gecombineerde mobiliteitsdiensten gaan meer en meer op de behoeften van de reiziger inspelen. Naast collectief openbaar vervoer ontstaat individueel openbaar vervoer onder andere door allerlei deelsystemen. De deelcultuur speelt een alsmaar belangrijkere rol in het mobiele leven van de toekomst.

Fietsdelen is milieuvriendelijk, maar ook auto's delen is minder belastend voor het milieu. De auto-industrie speelt in op deze trend en experimenteert met het deelconcept: autoconstructeur Renault verkoopt zijn model Zoë zonder batterij; die moet je huren.

De trend richting gedeelde mobiliteit heeft een dubbele positieve impact. Enerzijds zijn er minder auto's in omloop, en de impact daarvan valt amper te overschatten. Mocht iedereen in de stad zich met gedeelde auto's verplaatsen, dan zijn er op termijn 4 tot 25 keer minder wagens nodig, afhankelijk van het feit of die auto's al dan niet autonoom rijden en er daarnaast ook nog trams of bussen beschikbaar zijn. Buiten de stad is het effect wel minder groot.

Anderzijds worden dezelfde auto's ook veel vaker gebruikt, waardoor ze sneller afgeschreven raken en ook vlugger vervangen worden. Er zullen dus minder oude wagens in het verkeer zijn dan vandaag: de gemiddelde wagen is hier nu tien jaar oud. Mocht er vandaag een volledig schone auto worden uitgevonden, dan duurt het in de huidige constellatie nog minstens tien jaar alvorens we het effect daarvan ook zien in ons wagenpark.

DE AUTOVRIJE STAD In grote steden vertaalt de ruimtelijke impact van auto's zich vandaag vooral in het enorme ruimtegebruik van geparkeerde wagens en veel minder in de verplaatsingen van die auto's in de stad. Dit geldt overigens ook voor de eigen auto die netjes op de oprit of in de garage geparkeerd staat. Ook die neemt heel wat plaats – en dus openbare ruimte – in. Daar is een breekijzer te vinden om de doorbraak van deelwagens te versnellen. Anno 2017 wordt een wagen gemiddeld één uur per dag gebruikt. Met andere woorden, 23 uur per dag staat die economisch gewoon nutteloos te wezen, waar hij ook staat. Stadsbesturen zouden op dat vlak dus inderdaad steviger aan de kar kunnen trekken.

In de stad is alles zo nabij dat we er eigenlijk geen auto nodig hebben. Vanuit dat standpunt experimenteren veel Europese steden met projecten die de wagen weren uit de stad. Ze passen hun omgeving en ruimtelijke ordening aan zodat crèches, winkels, dokters en werk binnen wandel- of fietsafstand komen te liggen. Door wonen, werken en recreatie opnieuw samen te brengen dring je het belang van de auto terug.

NIEUWE TECHNOLOGIE Voor middellange afstanden wordt de auto nog wel gebruikt, maar die zit vol nieuwe technologie zoals coöperatieve systemen (C-ITS). De auto 'praat' met systemen langs de kant van de weg en met andere voertuigen over gevaarlijke situaties. Ook de beste route wordt 'besproken', net zoals het waarschuwen voor rood licht, omleidingen en ongevallen. De wegverlichting schiet automatisch aan, overstekende voetgangers worden gedetecteerd, auto's worden al rijdend opgeladen.

En als je een vloot van auto's op het internet aansluit, is het ook gemakkelijk om deze auto's te delen met een breed scala van gebruikers: 24/7 en direct. De trend is niet meer om een auto te bezitten, maar om er over een te kunnen beschikken, indien gewenst. Deze 'demotorisatie' is vooral populair bij jongeren, die hun geld liever uitgeven aan andere zaken dan een voertuig dat 23 uur per dag ergens ongebruikt in de weg staat.

BETER OPENBAAR VERVOER Ook het openbaar vervoer zal er in de toekomst heel anders uitzien: het succes van de deeleconomie zal alleen maar groeien tot uiteindelijk alle vervoersmiddelen zullen gedeeld worden. We zullen steeds minder auto's aankopen en bezitten, en steeds meer gebruik maken van een dienstverlening die transportmiddelen, van fietsen tot taxi's, aanbiedt. Een mobiel abonnement, een betaalmiddel voor alle vervoer, is een logisch gevolg. In Londen bestaat de Oysterkaart al een tijdje. Zulke systemen zal je ook meer in de rest van Europa zien.

REKENINGRIJDEN Gratis openbaar vervoer dan maar? Dat helpt de luchtvervuiling terug te dringen en files korter te maken. Een bus vervoert gemakkelijk enkele tientallen mensen, terwijl een auto niet veel verder geraakt dan vier. Maar dan moeten de bussen wel vol zitten. En vol met ex-automobilisten. In de zestien jaar dat het experiment met gratis bussen in Hasselt liep, steeg het aantal reizigers per dag van 1000 naar meer dan 12.000. Maar dat waren lang niet allemaal automobilisten die hun wagen thuis lieten. Vooral voetgangers en mensen die vroeger de fiets gebruikten, namen massaal de gratis bus. Het gevolg was overconsumptie.

De wegen dan maar verbreden? Aan de weginfrastructuur in België kunnen we geen grote veranderingen of uitbreidingen meer aanbrengen, behalve dan aan een aantal knelpunten ter hoogte van Antwerpen en Brussel.

Alles wijst erop dat we het autoverkeer duurder moeten maken. Rekeningrijden is de enige manier om op middellange termijn de verkeersknoop te ontwarren en chauffeurs op drukke momenten niet meer en masse van de weg gebruik te laten maken. De jongste jaren hebben enkele steden met succes een stadstol of een congestietaks ingevoerd. Dat is bijvoorbeeld het geval in Londen, Milaan en Stockholm. Het hoeft geen extra belasting te vormen, als je bijvoorbeeld de inkomensbelasting verlaagt. De opbrengsten kunnen ook helpen investeringen in openbaar vervoer te doen om de extra reizigers comfortabel transport aan te bieden. Resultaat: belastingen omlaag, minder file, een beter mobiliteitsaanbod. Win-win-win, dus.

ZELFRIJDEND Maar de grootste sprong naar de toekomst wordt gezet met de zelfrijdende voertuigen. Ze worden momenteel getest, onder andere door Google in Nevada. Zelfrijdende voertuigen kunnen de schotten tussen privé en openbaar vervoer helemaal doen verdwijnen. Je drukt op een knop, een voertuig naar keuze verschijnt voor je deur en brengt je naar waar je wil. Geen parkeerproblemen meer, 'lege' stadscentra, geen oude vervui-

In the first place because many people who today cannot drive cars (any longer), will be able to stay in traffic 24/7 thanks to this new technology. Luckily, this does not necessarily have to be bad news. Particularly in large cities, the impact of cars these days increasingly translates into an enormous use of space taken up by parked cars. Comparatively, this even has a much bigger impact than the spatial impact of cars actually traveling around town.

A new usage model could also be a lot more interesting from an ecological perspective, because according to this model cars will see much more use, and will thus be written off quicker. As a result, new and environmentally friendly technology will find its way to the market quicker.

Granted: this model also has a key drawback. When cars drive completely autonomously, it also becomes a lot nicer to travel by car. You could simply watch a movie in the meantime, read a book, you name it. Thus, there is a real risk of people wanting to spend more time in cars on average than is the case today. Certain types of public transportation, for instance buses in rural areas, are likely robbed of much potential under such a model. We also have to dare wonder whether there is still any point to investing in additional railway capacity. After all, roads are a much more flexible 'carrier' of a variety of forms of transportation – ranging from self-driving cars to fully automated buses and trucks that automatically form convoys. All solutions that are significantly more efficient and environmentally friendly.

ENVIRONMENTALLY FRIENDLY AND HEALTHY And those who do enjoy doing all the work themselves prefer to use the most environmentally friendly and healthiest mode of transportation: the bicycle, which is rightfully gaining popularity. It seems that the emotional relationships consumers used to have with cars are being usurped by bicycles as a way of creating a more individual lifestyle. Electric bicycles take it a step further. Three-quarters of all bicycles sold in Belgium in 2015 are e-bikes. Electric bikes allow one to cover longer distances, transport heavier things, and remain mobile up to an older age. This makes the e-bike a robust mode of transportation that requires little infrastructure.

ENERGY AND CLIMATE As stated earlier, road traffic will continue to grow until 2030, albeit at an increasingly slow pace compared to before, eventually flatlining entirely by 2040. Yet energy consumption did not rise over the past 30 years.
— The total energy consumption in Belgium in 2013 was: 56.7 million tons equivalent (stable over the past 30 years, slight reduction over the past 5 years) (Source: Eurostat).
— The share of energy consumed by transportation in 2013: 9.8 million tons equivalent or about 17% (stable over the past 30 years, slight reduction over the past 5 years save for aviation).

For the future we anticipate a reduction in energy consumption by transportation, even by the growing freight traffic.

The main reason for this is the improvement in energy efficiency of vehicles for passenger transportation. Two factors are at play here. Firstly high fuel prices (due to high fuel taxes) cause consumers to prefer more fuel-efficient cars. Secondly, stricter EU regulations are in place for CO_2 emissions. They have made vehicles on average 21% more fuel-efficient over the last 15 years. Even aviation is doing its part: -12%. And an additional reduction of 14% is anticipated for the coming 10 years. As of 2030, a stabilization of energy consumption per vehicle is expected – luckily this happens to coincide with the timing when traffic volumes stabilize as well.

For freight traffic the outlook is not quite as bright, but still positive: a reduction of 6% over the past 15 years and an anticipated reduction of 9% for the coming 10 years. Here too, the fuel price plays an important role, as this is one of the biggest costs in logistics.

The overwhelming majority of energy expended in transportation comes from fossil fuels. A small but growing part comes from electricity. The primary cause for this is the increasing electrification of railway in Europe. Also, PHEV are on the rise (plug-in hybrid electric vehicles: cars that can be powered both by fossil fuel and power outlet electricity). The share of electric cars is expected to reach 8% by 2050 (in EU28 – source DG ENER).

But despite this rosy picture, we are not fully meeting the climate objectives imposed by the EU. Greater efforts are needed to bring down CO_2 even more in order to counter climate change.

AIRPLANES Airplanes have been making use of composite materials since the very beginning. The 1930s saw the industrialization of glass fibre production (fibres spun from molten glass) and at the same time the development of new synthetic plastics allowing for the production of plastic parts at low pressure (in contrast to the very high pressures required until that time).[3] This allowed for the impregnation, typically in open moulds, of glass fibre mats or textiles with – at the time mostly – polyester resins, and the hardening under low pressure of the fibre-reinforced plastic into a structural product. This production method was immediately (as early as 1942) applied to the production of radomes, the aerodynamic and only lightly loaded cover of the radar installation in the nose of airplanes.[4]

lende auto's die maar af en toe van stal worden gehaald – altijd de nieuwste en schoonste versie die véél efficiënter wordt ingezet. Zelfs files kunnen worden opgelost, door deze voertuigen aan elkaar te schakelen als treinwagonnetjes.

De brede maatschappelijke impact van deze evolutie valt moeilijk te overschatten. In de eerste plaats omdat heel wat mensen die vandaag niét (meer) met de wagen kunnen rijden, dankzij die nieuwe technologie wel 24/7 in het verkeer zullen kunnen blijven. Gelukkig genoeg hoeft dat niet noodzakelijk slecht nieuws te zijn. Vooral in grote steden vertaalt de impact van auto's zich vandaag almaar meer in het enorme ruimtegebruik van geparkeerde wagens. In verhouding weegt dat zelfs veel zwaarder door dan de ruimtelijke impact van de auto's die zich echt door de stad bewegen.

Een nieuw gebruiksmodel zou ook vanuit ecologisch perspectief een stuk interessanter kunnen zijn, omdat auto's in dat model veel meer gebruikt worden en dus ook sneller afgeschreven zullen zijn. Daardoor kan nieuwe en milieuvriendelijke technologie sneller doorsijpelen in de markt.

Toegegeven: er zit ook een belangrijk nadeel aan dit nieuwe model. Als auto's volledig autonoom rijden, wordt het ook een stuk prettiger om je in die auto voort te bewegen. Je kan intussen gewoon een filmpje meepikken, een boek lezen, noem maar op. De kans is dus groot dat mensen gemiddeld meer tijd in de wagen zullen willen doorbrengen dan vandaag het geval is. Bepaalde types van openbaar vervoer, bijvoorbeeld de lijnbus in landelijke gebieden, hebben in zo'n model wellicht niet zo veel potentieel meer. We moeten ons ook durven afvragen of het nog wel zin heeft om bijvoorbeeld zwaar in te zetten op extra spoorcapaciteit. De weg is nu eenmaal een veel flexibeler 'drager' van allerlei vormen van transport – gaande van zelfrijdende wagens over volledig automatisch rijdende bussen tot vrachtwagens die automatisch in colonne rijden. Allemaal oplossingen die een stuk efficiënter én milieuvriendelijker zijn.

MILIEUVRIENDELIJK EN GEZOND

En wie dan toch graag helemaal zelf blijft rijden, doet dat liefst met het milieuvriendelijkste en gezondste vervoermiddel: de fiets, die terecht aan populariteit wint. Het lijkt erop dat de emotionele relatie die consumenten hadden met auto's wordt overgenomen door fietsen, als een manier om een meer individuele levensstijl te creëren. Elektrische fietsen doen daar nog een schepje bovenop: 3/4 van alle verkochte fietsen in België in 2015 zijn e-bikes. Met een elektrische fiets kan je langere afstanden doen, zwaardere dingen vervoeren en tot op oudere leeftijd mobiel zijn. Dat maakt de e-bike tot een robuust vervoersmiddel dat weinig infrastructuur nodig heeft.

ENERGIE EN KLIMAAT

Zoals eerder gezegd gaat het wegverkeer nog groeien tot 2030, zij het steeds langzamer dan voorheen, om dan helemaal stil te vallen tegen 2040. Toch steeg het energieverbruik niet de afgelopen 30 jaar.

— Het totaal energieverbruik in België was in 2013: 56,7 miljoen ton-equivalent (stabiel de laatste 30 jaar, laatste 5 jaar licht dalend) (Bron: Eurostat).

— Het gedeelte energieverbruik vanwege transport in 2013: 9,8 miljoen ton-equivalent of ongeveer 17% (stabiel de laatste 30 jaar, laatste 5 jaar licht dalend behalve voor luchtvaart).

Voor de toekomst verwachten we een daling van het energieverbruik door transport, zelfs van het groeiende goederenvervoer.

De grootste reden is de verbetering van de energie-efficiëntie van de voertuigen voor personenvervoer. Hier spelen twee factoren. Als eerste zorgen hoge brandstofprijs (door hoge brandstoftaksen) ervoor dat consumenten liever een zuinigere wagen kopen. Als tweede zijn er de strenge regulaties van de EU voor CO_2-emissies. Die hebben voertuigen de laatste 15 jaar gemiddeld 21% zuiniger gemaakt. Zelfs luchtvaart doet mee: -12%. En er wordt nog een bijkomende vermindering van 14% verwacht de komende 10 jaar. Vanaf 2030 verwacht men een stabilisatie van het energieverbruik per voertuig – gelukkig valt dat net samen met het moment waarop ook de verkeersvolumes gaan stabiliseren.

Bij goederenvervoer is het plaatje minder rooskleurig, maar nog steeds positief: een daling van 6% de laatste 15 jaar en een verwachte daling van 9% de komende 10 jaar. Ook hier speelt de brandstofprijs een belangrijke rol, want dit is een van de grootste kostenposten in de logistieke sector.

De overgrote meerderheid van de energie in het transport komt van fossiele brandstoffen. Een klein, maar groeiend deel, komt van elektriciteit. De voornaamste oorzaak is de toenemende elektrificatie van het spoor in Europa. Ook PHEV zijn in opmars (plug-in hybrid electric vehicles: auto's die zowel op fossiele brandstof als op elektriciteit uit het stopcontact kunnen rijden). Men verwacht een aandeel van elektrische auto's van 8% tegen 2050 (in EU28 – bron DG ENER).

Maar ondanks dit rooskleurig verhaal halen we de klimaatdoelstellingen die de EU oplegt niet helemaal. Er is nog een grotere inspanning nodig om de CO_2-emissies sterker te doen dalen, zodat de klimaatverandering kan worden tegengegaan.

VLIEGTUIGEN Composietmaterialen werden reeds van bij het prille begin toegepast in vliegtuigen. In de jaren dertig van de vorige eeuw werd vrijwel gelijktijdig de productie van glasvezels (gesponnen uit gesmolten glas) geïndustrialiseerd en werden nieuwe kunststoffen ontwikkeld die een productie van kunststofonderdelen bij lage drukken toeliet (in tegenstelling tot de zeer hoge drukken die tot dan nodig waren).[3] Dit maakte het mogelijk om, meestal in open mallen, glasvezelmatten of -weefsels te impregneren met, toen

Although glass fibres are very strong, they are insufficiently rigid to be used in heavily loaded structural components of airplanes. This did happen following the development of carbon fibres in the early 1960s. After all, carbon fibres are just as strong as glass fibres, but at least three times as rigid, and moreover one third lighter. From the 1970s onwards, the first semi-structural, and thus less critical parts were made from carbon composites, such as aerodynamic surfaces ('fairings'), but gradually the scope of applications broadened to include minor moving parts (airbrake surfaces, rudders…), the horizontal and vertical stabilizers, and eventually entire wings and even the complete fuselage. In the Airbus 350 and Boeing 787, this resulted in a composite weight percentage (virtually exclusively carbon fibre reinforced) of more than 50%. When taking into account the lower density of composites compared to aluminum and steel, more than two thirds of the supporting structure of these two airplanes is made from composites. This trend has plateaued for now, but the potential for further growth of this composite proportion is evident in helicopters, gliders and military airplanes, which are nearly one hundred percent built from composites.

One can also see that the use of composite materials further increases in experimental airplanes. The chief reason being the potential reduction in consumption, as already demonstrated at the introduction of the Boeing 787 and the Airbus 350 XWB ('extra wide body'); with Airbus claiming a reduction in kerosene consumption of 25% in the latter compared to an equivalent aluminum airplane.[5] In addition to this improved (ecological) sustainability, there is also the improved technical durability, since carbon fibre composites also display superior fatigue properties compared to aluminum. Lastly, there is also the 'freedom of forms' when designing with composites, a property embraced by all designers across all sectors of application: after all, the starting material (fibres in some or other textile form) allows for the creation of highly complex, double-curved surfaces, bringing structural and aerodynamic optimization within reach. The many prototypes of 'airplanes of the future' nearly all make exclusive use of carbon fibre composites to produce their often very bold designs.

However, the availability of light and strong composite materials, and the ever-growing mastery of this technology, has also given rise to the creation of new or the rediscovery of forgotten 'flying contraptions': extremely light airplanes, flying cars and zeppelins.

The Solar Impulse was the first example of an extremely light airplane, which can be powered by solar energy thanks to its low weight.[6] The Solar Impulse-1, built in Switzerland by a team led by André Borschberg, and coached by Bertrand Piccard (who was also the first to circumnavigate the globe in a balloon), made its maiden flight in 2009. The experiences gained during various, even intercontinental flights (to America in 2013), were used as the basis for the design and construction of the Solar Impulse-2. This enormous airplane has a wingspan of 71.9 meters, slightly under the currently largest operational airliner, the Airbus 380, but weighs only 2,300 kg (including 633 kg of battery), which is only 1/200th of the Airbus 380 (500,000 kg). The extremely low weight could be achieved by using mainly carbon fibre composites in the more than 6,000 parts realized by the Belgian company Solvay. The light weight, the solar cells on the wings and the lithium-ion batteries for night flights, allowed the Solar Impulse-2 to fly around the earth in 23 days in 2015. The two team leaders, Piccard and Borschberg, neatly divided the 17 stages between them.

vooral, polyesterharsen, en de vezelversterkte kunststof onder lage druk te laten uitharden tot een structureel product. Meteen werd deze productiemethode toegepast (reeds in 1942) voor het vervaardigen van radomes, de aërodynamische en weinig belaste afscherming van de radarinstallatie in de neus van vliegtuigen.[4]

Glasvezels zijn wel heel sterk, maar onvoldoende stijf om in zwaar belaste structurele onderdelen van vliegtuigen gebruikt te worden. Dit gebeurde wel na de ontwikkeling van de koolstofvezels in de vroege zestiger jaren van vorige eeuw. Koolstofvezels zijn immers even sterk als glasvezels, maar minstens driemaal stijver en daarenboven één derde lichter. Vanaf de jaren zeventig werden eerst semi-structurele, en dus minder kritische onderdelen uit koolstofvezelcomposieten vervaardigd, zoals aerodynamische oppervlakken, maar geleidelijk aan breidden de toepassingen zich uit naar kleinere bewegende onderdelen (luchtremvlakken, roer...), naar het horizontale en verticale staartvlak en uiteindelijk naar volledige vleugels en zelfs de volledige romp. Dit resulteerde voor de Airbus 350 en de Boeing 787 in een gewichtspercentage aan (bijna uitsluitend koolstofvezelversterkte) composieten van meer dan 50%. Als dan rekening gehouden wordt met het lagere soortelijk gewicht van composieten in vergelijking met aluminium en staal, bestaat meer dan tweederde van de dragende structuur van deze twee vliegtuigen uit composieten. Daarmee is voorlopig een plafond bereikt, maar dat het aandeel composieten nog verder kan groeien bewijzen helikopters, zweefvliegtuigen en militaire vliegtuigen, die voor bijna honderd procent uit composieten opgebouwd zijn.

Men ziet dan ook dat in experimentele vliegtuigen het gebruik van composietmaterialen nog verder toeneemt. De belangrijkste reden daarvoor is de potentiële vermindering van het verbruik, zoals reeds aangetoond werd bij de introductie van de Boeing 787 en de Airbus 350 XWB ('extra wide body'); voor deze laatste claimt Airbus een vermindering van het verbruik aan kerosine van 25%, in vergelijking met een equivalent aluminium vliegtuig.[5] Naast deze verbeterde (ecologische) duurzaamheid (*sustainability*) is er ook de verbeterde technische duurzaamheid (*durability*), want koolstofvezelcomposieten hebben onder andere superieure vermoeiingseigenschappen in vergelijking met aluminium. En tenslotte is er ook de vormvrijheid bij het ontwerpen met composieten, een eigenschap die alle designers in alle toepassingssectoren omarmen: de uitgangsvorm van het materiaal (vezels in een of andere textiele vorm) laat immers toe heel complexe, dubbelgekromde oppervlakken te creëren, waardoor structurele en aerodynamische optimalisatie binnen handbereik ligt. De vele prototypes van 'vliegtuigen van de toekomst' gebruiken bijna allemaal uitsluitend koolstofvezelcomposieten voor het realiseren van hun soms zeer gedurfde designs.

Het beschikbaar zijn van lichte en sterke composietmaterialen, en het steeds beter beheersen van deze technologie, heeft echter ook aanleiding gegeven tot het ontstaan van nieuwe of de herontdekking van vergeten 'vliegende tuigen': extreem lichte vliegtuigen, vliegende auto's en zeppelins.

De Solar Impulse was het eerste voorbeeld van een extreem licht vliegtuig, dat omwille van zijn laag gewicht kan aangedreven worden met zonne-energie.[6] De Solar Impulse-1, gebouwd in Zwitserland door een team onder leiding van André Borschberg, en gecoacht door Bertrand Piccard (die ook als eerste in een luchtballon rond de wereld vloog), deed zijn eerste vlucht in

Solvay, Kwint Radius Industrial Design, Solar Impulse plane flying over San Francisco Golden Gate Bridge (2016)
© Solvay

left The Airbus Zephyr S, a solar energy driven airplane that approaches the functionality of a satellite (2018)
© Airbus 2018

This success inspired Airbus to build an extremely light, unmanned airplane that could fly at great altitudes for very extended periods of time. In July 2018 the Airbus Zephyr S remained in uninterrupted flight for 14 days at an altitude of 21,000 meters, thus above the clouds, the jet stream, and regular air traffic. This way, the airplane approaches the functionality of a satellite, certainly when dealing with observation and communication assignments.[7] The Airbus Zephyr S has a wingspan of 25 meters and owing to the use of carbon fibre composites only weighs 75 kg; the wings are entirely covered in solar cells that charge a lithium battery for night-time use, and drive two electric motors.

The excellent strength-to-weight ratio of carbon fibre composites has also inspired aeronautical engineers to revisit the old zeppelin concept. Various designers have unleashed their creativity upon the concept, but the challenge is enormous. Transporting a sufficient load requires storing a tremendous volume of helium gas in a strong, durable construction. The American Aeroscraft ML866 is reported to have a load capacity of 66 tons and a range of 4,500 km, is currently (mid-2018) in production, and is said to become operational in 2020. The Airlander 10 was designed and built in England, and made its first successful flight in 2016 but was heavily damaged during a ground incident in late November 2017. However, development continues at the Hybrid Air Vehicle company, as both a cargo and a mixed cargo/personal transport version. The Airlander 10 has a length of 90 meters and is 40 meters tall, and it is capable of transporting a load of 10 tons.[8] The Design Q design team recently unveiled the concept for the interior of the passenger version, with a 46-meter long cabin offering more space than an Airbus 320 or Boeing 737.

Indeed, the availability of composites as exceedingly light construction materials, and the ever-growing mastery of their production technology has inspired the designers to produce totally new forms of individual air transportation. Nearly every week, new designs pop up on specialized websites of airplanes capable of vertical take-off (VTOL = vertical take-off and landing), reducing the required size of landing sites, and thus facilitating further operation in urban areas. Carbon fibre composites are invariably used for the structural components, although the design concepts can vary wildly.

Some make use of the 'tilt rotor' principle, as is the case for the German, electric motor-driven Lilium.[9] The stiff wings of the Lilium Jet hold twelve flaps with each three electric jet engines, making the airplane also safer in case of technical problems with one of the engines. Depending on the flight mode, the flaps go from a vertical to a horizontal position. On take-off, all flaps are tilted vertically, so the engines can lift the airplane. Once in the

2009. Op basis van de opgedane ervaringen gedurende verschillende, zelfs intercontinentale vluchten (naar Amerika in 2013) werd de Solar Impulse-2 ontworpen en gebouwd. Dit enorme vliegtuig heeft een spanwijdte van 71,9 meter, slechts iets minder dan het op dit ogenblik grootste operationele lijnvliegtuig, de Airbus 380, maar weegt slechts 2300 kg (inclusief 633 kg batterij), dus slechts 1/200ste van de Airbus 380 (500.000 kg). Dit extreem lage gewicht kon bereikt worden door gebruik te maken van vooral koolstofvezelcomposieten in de meer dan 6000 onderdelen gerealiseerd door het Belgische bedrijf Solvay. Door dit lichte gewicht, en met behulp van zonnecellen op de vleugels en de lithium-ion batterijen waardoor nachtvluchten mogelijk zijn, kon de Solar Impulse-2 in 2015 rond de aarde vliegen in 23 dagen. De twee teamleiders, Piccard en Borschberg, verdeelden de 17 etappes netjes onder elkaar.

Dit succes inspireerde Airbus tot het bouwen van een extreem licht, onbemand vliegtuig dat gedurende zeer lange tijd op grote hoogte zou kunnen vliegen. De Airbus Zephyr S bleef in juli 2018 gedurende 14 dagen onafgebroken in de lucht, op een hoogte van 21.000 meter, dus boven de wolken, de straalstroom en het reguliere luchtverkeer. Op die manier benadert dit vliegtuig de functie van een satelliet, zeker als het gaat om observatie- en communicatieopdrachten.[7] De Airbus Zephyr S heeft een spanlengte van 25 meter en weegt, door het gebruik van koolstofvezelcomposieten, slechts 75 kg; de vleugels zijn volledig bedekt met zonnecellen die een lithiumbatterij opladen voor 's nachts en twee elektrische motoren aandrijven.

De uitstekende sterkte/gewichtsverhouding van koolstofvezelcomposieten heeft luchtvaartingenieurs ook geïnspireerd om het oude concept van de zeppelin opnieuw te bekijken. Verschillende ontwerpers hebben hun creativiteit erop losgelaten, maar de uitdaging is enorm. Om voldoende lading te kunnen vervoeren moet een zeer groot volume aan heliumgas kunnen gestockeerd worden in een sterke, duurzame constructie. De Amerikaanse Aeroscraft ML866 zou een laadcapaciteit van 66 ton hebben en een vliegbereik van 4500 km, is nu (midden 2018) in productie en zou in 2020 operationeel zijn. De Airlander 10 werd ontworpen en gebouwd in England en had reeds in 2016 zijn eerste succesvolle vlucht, maar werd zwaar beschadigd tijdens een ongeval op de grond eind november 2017. Toch wordt eraan verder gewerkt door het bedrijf Hybrid Air Vehicle, zowel in een cargo als in een gemengde cargo/personenvervoerversie. De Airlander 10 heeft een lengte van 90 meter en is 40 meter hoog, en kan een lading van 10 ton vervoeren.[8] Het designteam Design Q onthulde recent het ontwerp voor het interieur van de passagiersversie, met een 46 meter lange cabine die meer ruimte biedt dan een Airbus 320 of Boeing 737.

Het beschikbaar komen van composieten als uiterst lichte constructiematerialen, en het steeds beter beheersen van hun productietechnologie, heeft tenslotte ook de ontwerpers geïnspireerd om totaal nieuwe vormen van individueel luchtvervoer te realiseren. Bijna wekelijks kan men op gespecialiseerde websites nieuwe ontwerpen vinden van verticaal opstijgende vliegtuigen (VTOL= *vertical take off and landing*), waardoor zij slechts zeer kleine landingsplaatsen nodig hebben en dus makkelijker in stedelijke gebieden kunnen opereren. Telkens worden daarbij koolstofvezelcomposieten gebruikt voor de structurele componenten, hoewel de designconcepten erg kunnen verschillen.

air the flaps gradually assume a horizontal position, allowing the airplane to accelerate. Once they have reached their fully horizontal position, all lift required to remain airborne is supplied by the wings, as in the case of a conventional airplane. This strikingly designed airplane reaches a speed of 300 km/h. The American Blackfly utilizes a similar concept.[10] Others have fundamentally reimagined the helicopter concept, such as the German electric Volocopter, which made its first manned flight in 2016; the latter has eighteen small rotors, which do however take up more space due to their positioning on top of a large circular structure.[11]

Still other designers attempt to turn the dream of the 'flying car' into a reality. Dutch company PAL-V built a car that can transform into a gyrocopter.[12] This 'personal air and land vehicle' drives like a car, carrying on its roof a collapsible rotor and stabilizer. Audi has also joined the quest for the first true flying car by entering into collaboration with Italdesign and Airbus.[13] Their concept goes one step beyond, and subscribes to the philosophy of 'ride sharing': the passenger cabin, naturally made from carbon fibre composite, can either be placed into a 'car base' (electrically driven), or be attached to a 'quadcopter', a set of four rotors that allow for vertical take-off and landing.

All of these designs demonstrate that the line between airplanes and drones has grown very thin. Drones also have to be designed as light as possible for energy efficiency during use. Save for smaller drones that belong more in the category of 'toys' and are made solely from plastics, nearly all drones make use of composite materials, sometimes in combination with other materials such as aluminum or structural foams. Often, the manner of construction is a copy of what one would find in airplanes and helicopters, but sometimes designers are challenged to develop new material and construction concepts. For instance, in the case of the Delair UX5, originally developed by engineers from Belgian company Gatewing, use was made of a combination of structural elements made from carbon fibre composites, and aerodynamic surfaces from EPP foam reinforced with a self-reinforcing polypropylene composite skin; this construction makes the drone highly resistant to impact in case of gliding landings.[14] The UX5 drone, with a wingspan of 1 meter and a weight of only 2.5 kg, reaches a cruising speed of 80 km/h and can remain airborne for up to 50 minutes. Equipped with a high-precision camera, it is chiefly used for efficiently mapping and inspecting large areas (up to 19 km^2 in a single flight at a resolution of 20 cm or 1.4 km^2 with a resolution of 2 cm).

The Airlander 10, designed and built by Hybrid Air Vehicle company (2016)
© Hybrid Air Vehicles Ltd

Sommigen maken gebruik van het 'tilt-rotor'-principe, zoals bij de Duitse, met elektromotoren aangedreven Lilium.[9] In de stijve vleugels van de Lilium Jet zitten twaalf flappen met elk drie elektrische straalmotoren, waardoor het vliegtuig ook veiliger is bij een technisch probleem met één van de motoren. Afhankelijk van de vluchtmodus kantelen de flappen van een verticale naar een horizontale positie. Bij het opstijgen worden alle flappen verticaal gekanteld, zodat de motoren het vliegtuig kunnen optillen. Eenmaal in de lucht kantelen de flappen geleidelijk in een horizontale positie, waardoor het vliegtuig gaat accelereren. Wanneer ze de volledige horizontale positie hebben bereikt, wordt alle lift die nodig is om omhoog te blijven geleverd door de vleugels, zoals bij een conventioneel vliegtuig. Dit bijzonder mooi vormgegeven vliegtuig haalt een snelheid van 300 km/u. Ook de Amerikaanse Blackfly gebruikt een gelijkaardig concept.[10] Anderen hebben het helikopterconcept fundamenteel herdacht, zoals de eveneens Duitse en elektrische Volocopter, die zijn eerste bemande vlucht in 2016 maakte; deze heeft achttien kleine rotors, die door hun positionering op een grote cirkelvormige structuur echter meer ruimte in beslag nemen.[11]

Nog andere ontwerpers proberen de droom van de 'vliegende auto' in werkelijkheid om te zetten. Het Nederlandse bedrijf PAL-V bouwde een auto die kan getransformeerd worden tot een gyrocopter.[12] Dit 'personal air and land vehicle' rijdt als een auto, die op zijn dak een uitklapbare rotor en stabilisator draagt. Ook Audi heeft zich in de race naar de eerste echte vliegende auto gepositioneerd, door een samenwerking aan te gaan met Italdesign en Airbus.[13] Hun concept gaat nog een stap verder en schrijft zich in in de filosofie van de 'ride sharing': de passagierscabine, uiteraard uit koolstofvezelcomposiet, kan ofwel geplaatst worden op een 'auto-basis' (elektrisch aangedreven), ofwel vastgeklikt worden aan een 'quadcopter', een set van vier rotors die verticaal opstijgen en landen mogelijk maken.

Al deze ontwerpen tonen aan dat de grens tussen vliegtuigen en drones erg dun geworden is. Ook drones moeten zo licht mogelijk ontworpen worden, om energie-efficiënt te zijn tijdens gebruik. Behalve kleine drones die eerder in de sector 'speelgoed' thuishoren en slechts uit kunststof opgebouwd zijn, maken bijna alle drones gebruik van composietmaterialen, soms in combinatie met andere materialen zoals aluminium of structurele schuimen. Dikwijls is de bouwwijze een kopie van wat men bij vliegtuigen en helikopters vindt, maar soms worden ontwerpers uitgedaagd om nieuwe materiaal- en constructieconcepten te ontwikkelen. Zo werd bij de Delair UX5, oorspronkelijk ontwikkeld door ingenieurs van het Belgische bedrijf Gatewing, gebruik gemaakt van een combinatie van structurele elementen uit koolstofvezelcomposieten, en aerodynamische oppervlakken uit EPP-schuim verstevigd met een zelfversterkende polypropyleencomposiethuid; deze combinatie zorgt ervoor dat de drone bijzonder impactbestendig is bij glijlandingen.[14]
De UX5-drone, die met een vleugelbreedte van 1 meter slechts 2,5 kg weegt, bereikt een kruissnelheid van 80 km/u en kan tot 50 minuten in de lucht blijven. Uitgerust met een hoge precisie-camera wordt hij hoofdzakelijk gebruikt voor het efficiënt in kaart brengen en inspecteren van grote gebieden (in één vlucht tot 19 km^2 met resolutie van 20 cm of 1,4 km^2 met 2 cm resolutie).

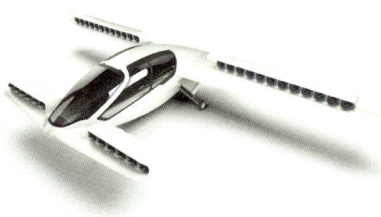

The first electric motor-driven vertical take-off and landing (VTOL) jet Lilium (2017) © Lilium GmbH

left The autonomo– urban air taxi Volo– copter flying over Dubai (2017) Photo Nikolay Kazakov © Volocopter GmbH

CARGOCOPTER
BART THEYS

With the advent of cheaper and lighter sensors and processors, driven by the smartphone market, other technologies that make use of them have also picked up steam. Remote-controlled model airplanes can suddenly be equipped with the electronics needed for self-stabilizing and independent flying. More powerful electric motors and lighter batteries also allow for model airplanes to be built without wings, with only a few small propellers to keep the craft airborne. Thus, drones were born.

The advantage of these drones is that they are capable of very stable flight and accurate vertical take-off and landing. This makes them highly suited for film and photography applications, an area where they have by now firmly secured their spot. Applications such as package delivery or urgent transportation requiring flying over long distances or at high speeds were less suitable for these drones due to their low top speed and high energy consumption, quickly draining batteries.

The CargoCopter was developed to address these issues. The design of the CargoCopter is a combination between an airplane and a drone. The craft takes off vertically like an ordinary drone, but then makes a transition by tilting forwards 90 degrees. After the transition, the propellers only have to generate thrust and no longer any lift to keep the drone airborne, the latter costing a great deal of energy. During forward flight, a wing generates enough lift to keep the craft airborne.

The CargoCopters need to be as light as possible, so they can carry as much payload as possible. The first prototypes were built using conventional methods and lots of manual work. Foam, wood, and foil were cut to size and glued. To speed up the process and provide more design freedom, a 3D printer was eventually used. A thin-walled structure, with cavities wherever needed, can be printed quickly and at moderate cost using an FDM process ('Fused Deposition Modeling'), whereby the material is added in layers.

However, printing these thin-walled pieces does hold a number of material requirements. For instance, the material, when added to the piece in molten form, cannot shrink too much after cooling, to prevent warping. In addition, the layers must adhere firmly, and the entire final piece must have sufficient strength. Initially, the CargoCopter prototypes were printed in PLA (polylactic acid), a bio-based plastic with good layer adhesion and little shrinkage. One disadvantage is that this material is very brittle, so drones are easily damaged in case of a rough landing. Another key drawback is that PLA weakens at temperatures of 45°C and up. In the summer of 2017, the CargoCopters were asked for a demo in Dubai, and since temperatures there rose to 50°C, a material with a higher resistance to temperature had to be found. Polycarbonate and nylon were possible candidates. However, both materials warped easily due to their high shrinkage factor; moreover the polycarbonate had issues with adhesion, and nylon was not rigid enough. The solution to the problem could be found in a composite material. Adding short glass or carbon fibres to the nylon enhance– the rigidity of the material, all but eliminating warping during printing, and yielding a more rigid end result

The current design of the CargoCopter consists of various parts that were printed separately and require no support material, sc no material is lost. The nose of the craft is the largest piece (180 x 100 x 240 mm) and is printed in layers of 0.4 mm thick from bottom to top in one continuous spiral motion in less than 6 hours. For the arms ont– which the propellers are mounted, square carbon fibre composite tubes with a 10 x 10 mm cross-section are used and incorporated into the craft in a piece with many internal cavities to save weight.

The result is a structural weight of only 300 grams for a total flight weight of up to 3 kg maximum. This is only 10%!

After the joining of the various printed pieces, the propulsion system and the necessary electronics are built into the craft. The flight-ready prototype can reach speeds of up to 120 km/h, and cover distances of up to 50 km. The large nose has room for a payload of 500 grams, meaning the craft is suitable for the transportation of small urgent items such as medicine and blood or tissue samples between hospitals and laboratories. A larger version capable of transporting 1.5 kg can be used for first aid equipment, such as a defibrillator, which has to quickly reach its destination.

CARGOCOPTER
BART THEYS

Door de opkomst van goedkopere en lichtere sensoren en processoren, gedreven door de smartphone markt, zijn ook andere technologieën die hiervan gebruik kunnen maken in een stroomversnelling gekomen. Telegeleide modelbouwvliegtuigjes konden plots uitgerust worden met de nodige elektronica om zichzelf te stabiliseren en zelfstandig rond te vliegen. Sterkere elektromotoren en lichtere batterijen maakten het ook mogelijk om modelbouwvliegtuigjes te maken zonder vleugels, met enkel een aantal propellertjes om het geheel in de lucht te houden. De drones waren geboren.

Het voordeel van deze drones is dat ze in staat zijn erg stabiel te kunnen vliegen en nauwkeurig verticaal te kunnen opstijgen en landen. Dat maakt ze zeer geschikt voor film- en fotografietoepassingen, waar ze hun plek inmiddels stevig veroverd hebben. Toepassingen zoals pakjes leveren of urgentietransport waarbij over lange afstanden of aan hoge snelheden gevlogen moest worden, waren minder geschikt voor deze drones vanwege hun lage topsnelheid en hoge energieverbruik, waardoor de batterij erg snel leeg raakt.

Om deze problemen aan te pakken werd aan de KU Leuven de CargoCopter ontwikkeld. Het ontwerp van de CargoCopter is een combinatie tussen een vliegtuig en een drone. Het toestel stijgt verticaal op als een gewone drone, maar maakt daarna een transitie door tot 90° naar voren te kantelen. Hierdoor moeten de propellers na transitie enkel nog stuwkracht en geen liftkracht meer opwekken om de drone in de lucht te houden, wat erg veel energie kost. Een vleugel zorgt tijdens de voorwaartse vlucht voor het opwekken van de nodige liftkracht om het toestel in de lucht te houden.

De CargoCopters moeten zo licht mogelijk zijn, zodat ze nog veel nuttige last kunnen dragen. De eerste prototypes werden gebouwd met klassieke methodes en veel handwerk. Schuim, hout en folie werden op maat gesneden en verlijmd. Om dit proces te versnellen en meer vrijheid te geven aan het ontwerp werd uiteindelijk beroep gedaan op een 3D-printer. Een dunwandige structuur, met holtes waar nodig, kan snel en tegen beperkte kost geprint worden met een FDM-proces ('Fused Deposition Modeling', waarbij het materiaal in laagjes toegevoegd wordt).

Het printen van deze dunwandige stukken brengt wel enkele materiaalvereisten met zich mee. Zo mag het materiaal, wanneer het in gesmolten vorm wordt toegevoegd aan het stuk, niet te veel krimpen na afkoeling, om kromtrekken te vermijden. Daarnaast moeten de lagen zeer goed aan elkaar hechten en moet het geheel uiteindelijk sterk genoeg zijn. Initieel werden de CargoCopter prototypes geprint in PLA (polymelkzuur), een biogebaseerde plastic met een goede laaghechting en weinig krimp. Een nadeel is dat dit een erg bros materiaal is, waardoor de drones al snel schade opliepen bij een ruwe landing. Een ander belangrijk nadeel is dat PLA terug week wordt bij temperaturen vanaf 45 °C. In de zomer van 2017 werden de CargoCopters gevraagd voor een demonstratie in Dubai en aangezien de temperaturen hier opliepen tot 50 °C moest er snel op zoek gegaan worden naar een materiaal met een hogere temperatuursbestendigheid. Polycarbonaat en nylon waren hiervoor kandidaat. Beide materialen trokken echter makkelijk krom door de hoge krimp; bovendien hechtte het polycarbonaat moeilijk en had het nylon een te lage stijfheid. De oplossing voor het probleem kon gevonden worden in een composietmateriaal. Door korte glas- of koolstofvezels toe te voegen aan het nylon werd de stijfheid van het materiaal verhoogd, waardoor de stukken haast niet meer vervormen tijdens het printen en een stijver eindresultaat bekomen werd.

Het huidige ontwerp van de CargoCopter bestaat uit verschillende delen die apart geprint worden en geen support materiaal vereisen, waardoor er geen materiaal verloren gaat. De neus van het toestel is het grootste stuk (180 x 100 x 240 mm) en wordt, in laagjes van 0,4 mm dik, in een continue spiraalbeweging van beneden tot boven geprint in minder dan 6 uur. Voor de armen, waarop de propellers gemonteerd zijn, wordt er gebruik gemaakt van koolstofvezelcomposiet buisjes met een vierkante doorsnede van 10 x 10 mm, die in het toestel ingeklemd worden in een stuk met vele interne holtes, om gewicht te besparen.

Het resultaat is een structureel gewicht van slechts 300 gram voor een totaal vlieggewicht tot maximum 3 kg. Dit is slechts 10%!

Na het samenvoegen van de verschillende geprinte stukken worden het propulsiesysteem en de nodige elektronica ingebouwd. Het vliegklare prototype is in staat snelheden tot 120 km/u te halen en afstanden van 50 km te overbruggen. De grote neus biedt plaats voor een nuttige last van 500 gram, waardoor dit toestel geschikt is voor het transport van kleine urgente zaken zoals medicijnen en bloed- of weefselstalen tussen ziekenhuizen en labo's. Een grotere versie, die in staat is om 1,5 kg te vervoeren, kan dan weer ingezet worden om eerste hulp materiaal, zoals een defibrillator, te transporteren die snel ergens ter plaatse moet gebracht worden.

The composite front end of the new Eurostar train (2018) © Eurostar

TRAINS, TRAMS, BUSES, AND TRUCKS   A study by Jun Takahashi (University of Tokyo) has shown that, when considering the entire lifecycle, the energy consumption in the use phase dominates all forms of transportation over land.[15] In cars this accounts for 80%, in trucks it ranges from about 90% for a light van up to 95% for a large heavy goods vehicle. Lastly, in buses the percentage climbs even higher as energy consumption for production, maintenance and 'end-of-life' combined amounts to an almost negligible 3%. No comparable figures are available for trains, but it may be assumed that they will be comparable with those for buses.

Because energy consumption in the use phase is highly influenced by the weight of the vehicle (see below under 'Cars'), it is only logical that designers also review the use of composite materials for trains, trams, buses, and trucks.

Bus designers have long since discovered the advantage of composites. Bodywork panels made from glass fibre-reinforced composites were placed onto a chassis of steel, sometimes aluminum. Since these are large surfaces, pultruded profiles are often used.[16] Such profiles are also used in the interior of buses and trams, combining light weight with a relatively low cost due to the continuous production process. Dutch bus company VDL has, in collaboration with specialized composite companies, developed a process to lighten the side panels of buses even further.[17] This involves the use of a resin that turns into foam during hardening, creating somewhat thicker and thus more rigid panels, leading to a weight reduction of 45%. The front and rear panels of buses are also laminated as a single composite part; the freedom of form provided by composites has thereby inspired designers to create more aerodynamic designs.

A much more drastic innovation however is to replace the steel or aluminum basic structure by a completely composite structure. Hungarian company Evopro for instance developed the Modulo bus, a bus with modular construction and a glass fibre composite chassis. The modular construction

TREINEN, TRAMS, BUSSEN EN VRACHTWAGENS   Uit een studie van Jun Takahashi (University of Tokyo) bleek dat, bekeken over de gehele levenscyclus, het energieverbruik bij de gebruiksfase dominant is bij alle vormen van transport over land.[15] Bij auto's is dit 80%, bij vrachtwagens loopt het op van ongeveer 90% voor een lichte bestelwagen tot 95% voor een tientonner. Bij bussen tenslotte stijgt het percentage nog hoger en is het energieverbruik voor productie, onderhoud en 'end-of-life' samen een bijna verwaarloosbare 3%. Voor treinen zijn geen vergelijkbare cijfers beschikbaar, maar aangenomen mag worden dat deze vergelijkbaar zullen zijn met die voor bussen.

Omdat het energieverbruik in de gebruiksfase sterk beïnvloed wordt door het gewicht van het voertuig *(zie verder ook bij* 'Auto's'*)*, is het logisch dat ontwerpers ook voor treinen, trams, bussen en vrachtwagens het gebruik van composietmaterialen onderzoeken.

Ontwerpers van bussen hebben sinds lang het voordeel van composieten ontdekt. Op een chassis van staal, of soms aluminium, worden carrosseriepanelen uit glasvezelversterkte composieten geplaatst. Omdat het over grote oppervlakken gaat, worden vaak gepultrudeerde profielen gebruikt.[16] Ook in het interieur van bussen en trams worden dergelijke profielen gebruikt, die een lichtgewicht combineren met een relatief lage kostprijs omwille van het continue productieproces. Het Nederlandse busbedrijf VDL heeft, in samenwerking met gespecialiseerde composietbedrijven, een proces ontwikkeld om de zijpanelen van bussen nog lichter te maken.[17] Daarbij wordt gebruik gemaakt van een hars dat tijdens het uitharden opschuimt, waardoor iets dikkere en dus buigstijvere panelen kunnen gerealiseerd worden, wat tot een gewichtsreductie van 45% leidt. Ook het front- en achterpaneel van bussen wordt als één composietonderdeel gelamineerd; de vormvrijheid die composieten bieden heeft designers daarbij geïnspireerd tot meer aerodynamische ontwerpen.

Een veel drastischere innovatie is echter het vervangen van de stalen of aluminium basisstructuur door een volledige composietstructuur. Zo heeft het Hongaarse bedrijf Evopro de Modulo bus ontwikkeld, een modulair opgebouwde bus met een glasvezelcomposiet chassis. De modulaire opbouw laat toe bussen met verschillende lengte te produceren en toch het aantal mallen nodig voor de productie van de composietonderdelen te beperken.[18]

Een verdere reductie van het gewicht kan gerealiseerd worden door gebruik te maken van koolstofvezelcomposieten. Het Amerikaanse bedrijf Proterra ontwikkelde de Catalyst, een elektrische bus met een volledig koolstofcomposiet chassis.[19] Hoewel een stuk duurder in aankoop dan een klassieke bus met dieselmotor, werd berekend dat de totale levenscycluskost ongeveer 40% lager zou zijn, ook omdat de verwachte gebruiksduur van de bus van de gemiddelde 12 jaar zou kunnen stijgen tot 18 jaar, omwille van de betere vermoeiingsweerstand en afwezigheid van corrosie in vergelijking met klassieke bussen met een metalen chassis. Dit economische argument kan dus toegevoegd worden aan het grote voordeel van elektrische bussen voor binnenstadsverkeer, namelijk de afwezigheid van emissies (bij diesels daarenboven grote hoeveelheden NOx en fijn stof) en de veel lagere geluidshinder.

Ook bij trams gelden dezelfde argumenten van gewichtsreductie, en vooral glasvezelcomposieten worden gebruikt voor allerlei carrosseriepanelen, interieurelementen en zelfs voor de vloerpanelen. De trammaatschappij van Helsinki maakte gebruik van de mogelijkheid om in composieten verwar-

Full composite container for suga bulk transport, produced at VDL using Acrosoma technology (2018)

left The world's first full composite trailer, designed by Jan Verhaeghe produced at Acrosoma (2001)

allows for the production of buses with various lengths, while still limiting the number of moulds needed for the production of the composite parts.[18]

A further weight reduction can be achieved through the use of carbon fibre composites. American company Proterra developed the Catalyst, an electric bus with a chassis made completely out of carbon fibre composite.[19] Although it is quite a bit more expensive to purchase than a conventional diesel-powered bus, it was calculated that the total lifecycle cost would be about 40% lower, also because the expected lifespan of the bus could increase from the average of 12 years to 18 years due to the greater resistance to fatigue and the absence of corrosion compared to conventional buses with a metal chassis. This economic argument can thus be added to the major advantage of electric buses for inner-city traffic, namely the absence of emissions (in the case of diesels with the added large quantities of NOx and fine dust) and the much lower noise levels.

The same arguments of weight reduction also apply to trams where predominantly glass fibre composites are used for a range of bodywork panels, interior elements, and even floor panels. The Helsinki tram company made use of the possibility of adding heating elements into composites, thus creating a heated and therefore ice and snow-free tram floor out of glass fibre composites.[20] The roof structure of the tram is specifically designed to face the severe weather conditions encountered in Scandinavian winters, whereby sometimes thick layers of ice and snow accumulate on the roof. The roof is a composite, laminated in a single piece without joints or seams, so melting water cannot seep through and corrode the metal chassis.

We see similar weight-reducing developments in trains: fire-resistant, phenolic resin-based composites are used in interior panels, and some high-speed trains boast sandwich floors. Pultruded profiles are also used in trains to produce side panels, and certainly in the case of high-speed trains the nose, with its complex and optimized aerodynamic shape, is consistently made from composites. The nose of various Shinkansen high-speed bullet trains in Japan can sometimes exceed 5 meters in length, and they are made from a carbon-epoxy composite onto a PMI foam core, while the French TGV and Eurostar and the German ICE trains use glass fibre composites.[21] Further weight reductions could be achieved by building the entire structure out of composites. Earlier attempts to do so, among others for high-speed trains for the Korean railways, which utilized tilting cars because of the winding trajectories, have not immediately resulted in industrial production, likely due to the complex and costly production process (carbon fibre composites on an aluminum honeycomb core).[22] China is currently experimenting with a metro car built completely out of carbon fibre composites.[23]

mingselementen aan te brengen, om een verwarmde en dus ijs- en sneeuwvrije tramvloer uit glasvezelcomposieten te realiseren.[20] De dakstructuur van de tram is specifiek ontworpen voor de barre weersomstandigheden tijdens de Scandinavische winters, waarbij zich soms dikke lagen ijs en sneeuw op het dak opstapelen. Het dak is een composiet, gelamineerd in één stuk, zonder naden, zodat smeltwater niet kan binnensijpelen en het metalen chassis dus niet kan aantasten.

Concept of the modular bus Modulo (2018)

Bij treinen zien wij soortgelijke, gewichtsverminderende ontwikkelingen: in interieurpanelen worden brandwerende, fenolharsgebaseerde composieten gebruikt, en sommige hogesnelheidstreinen hebben sandwichvloeren. Ook in treinen worden voor zijpanelen gepultrudeerde profielen gebruikt, en zeker bij hogesnelheidstreinen wordt de neus, met een complexe, geoptimaliseerde aerodynamische vorm, steeds uit composieten vervaardigd. De soms meer dan 5 meter lange neus van verschillende Shinkansen hogesnelheidstreinen in Japan bestaan uit een koolstof-epoxy composiet op een PMI-schuimkern, terwijl de Franse TGV en Eurostar en de Duitse ICE treinen glasvezelcomposieten gebruiken.[21] Verdere gewichtsreductie zou kunnen gerealiseerd worden door de gehele structuur uit composieten op te bouwen. Vroege pogingen daartoe, onder andere voor de hoge snelheidstreinen van de Koreaanse spoorwegen, die omwille van de bochtige trajecten kantelende wagons gebruiken, hebben niet meteen tot een industriële productie geleid, wellicht omwille van het complexe en dure productieproces (koolstofvezelcomposieten op een aluminium honingraatkern).[22] In China wordt nu geëxperimenteerd met een metrowagon die volledig uit koolstofvezelcomposieten zou opgebouwd zijn.[23]

Tenslotte is ook de vermindering van het gewicht van vrachtwagens en opleggers een doelstelling van ontwerpers. Een van de eerste pogingen om een doorbraak te realiseren werd gedaan door ingenieur Jan Verhaeghe van het Belgische bedrijf Stevens, later Acrosoma. In 2002 bracht hij de eerste oplegger op de markt (Composittrailer) die volledig uit glasvezelcomposieten was opgebouwd.[24] In dit revolutionaire ontwerp gebruikte hij gepultrudeerde profielen die aan elkaar gelijmd werden en zo het dragende chassis vormen. Daarop konden verschillende types opleggers opgebouwd worden, waarvoor hij opnieuw een technische innovatie realiseerde: sandwichpanelen worden op continue wijze geproduceerd door op een schuimkern glasvezellagen aan te brengen en doorheen het schuim eraan vast te stikken. Dit geheel wordt dan door een mal getrokken, waarin de impregnatie met een polyester- of vinylesterhars en uitharding gebeurt. Deze stijve en impactbestendige sandwichpanelen werden later ook voor andere toepassingen ingezet (mobiele

Electric minivan, designed and built at TU Dresden (2016) Photo: Andreas Scheune © TUD/ILK

Lastly, reducing the weight of trucks and trailers is also a design objective. One of the first attempts at creating a breakthrough was made by engineer Jan Verhaeghe of the Belgian company Stevens, later Acrosoma. In 2002 he released the first trailer on the market (Composittrailer), made completely out of glass fibre composites.[24] In this revolutionary design he used pultruded profiles that were glued together and thus form the supporting chassis. Various types of trailers could be built onto this base, for which he again produced a technical innovation: sandwich panels are produced in a continuous fashion by adding glass fibre layers to a foam core, and stitching them through the foam. This piece is then drawn through a mould, where it is impregnated with a polyester or vinyl ester resin and then left to harden. These rigid and impact-resistant sandwich panels were later also used for other applications (mobile landing strips for airplanes in emergency situations, reinforcements of wind turbine blades, containers...) and are now produced by Dutch company VDL.[25] Here too, weight reduction is crucial: the composite containers are 40% lighter than their steel equivalents.

Various designers and companies then tried to build a 100% composite trailer. There was already ample experience with composite superstructures on top of a steel or aluminum chassis, but a trailer with an entirely composite structure is still not yet commercially available. Recently, major American trailer manufacturer Wabash, in collaboration with Structural Composites, has built an initial experimental series of some 100 fully composite trailers, 15 years after Composittrailer.[26]

In addition to large trucks and trailers, there is a sharply growing demand for smaller vans (under 3.5 tons) due to the constant increase of the 'home delivery' of packages, but also for supplying stores in urban centers. These vans represent 75% of all goods vehicles in Europe, and every year their number grows by nearly 2 million units (or 12%). Designers and engineers from the German company CarbonTT have invented a system whereby only the cab (and naturally the engine compartment) of the van was kept, but the

landingsstrips voor vliegtuigen in noodsituaties, versterking van windturbines, containers…) en worden nu geproduceerd door het Nederlandse bedrijf VDL.[25] Ook hier is gewichtsreductie cruciaal: de composietcontainers zijn 40% lichter dan hun stalen equivalent.

Verschillende ontwerpers en bedrijven hebben daarna geprobeerd een 100% composietoplegger te bouwen. Er was reeds ruime ervaring met composieten opbouw op een stalen of aluminium chassis, maar een oplegger met een volledige composietstructuur is nog steeds niet commercieel beschikbaar. Recent heeft de grote Amerikaanse trailerbouwer Wabash, in samenwerking met Structural Composites, een eerste, experimentele reeks van 100 volledige composiet trailers gebouwd, 15 jaar na Composittrailer.[26]

Naast grote vrachtwagens en opleggers is er een sterk groeiende vraag naar kleinere bestelwagens (minder dan 3,5 ton), omwille van de steeds toenemende 'levering aan huis' van pakjes, maar ook het toeleveren aan winkels in stadscentra. Deze bestelwagens vertegenwoordigen 75% van alle vrachtwagens in Europa, en jaarlijks neemt hun aantal met bijna 2 miljoen eenheden (of 12%) toe. Ontwerpers en ingenieurs van het Duitse bedrijf CarbonTT hebben een systeem bedacht waarbij alleen de cabine (en uiteraard het motorcompartiment) van de bestelwagen behouden werd, maar het verdere stalen chassis dat de cabine met de achterwielen verbindt, wordt vervangen door een koolstofcomposietchassis.[27] Dit weegt slechts 30 kg in plaats van 180 kg voor de originele stalen versie. Ook de opbouw is volledig uit composieten vervaardigd, waardoor de totale structurele gewichtsvermindering zich vertaalt in een toename van 40% van het laadvermogen en dus een drastische vermindering van het aantal ritten en dus de afgelegde kilometers.

Nog een verdere stap werd gezet aan de TU Dresden. De FiF is een elektrische mini-bestelwagen van slechts 3,7 meter lang en 1,4 meter breed en is volledig uit een thermoplastisch composiet opgebouwd.[28] Er wordt gebruik gemaakt van hybride garens, glas- of koolstofvezels gemengd met thermoplastische vezels, die bij verwerking bij temperaturen boven hun smelttemperatuur transformeren tot de matrix van het composiet. De hele bestelwagen bestaat uit slechts zes onderdelen en weegt ongeveer 1000 kg. In verschillende onderdelen zijn sensoren aangebracht, waarmee continu de 'gezondheid' van de structuur kan opgevolgd worden (kleine scheurtjes, stijfheidsverlies…). Ook de bladveren zijn ermee uitgerust, en de gemeten veranderingen kunnen teruggekoppeld worden naar systemen ('actuatoren') die de stijfheid van de bladveer kunnen aanpassen.

BRUGGEN EN BOTEN   Vervoer over de weg kan niet zonder bruggen en ook daar worden, zij het nog schoorvoetend, composietmaterialen gebruikt. Het argument is niet altijd, en soms zelfs niet in de eerste plaats, een vermindering van het gewicht. Even belangrijk is de duurzaamheid, omdat composietbruggen minder onderhoud vergen dan stalen (corrosie) en betonnen (betonrot) bruggen. In twee situaties is gewicht wél doorslaggevend: enerzijds wanneer zeer grote overspanningen moeten gerealiseerd worden, en het eigen gewicht van de brug bepalend wordt voor het ontwerp. Reeds in 1987 stelde prof. Urs Meier voor, op basis van structurele berekeningen, een koolstofvezelcomposietbrug te bouwen over de Straat van Gibraltar, maar voorlopig werd dit voorstel niet gerealiseerd.[29] Recenter (2010) bouwde het Spaanse bedrijf Acciona wel een 44 meter lange en 3,5 meter brede

steel chassis that connects the cab to the rear wheels is replaced by a carbon fibre composite chassis.[27] This results in a weight of only 30 kg instead of 180 kg for the original steel version. Likewise, the superstructure is made entirely from composites, so the total structural weight reduction translates into an increase in load capacity of 40%, and thus a drastic reduction of the number of trips and thus kilometers traveled.

TU Dresden took another step forward. The FiF is an electric minivan of only 3.7 meters long and 1.4 meters wide, and is constructed entirely from thermoplastic composite.[28] Use is made of hybrid yarns, glass or carbon fibres mixed with thermoplastic fibres, which transform into the composite matrix while being processed at temperatures that exceed their melting point. The entire van is made up of only six parts, and weighs about 1,000 kg. Sensors have been added to various parts, allowing them to constantly monitor the 'health' of the structure (minor cracks, loss of stiffness...). The leaf springs also feature these sensors, and the measured changes can be fed back to systems ('actuators') that can modify the stiffness of the leaf spring.

Transporting a Fibercore bridge deck to Utrecht, The Netherlands (2018) © Fibercore Europe

The Rhyl Harbour Bridge in North Wales, built by A M Structures Ltd (2013) © A M Structures Ltd

BRIDGES AND BOATS   Road transportation would not be possible without bridges, and here too composite materials are used, albeit reluctantly. The argument is not always, and often not even primarily, to reduce the weight. Equally important is the aspect of durability, because composite bridges require less maintenance than steel (corrosion) and concrete (concrete degradation) bridges. In two scenarios, the weight is the decisive factor: on the one hand when very large spans are required, and the bridge's own weight determines the design. As early as 1987, prof. Urs Meier proposed, on the basis of structural calculations, the construction of a carbon fibre composite bridge across the Strait of Gibraltar, but as of yet this proposal has not been realized.[29] More recently (2010), Spanish company Acciona did build a 44 meter long and 3.5 meter wide footbridge out of carbon fibre composites in Madrid.[30] The bridge weighs only 25 tons and was, after having been transported in one piece from the production hall, installed in under two hours using a lifting crane. This is another reason why the weight of a bridge can be important: in the case of such a quick installation, traffic interruptions can be kept to a minimum, which is certainly an advantage for bridges over busy roads and in urban environments. In 2012, the same company built a 212-meter long carbon fibre composite footbridge (consisting of three spans of 72 meters between supports) in Cuenca, Spain.

Glass fibre composites however are a good and durable alternative, while still providing sufficient rigidity and strength to the bridge and being at least as

The CarbonTT van and (detail) its carbon fibre composite chassis (2018) © Carbon Truck & Trailer GmbH

voetgangersbrug uit koolstofvezelcomposieten in Madrid.[30] De brug weegt slechts 25 ton en werd, nadat zij vanuit de productiehal in één stuk getransporteerd werd, in minder dan 2 uur met een hefkraan geïnstalleerd. Dit is meteen een tweede reden waarom het gewicht van een brug belangrijk kan zijn: bij een dergelijke snelle installatie moet het verkeer minimaal onderbroken worden, wat zeker een voordeel is voor bruggen over drukke wegen en in urbane omgevingen. Hetzelfde bedrijf bouwde in 2012 een 212 meter lange koolstofvezelcomposieten voetgangersbrug (bestaande uit drie overspanningen van elk 72 meter) in Cuenca, Spanje.

Glasvezelcomposieten zijn echter een goede en duurzame materiaalkeuze, die toch voldoende stijfheid en sterkte aan de brug geeft en minstens even duurzaam is. Het Nederlandse bedrijf FiberCore heeft daartoe een bijzondere techniek ontwikkeld, die het risico op delaminaties na eventuele impact, en dus op instabiliteit van de brug, zeer sterk beperkt.[31] Schuimkernen worden omwikkeld met uni- of bidirectionele glasvezelmatten, die zodanig naast elkaar geplaatst worden dat de glasvezelmatten elkaar overlappen en zo 'natuurlijke' delaminatiestoppers creëren. Deze duurzame bruggen worden dan met een vacuüminfusieproces van hars voorzien en uitgehard, en meestal in één stuk ter plaatse gebracht en met een hijskraan op de landhoofden getild.

De vormvrijheid die composieten bieden aan ontwerpers heeft ook geleid tot een aantal in het oog springende constructies. De Ooypoortbrug in Nijmegen (Nederland, 2014) heeft een overspanning van 54 meter en is bijzonder hoog omdat woonboten eronderdoor moeten kunnen varen.[32] Bovendien kan de brug, bij extreem hoog water, opgetild worden met een hijskraan om het woonbootverkeer toch nog toe te laten. Een zeer bijzondere vormgeving kreeg de Rhyl Harbour voetgangers- en fietsersbrug in Wales; zij bestaat uit twee glasvezelcomposiet overspanningen van elk 30 meter, die opgehaald kunnen worden vanop een centrale pijler; in opgehaalde toestand lijkt de brug op een draak, zodat zij ook die koosnaam kreeg.[33]

Tenslotte wordt ook geëxperimenteerd met biogebaseerde composieten. Aan de Technische Universiteit Eindhoven werd een kleine voetgangersbrug ontworpen en gebouwd uit een vlasvezelversterkt, (deels) biogebaseerd epoxy composiet.[34]

Sinds het prille begin van de composiettechnologie in de jaren 30 van vorige eeuw worden composieten ook gebruikt in de botenbouw. In sommige deelsectoren hebben zij andere materialen (hout, staal, aluminium) bijna helemaal

durable. Dutch company FiberCore has developed a remarkable technique. Using this material, one that greatly reduces the risk of delamination and thus bridge instability following a possible impact.[31] Foam cores are wrapped using unidirectional or bidirectional glass fibre mats and placed side by side in such a manner that the glass fibre mats overlap and thus create 'natural' delamination stoppers. These durable bridges are then impregnated in a vacuum infusion process and hardened, and usually transported to the site in one piece and lifted onto the abutments with a lifting crane.

The 'freedom of form' composites offer to designers has also led to a number of striking constructions. The Ooypoort bridge in Nijmegen (the Netherlands, 2014) spans 54 meters and is extraordinarily tall to allow houseboats to pass under it.[32] Moreover, in case of extremely high water levels, the bridge can be lifted with a crane to allow houseboat traffic to pass after all. A very unique design was given to the Rhyl Harbour bridge for foot and bicycle traffic in Wales; it consists of two glass fibre composite spans of 30 meters each that can be drawn up from a central pillar. In its raised condition, the bridge resembles a dragon, hence the nickname.[33]

Lastly, experimentation also takes place with bio-based composites. At the Technical University Eindhoven, a small footbridge was designed and built out of a flax fibre-reinforced, (partly) bio-based epoxy composite.[34]

Since the very early days of composite technology in the 1930s, composites have also been used in boat construction. In some sectors they have all but entirely forced out other materials (wood, steel, aluminum), such as in sailing yachts and canoes. Most sailing yachts use glass fibre composites, typically in a sandwich structure, for the hull, the deck, and the cabin. Competition sailing yachts often favor carbon fibre composites, due to the even lower weight and greater stiffness that can be achieved. The impressive America's Cup boats mainly use carbon fibre composites, but even smaller competition boats experiment with the material, such as the very quick, almost flying 'moth' category.[35]

A full overview of the use of composites in boat construction would require many dozens of pages. Hence, only a few recent but conceptually and design-wise significant trends are discussed.

Motor yachts, compared to cars, consume many times the volume of (mostly diesel) fuel consumed by cars for the same amount of kilometers, so here too electric power is being considered, and even the use of solar cells in order to continuously capture solar energy during sailing or when not in motion. Because the weight of boats is also a determining factor in energy consumption (in addition to hydrodynamic resistance), many electrically powered motor yachts are being built from carbon composite. The Solar Dream, a luxury yacht by designer Dennis Ingemansson, has 360 m² of solar cells powering electric motors (in a hybrid system along with combustion engines).[36] Electric water taxi Sea Bubbles is powered solely by battery, and is therefore virtually silent when in motion.[37] Moreover, the lowest possible ecological impact is sought in the choice of materials, including the use of cork as a core material for the carbon composite sandwich construction.

One extreme design is 'The Mayflower Autonomous Research Ship' (Mars[38]), a design by Plymouth University and Shuttleworth Design, a 32-meter long trimaran that is set to cross the Atlantic Ocean unmanned in 2020, and will conduct scientific experiments and observations using the drones it carries. The three hulls are made from a glass fibre-aramid fibre hybrid composite, while the deck is constructed from carbon fibre composite.

verdrongen, zoals in zeiljachten en kano's. De meeste zeiljachten gebruiken glasvezelcomposieten, meestal in een sandwichstructuur, voor zowel de romp, het dek als de kajuit. Wedstrijdzeiljachten kiezen dikwijls voor koolstofvezelcomposieten, omwille van het nog lagere gewicht en de hogere stijfheid die kan bereikt worden. De indrukwekkende America's Cup boten gebruiken hoofdzakelijk koolstofvezelcomposieten, maar ook in kleinere wedstrijdboten experimenteert men ermee, zoals in de zeer snelle, bijna vliegende 'mot'-categorie.[35]

The America's Cup Team New Zealand boat (2017)
Photo: Animation Research Ltd.
© Emirates Team New Zealand

Een volledig overzicht van het gebruik van composieten in de botenbouw zou vele tientallen pagina's vergen. Daarom worden slechts enkele recente maar vanuit conceptueel en ontwerpstandpunt significante trends toegelicht.

Motorjachten verbruiken, in vergelijking met auto's, per afgelegde kilometer een veelvoud aan (meestal diesel) brandstof, dus wordt ook daar uitgekeken naar elektrische aandrijving, en zelfs naar het gebruik van zonnecellen om tijdens het varen of stilliggen continu zonne-energie op te slaan. Omdat ook in boten het gewicht mede bepalend is voor het energieverbruik (naast de hydrodynamische weerstand) worden heel wat elektrisch aangedreven motorjachten uit koolstofvezelcomposiet gebouwd. De Solar Dream, een luxejacht van designer Dennis Ingemansson, heeft 360 m^2 zonnecellen, waarmee elektrische motoren aangedreven worden (in een hybride combinatie met verbrandingsmotoren).[36] De elektrische watertaxi Sea Bubbles wordt louter door een batterij aangedreven en vaart daardoor bijna geruisloos.[37] Bovendien werd ook bij de materiaalkeuze gestreefd naar een zo laag mogelijke ecologische impact, onder andere door het gebruik van kurk als kernmateriaal voor de koolstofcomposiet sandwichconstructie.

Een extreem ontwerp is 'The Mayflower Autonomous Research Ship' (MARS), een ontwerp van Plymouth University en Shuttleworth Design, een 32 meter lange trimaran die in 2020 onbemand en autonoom de Atlantische Oceaan zal overvaren, en met de drones die hij meedraagt wetenschappelijke experimenten en observaties zal uitvoeren.[38] De drie rompen zijn opgebouwd uit een glasvezel-aramidevezel hybride composiet, terwijl het dek een koolstofvezelcomposiet is.

Een laatste trend is het gebruik van biogebaseerde composieten. Zoals aangetoond in het artikel 'Why are designers fascinated by flax and hemp

The Mayflower Autonomous Research Ship (MARS), designed by Plymouth University and Orion Shuttleworth (operational in 2020) Photo: Orio Shuttleword © Shuttleword Design Ltd.

One of the latest trends is the use of bio-based composites. As demonstrated in 'Why are designers fascinated by flax and hemp fibre composites' (2016), designers are becoming increasingly aware of the specific possibilities of flax and hemp fibre-reinforced composites: they are nearly as stiff as glass fibres, have one third of the weight, dampen mechanical vibrations, and have good acoustic properties.[39] Despite the fact that these natural fibres absorb water, it has nevertheless been shown that they, as composite reinforcements, retain their properties well, even in case of extended use in maritime conditions. Various sailing yachts have already been built using flax fibre-reinforced epoxy composites, such as the Gwalaz trimaran, which displayed no deterioration of properties after many years of intensive use at sea.[40]

CARS   The history of composites in the automotive sector is nearly as old as the history of composite materials itself. The image of Henry Ford using a hammer to test the strength of the bodywork from flax and hemp fibre composites has reached iconic status, but the headline of the article in The New York Times of 14 August 1941 immediately states why composites are also interesting for cars: 'Ford Shows Auto Built Of Plastic; Strong Material Derived From Soy Beans, Wheat, Corn is Used for Body and Fenders. Saving Of Steel Is Cited. Car Is 1,000 Pounds Lighter Than Metal Ones -- 12 Years of Research Developed It.' The drastic weight reduction (by one third) is key, but also the use of bio-based materials, notably bio-based plastic and natural fibres such as flax and hemp (and moreover, in wartime the steel was needed for military applications). Rightly, reference is made to the twelve years of research that preceded this point in time, which resulted among others in a concept (and a patent) that is still used in many composite cars: a metal, usually tubular chassis to which composite panels are attached.[41] The same concept was to be used again ten years later for two greatly different, but ground-breaking designs: the American Chevrolet Corvette (from 1954 onwards), which used glass fibre-reinforced polyester panels, and the East German Trabant (from 1957 onwards), which used a phenolic resin reinforced with cotton fibres.

The Ecar-333, a small electric car that is to be released in 2019 and was

fibre composites' (2016), ontdekken ontwerpers steeds meer de specifieke mogelijkheden van vlas- en hennepvezelversterkte composieten: zij zijn bijna even stijf als glasvezels, wegen één derde minder, dempen mechanische trillingen en hebben goede akoestische eigenschappen.[39] Ondanks het feit dat deze natuurlijke vezels water absorberen, is toch aangetoond dat zij, als versterking in een composiet, hun eigenschappen goed behouden, zelfs bij langdurig gebruik in maritieme omstandigheden. Er werden reeds verschillende zeiljachten gebouwd met vlasvezelversterkte epoxycomposieten, zoals de trimaran Gwalaz, die na vele jaren intensief gebruik op zee geen vermindering in eigenschappen vertoonde.[40]

AUTO'S   Het verhaal van composieten in de automobielsector is bijna even oud als dat van de composietmaterialen zelf. Het iconische beeld van Henry Ford, die met een hamer de sterkte test van de carrosserie uit vlas- en hennepvezelcomposieten, is reeds eindeloos getoond, maar de titel van het artikel in *The New York Times* van 14 augustus 1941 zegt meteen waarom composieten ook interessant zijn voor auto's: '*Ford Shows Auto Built Of Plastic; Strong Material Derived From Soy Beans, Wheat, Corn is Used for Body and Fenders. Saving Of Steel Is Cited. Car Is 1,000 Pounds Lighter Than Metal Ones -- 12 Years of Research Developed It.*' De drastische gewichtsvermindering (met één derde) staat hierin centraal, maar ook het gebruik van biogebaseerde materialen, met name een biogebaseerde kunststof en natuurlijke vezels als vlas en hennep (en bovendien, in oorlogstijd had men het staal nodig voor militaire toepassingen!). Terecht wordt verwezen naar de twaalf jaren onderzoek die hieraan vooraf gingen, wat onder andere resulteerde in een concept (en een patent) dat nog steeds in heel wat composietauto's gebruikt wordt: een metalen, meestal buisvormig chassis waaraan composietpanelen vastgehecht worden.[41] Datzelfde concept werd tien jaar later opnieuw gebruikt voor twee sterk verschillende, maar baanbrekende ontwerpen: de Amerikaanse Chevrolet Corvette (vanaf 1954), die glasvezelversterkte polyesterpanelen gebruikte, en de Oost-Duitse Trabant (vanaf 1957), die een fenolhars versterkte met katoenvezels.

De Ecar-333, een kleine elektrische wagen die in 2019 op de markt komt en ontwikkeld werd door de Belgische ontwerper Xavier Van der Stappen, gebruikt hetzelfde constructieprincipe.[42] Op een gelast stalen buizenframe worden carrosseriepanelen geplaatst, vervaardigd uit een vlasvezelversterkt bio-epoxy composiet. Deze elektrische wagen heeft een autonomie van 150 tot 300 km, afhankelijk van de geïnstalleerde batterij. De aandrijving gebeurt op de twee dicht bij elkaar geplaatste achterwielen, die hem het uitzicht van een driewieler geven. De wagen weegt slechts 550 kg (plus 80 kg batterij in de 150 km versie) en zal ook in een 'cargo' en 'roadster' versie beschikbaar zijn. De ontwerper Xavier Van der Stappen, die eerder als etnograaf werkzaam was in Afrika en daar overtuigd raakte van de noodzaak voor een radicale ecologische omslag, testte reeds in 2010, direct na de Klimaatconferentie in Kopenhagen, een voorloper van deze elektrische wagen tijdens een tocht van meer dan 10.000 km, van Kopenhagen naar Kaapstad.

De toenemende interesse voor duurzame mobiliteit, die nog relevanter wordt in een steeds urbanere omgeving, heeft er in het laatste decennium toe geleid dat een zeer groot aantal kleine elektrische stadsauto's werden ont-

The Ecar333, designed by Xavier Van der Stappen (2017)

designed by Belgian designer Xavier Van der Stappen, uses the same construction principle.[42] Bodywork panels made from a flax fibre-reinforced bio-epoxy composite are placed onto a welded steel tubular frame. This electric car has a range of 150 to 300 km, depending on the installed battery. Power is sent to the two rear wheels, which are placed closely together, giving the vehicle the appearance of a three-wheeler. The car only weighs 550 kg (plus 80 kg of battery in the 150 km version), and will also be available in a 'cargo' and a 'roadster' version. In 2010, immediately following the Copenhagen Climate Conference, designer Xavier Van der Stappen, who previously worked as an ethnographer in Africa, where he became convinced of the necessity for a radical ecological shift, tested an early version of this electric car on a more than 10,000 km trip from Copenhagen to Cape Town.

The rising interest in sustainable mobility, made more relevant in an increasingly urban environment, has over the last decade led to the design and sometimes marketing (if they survived the prototype stage) of a very large number of small electric city cars.[43] Very often, they use the same structural make-up as the Ecar-333, since more familiar concepts can be relied upon both during the design and production phase: a metal chassis and composite body panels. A much more profound design and technical challenge is the self-supporting or 'monocoque' concept, whereby the entire supporting structure is made from composite materials. Due to the required stiffness, carbon composites are mainly used, such as in the UNITI, a Swedish electric city car that is also set for a 2019 release.[44] This compact and light car – less than 3 meters long and weighing only 450 kg – was given a highly aerodynamic design, and the combination of these characteristics results in a range of 300 km.

The concept of a self-supporting or 'monocoque' carbon composite chassis was first realized in 1981 by McLaren, very soon after the first carbon composite applications in aeronautics. The McLaren MP4/1C competed in the 1983 Formula 1 races.[45] Gradually, all racecars would copy this concept, with a slow migration towards expensive, exclusive cars (Ferrari, Jaguar, Bugatti...). The reason for this is remarkable, according to Gary Lownsdale in an interview with Composites World: in the early 1990s the aviation industry's

worpen en soms (indien zij het prototypestadium overleefden) op de markt gebracht werden.[43] Heel dikwijls gebruiken zij dezelfde structurele opbouw als de Ecar-333, omdat men zowel in de ontwerp- als in de productiefase kan terugvallen op meer vertrouwde concepten: een metalen chassis en composiet carrosseriepanelen. Een veel grotere ontwerp- en technische uitdaging biedt het zelfdragende of 'monocoque'-concept, waarbij de hele dragende structuur uit composietmateriaal vervaardigd is. Omwille van de vereiste stijfheid worden hoofdzakelijk koolstofvezelcomposieten gebruikt, zoals in de UNITI, een Zweedse elektrische stadswagen die eveneens in 2019 op de markt komt.[44] Deze compacte en lichte wagen, hij is minder dan 3 meter lang en weegt slechts 450 kg, kreeg een zeer aerodynamische vormgeving, en samen dragen deze karakteristieken bij tot een autonomie van 300 km.

Het concept voor een zelfdragend of 'monocoque' koolstofcomposiet chassis werd voor het eerst gerealiseerd door McLaren in 1981, zeer snel na de eerste koolstofcomposiettoepassingen in de luchtvaart. De McLaren MP4/1C kwam in competitie in de Formula 1 races in 1983.[45] Geleidelijk aan zouden alle racewagens dit concept overnemen, waarna het slechts langzaam migreerde naar dure, exclusieve auto's (Ferrari, Jaguar, Bugatti…). De reden daartoe is merkwaardig, volgens Gary Lownsdale in een gesprek met Composites World: begin de jaren 1990 was de vraag naar koolstofvezels in de luchtvaartindustrie zo groot, dat de belangrijkste producenten van toen (Toray, Hercules) zich concentreerden op die markt.[46] Het gebrek aan snelle productietechnieken was echter even belangrijk, zoals aangetoond werd in het TECABS-project (2000-2004).[47] Het duurde dan ook tot het begin van de eenentwintigste eeuw vooraleer Mercedes, samen met McLaren, de Mercedes-McLaren SLR uitbracht (2004), snel gevolgd door Toyota's Lexus LFA (concept 2005, productie vanaf 2010), de Lamborghini Aventador (2011) en vele andere.

Dit bleven echter exclusieve luxewagens en het duurde nogmaals tien jaar vooraleer de BMW-i3, niet onverwacht een elektrische auto, voor een nieuwe doorbraak zorgde. Het gewicht van de batterijen moet immers gecompenseerd worden door een gewichtsreductie in alle andere onderdelen, en daarenboven is het bereik van een elektrische auto gebaat bij een dergelijke gewichtsreductie.[48] Deze BMW-i3 is gebouwd volgens een hybride concept: een aluminium onderframe waarin de batterijen, de aandrijving en ophanging verwerkt zijn, en een koolstofcomposiet bovenbouw, een 'life module', als passagiersruimte. De carrosseriepanelen zijn een onversterkte kunststof, behalve het dak, een composiet met gerecycleerde koolstofvezels. Ook de grotere BMW-i8 gebruikt een gelijkaardig structureel concept, dat nu ook door vele andere merken uitgebreid werd tot het 'multimaterial' concept, waarbij staal en aluminium, koolstof- en glasvezelcomposieten elk hun optimale plaats krijgen in de opbouw van de auto. Dit varieert van zeer lokale composietversterkingen op een metalen chassis (bijvoorbeeld in de BMW7-reeks vanaf 2018) tot zeer gerichte ingrepen in het chassis, zoals in de elektrische Volvo Polestar-1.[49] Voor carrosserieonderdelen ver van het zwaartepunt van de auto, zoals de bumpers, het dak, de motorkap of de vijfde deur achteraan, hebben niet alleen koolstof- maar zelfs glasvezelcomposieten ondertussen een vaste plaats veroverd. Zo bestaat de vijfde deur van de plug-in versie van de hybride Toyota Prius uit een binnenstructuur van koolstofvezelversterkt epoxy composiet, terwijl de BMW M4 eveneens een koolstofvezelversterkte motorkap bezit.[50]

demand for carbon fibres was so great that the largest producers at the time (Toray, Hercules) focused on this market.[46] The lack of fast production techniques was also key however, as demonstrated in the TECABS project (2000-2004).[47] Therefore, it was only at the beginning of the twenty-first century that Mercedes, in collaboration with McLaren, released the first Mercedes-McLaren SLR (2004), quickly followed by Toyota's Lexus LFA (concept 2005, production as of 2010), the Lamborghini Aventador (2011), and many others.

However, these remained exclusive luxury cars, and it took another ten years before the BMW i3, unsurprisingly an electric car, provided a new breakthrough. Indeed, the weight of the batteries must be compensated for by a reduction of weight in all other parts, and moreover such a weight reduction is beneficial to the range of an electric car.[48] This BMW i3 was built according to a hybrid concept: an aluminum underframe in which the batteries, the drive, and the suspension are installed, and a carbon composite superstructure, a 'life module', as the passenger space. The body panels are made from unreinforced plastics, save for the roof, which is a composite with recycled carbon fibres. The larger BMW i8 was also built using a similar structural concept, which has now been expanded into the 'multimaterial' concept by many other makers as well, whereby steel, aluminum, carbon and glass fibre composites each gain an optimal place in the car's construction. This ranges from highly localized composite reinforcements on a metal chassis (for instance in the BMW 7 series as of 2018) to highly specific modifications to the chassis, such as in the electric Volvo Polestar 1.[49] For bodywork parts far removed from the car's centre of gravity, such as the bumpers, the roof, the engine hood, or the fifth door at the back, not only carbon fibre but even glass fibre composites have by now earned a permanent spot. For instance, the fifth door of the plug-in version of the Toyota Prius hybrid consists of an internal structure of carbon fibre-reinforced epoxy composite, while the BMW M4 also has a carbon fibre-reinforced engine hood.[50]

In the interior, mainly natural fibre-reinforced composites are used, recently often as a sandwich panel with a honeycomb core. Econcore supplied the Renolit group with the technology to produce thermoplastic honeycombs, which they cover with a wood fibre composite layer and press into the complex shapes that make up the trunk lining of a Maserati…

Composites are often nearly invisible, but still play a key role in reducing the weight and at the same time improving the performance of cars. A good example is the composite drive shaft, replacing the heavy steel drive shaft that connects the engine to the rear wheels in cars with rear-wheel drive, but also increasingly in vans. Toray developed the first composite drive shafts, which have been built into more than 1.5 million cars over the past twenty years, such as the Mitsubishi Pajero and the Alfa Romeo Giulia and Stelvio.[51] A weight reduction of 50% compared to traditional steel drive shafts was obtained, whereby only one particular technical problem needed to be resolved, namely the failure characteristics of the drive shaft in case of frontal collision. A special build-up of the various layers in the drive shaft (helicoidally-wrapped layers were added) and a new way of connecting to the engine and the rear axle (a wedge-shaped steel flange that penetrates the composite layers in case of collisions) allows for a more gradual absorption of collision energy, avoiding excessive forces.

MOTORCYCLES AND SCOOTERS It took much longer before designers and engineers successfully built motorized two-wheelers entirely out of compos-

The Uniti electric car (2018) Photo: Karl-Fredrik von Hausswolff © Uniti

In het interieur worden vooral natuurlijke vezelversterkte composieten gebruikt, recent dikwijls als een sandwichpaneel met honingraatkern. Econcore leverde de technologie aan de Renolit-groep voor het produceren van thermoplastische honingraten, die door hen bedekt worden met een natuurlijke vezelcomposietlaag en tot de complexe vorm van de kofferbekleding van een Maserati geperst worden.

Composieten zijn soms bijna onzichtbaar, maar spelen toch een essentiële rol bij de gewichtsvermindering en terzelfdertijd verbetering van de performantie van auto's. Een mooi voorbeeld zijn de composiet bladveren, die in steeds meer auto's de stalen bladveren vervangen. Ook de zware stalen aandrijfas, die de motor verbindt met de achterwielen, wordt bij personenwagens met achterwielaandrijving, maar ook bij steeds meer bestelwagens, vervangen door een composietversie. Toray ontwikkelde de eerste composiet aandrijfassen, die in de voorbije twintig jaar in meer dan anderhalf miljoen auto's werden ingebouwd, zoals in de Mitsubishi Pajero en de Alfa Romeo Guilia en Stelvio.[51] Een gewichtsvermindering van 50% in vergelijking met de traditionele stalen aandrijfassen kon bereikt worden, waarbij echter een bijzonder technisch probleem moest opgelost worden, namelijk het faalgedrag van de aandrijfas bij een frontale botsing. Door een bijzondere opbouw van de verschillende lagen in de aandrijfas (er werden helicoïdaal gewikkelde lagen toegevoegd) en een nieuwe verbindingswijze met de motor en de achteras (een wigvormige stalen flens, die bij botsing tussen de composietlagen binnendringt) kan meer botsingsenergie geleidelijk aan opgevangen worden en worden te hoge krachten vermeden.

MOTO'S EN SCOOTERS Het heeft heel wat langer geduurd vooraleer ontwerpers en ingenieurs erin slaagden gemotoriseerde tweewielers volledig uit composietmateriaal op te bouwen. Daar is een goede reden voor: moto's en scooters hebben een complexe structuur, met vele relatief kleine, aan elkaar verbonden elementen. Stalen en aluminium onderdelen worden aan elkaar gelast of met bouten of klinknagels mechanisch verbonden. Bij composieten

ite materials. And with good reason: motorcycles and scooters have a complex structure, with many relatively small, interconnected elements. Steel and aluminum parts are welded together or mechanically joined using bolts or rivets. With composites, none of these three methods can be directly applied, and adhesion is in truth the best solution. All four of these connection methods lead to stress concentrations, meaning more material have to be used locally, rendering the structure less weight efficient. Moreover, the smaller the parts the greater the relative proportion of heavy connections.

Thus, it took nearly thirty years more than for racecars, specifically until 2009, before the first racing motorcycles with an entirely (carbon fibre) composite frame were developed – not including hand-built experiments such as the BrittenV1000, built in 1991 by New Zealand designer John Britten. In 2009, Alan Jenkins, who used to work in Formula 1 teams, designed the Ducati Desmosedici GP9, which gained immediate and great success in the Moto Grand Prix.[52] The transition to a composite version outside of the racetrack came only in 2016, when both the Ducati 1299 Superleggera and the BMW HP4 Race were released onto the market. 'The Superleggera is the first production motorcycle ever to have a carbon monocoque frame and carbon single-sided swing arm. In addition, the Superleggera comes equipped with a carbon subframe, carbon fairing, and carbon wheels,' wrote NieuwsMotor. Nl, immediately emphasizing that only 500 were to be built.[53] The complexity of the composite frame of the BMW HP4 Race is apparent.[54] With the 'swing arm', BMW won the JEC Innovation Award in 2018.[55]

A particularly fascinating development is the Saroléa, an electric motorcycle designed, built, and marketed by Belgian brothers Torsten and Bjorn Robbens (2016-2018).[56] Due to the (heavy) battery and relatively light electric motor, they immediately re-imagined the entire concept of the conventional motorcycle, opting for a very light and rigid carbon composite structure, allowing for an ideal weight distribution - with centrally located battery - to

The Lexus LFA (2010) © Lexus International

The carbon fibre composite body and locally CFRP-reinforced steel chassis of the Polestar-1 (2018) © Polestar

kan geen van deze drie methodes rechttoe rechtaan toegepast worden en is verlijmen eigenlijk de beste oplossing. Alle vier deze verbindingsmethodes leiden tot spanningsconcentraties, waardoor lokaal meer materiaal moet gebruikt worden en dus de structuur minder gewichtsefficiënt wordt. Bovendien, hoe kleiner de onderdelen hoe groter het relatieve aandeel van de zwaardere verbindingen.

Het heeft dan ook bijna dertig jaar langer geduurd dan voor racewagens, namelijk tot 2009, vooraleer de eerste racemotorfietsen met een volledig (koolstofvezel)composietframe ontwikkeld werden – handgebouwde experimenten zoals de BrittenV1000, gebouwd in 1991 door de Nieuw-Zeelandse designer John Britten, niet te na gesproken. In 2009 ontwierp Alan Jenkins, die eerder voor Formule 1 teams werkte, de Ducati Desmosedici GP9, die meteen erg succesvol was in de Moto Grand Prix.[52] De stap naar een composietversie buiten het racecircuit kwam pas in 2016, toen zowel de Ducati 1299 Superleggera als de BMW HP4 Race op de markt kwamen. 'De Superleggera heeft, als eerste productiemotor ooit, een carbon monocoque frame en carbon eenzijdige swingarm. Daarnaast is de Superleggera uitgerust met een carbon subframe, carbon kuipdelen en wielen', schreef *NieuwsMotor.Nl* en benadrukte meteen dat er slechts 500 zouden geproduceerd worden.[53] De complexiteit van het composietframe van de BMW HP4 Race wordt duidelijk op bijgaande foto, waarop ook de vele verbindingspunten goed zichtbaar zijn.[54] Met de 'swing arm' won BMW de JEC Innovation Award in 2018.[55]

Een bijzondere boeiende ontwikkeling is de Saroléa, een elektrische motor ontworpen, gebouwd en gecommercialiseerd door de Belgische broers Torsten en Bjorn Robbens (2016-2018).[56] Omwille van de (zware) batterij en

be achieved. Of note is also that they acquired the rights to a historical, but since disappeared, Belgian motorcycle brand, Saroléa, and therefore are now part of a tradition of technological innovations that typified Saroléa as well in its day.

The Be.e electric scooter with a natural fibre composite chassis designed by Waarmakers & Van.Eko (2015-2017) © Van.Eko

Scooters were also thoroughly re-envisioned. The designers of the Luxembourg electric scooter Ujet explicitly based their thinking on an urban environment, where room to place your vehicle is always limited. [57] A folding scooter seemed to them an elegant solution, but naturally increases the complexity of the structure. Therefore, the Ujet is only partially built from carbon composites, and uses light metals for more complex parts such as the hinges and other connections. The Ujet only weighs 49 kg, including the 13 kg of battery. The Be.e scooter by Dutch designers Waarmakers & Van. Eko goes one step beyond in its choice of materials, opting for a completely self-supporting monocoque structure from flax and hemp fibre-reinforced bio-epoxy composite.

BICYCLES   Just as with airplanes and cars, bicycles also present four essential reasons why composite materials are gaining more and more favor over metals such as steel, aluminum, or titanium: composites, and certainly carbon fibre-reinforced polymers, are light, rigid, and strong, and moreover are relatively easy to process into complex shapes. In the world of competitive sports, these advantages are most apparent: during hours of climbing in grand tours, with vast vertical distances to be conquered (Tour de France, Giro, Vuelta...) every ounce of weight loss reduces the cyclist's energy consumption. In addition, an optimally rigid bicycle counters bicycle frame deformation, and thus the useless energy wastage with which it is associated. Lastly, the 'freedom of form' allows for the optimization of the aerodynamic shape of the bicycle, which is not without its significance since 80 to 90% of energy expended by a competitive cyclist goes to overcoming the aerodynamic resistance – even though the greatest part of that comes from the cyclist him- or herself, and only one fifth from the bicycle.

Strength, taken as resistance to breakage, has a different significance for composites than for metals: in case of steel, and certainly aluminum bicycle frames, breakage occurs due to fatigue, the gradual occurrence and growth of minor cracks until the frame suddenly breaks. In the case of composites, fatigue is much less critical, as Chuck Teixeira, bicycle designer at Specialized, stated: 'If you look at carbon materials in general, they're very

The Saroléa electric motorbike, designed by Torsten and Bjorn Robbens (2018) © Saroléa

relatief lichte elektrische motor herdachten zij meteen compleet het concept van de klassieke motor en kozen voor een uiterst lichte en stijve koolstofvezelcomposietstructuur, waardoor ook een ideale gewichtsverdeling, met centraal geplaatste batterij, kon gerealiseerd worden. Merkwaardig is ook dat zij de rechten op een historisch, maar verdwenen, Belgisch motorfietsmerk, Saroléa, overnamen, en op die manier nu aansluiten bij een traditie van technologische innovaties, die ook Saroléa in zijn tijd kenmerkten.

Ook scooters worden grondig herdacht. De ontwerpers van de Luxemburgse elektrische scooter Ujet dachten expliciet vanuit een urbane omgeving, waar ruimte om je voertuig te plaatsen hoe dan ook beperkt is.[57] Een opplooibare scooter leek hen daartoe een elegante oplossing, maar dit verhoogt uiteraard de complexiteit van de structuur. De Ujet is daarom slechts gedeeltelijk uit koolstofvezelcomposieten opgebouwd en gebruikt geavanceerde lichte metaallegeringen voor complexere onderdelen zoals de scharnieren en andere verbindingsstukken. De Ujet weegt slechts 49 kg, inclusief 13 kg batterij. De Be.e scooter van de Nederlandse ontwerpers Waarmakers & Van. Eko gaat nog een stap verder in de materiaalkeuze en opteerde voor een volledig zelfdragende monocoque-structuur uit vlas- en hennepvezelversterkt bio-epoxycomposiet.

FIETSEN   Net zoals bij vliegtuigen en auto's zijn er ook voor fietsen vier essentiële redenen waarom composietmaterialen steeds meer de voorkeur krijgen op metalen als staal, aluminium of titanium: composieten, en zeker koolstofvezelversterkte kunststoffen, zijn licht, stijf en sterk, en bovendien relatief makkelijk tot complexe vormen te verwerken. In de competitiesport komen deze voordelen het best tot hun recht: bij urenlange beklimmingen in de grote rondes, met duizenden 'hoogtemeters' die moeten overwonnen worden (Tour de France, Giro, Vuelta...) betekent elke kilogram gewichtsvermindering een verlaging van het energieverbruik van de renner. Daarnaast vermindert een zo stijf mogelijke fiets de vervorming van het fietsframe, en dus de nutteloze energieverspilling die daarmee gepaard gaat. De vorm-

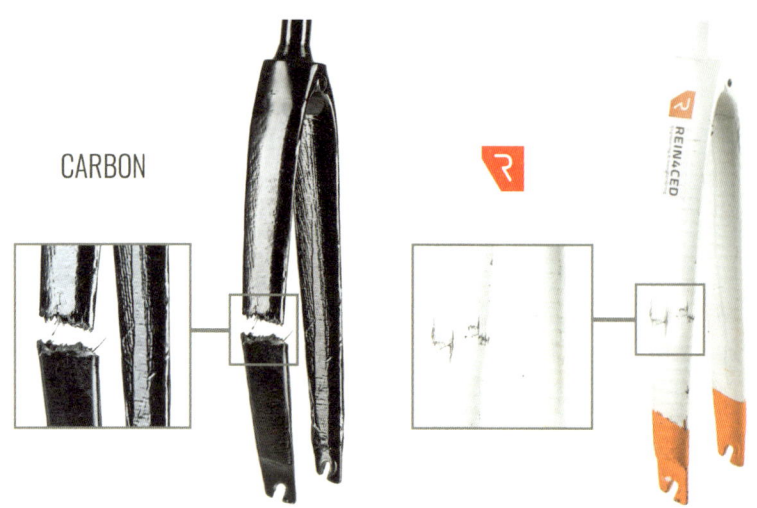

The REIN4CED-concept: catastrophic failure in a carbon fibre reinforced bicycle fork is prevented by adding a thin layer of ductile stainless steel fibres (2017) © REIN4CED

good in fatigue, much better than any aluminum or steel would be. If done properly, a frame could last you forever.'[58] Local impact or shock loads can be problematic however, as they may cause damage to the composite material that is invisible from the outside, and may lead to sudden breakage later on.

However, Belgian start-up REIN4CED has developed a technology to prevent sudden breakage of composite bicycle frames.[59] During his doctoral degree at KU Leuven (Belgium), Michael Callens developed a concept in 2014 whereby the brittle carbon fibres are mixed with equally fine but ductile fibres made from stainless steel, forming a hybrid composite.[60] When the brittle carbon fibres break, the more ductile steel fibres will plastically expand but not break immediately. This concept was further refined by the development team within REIN4CED, and is now applied to bicycle frames. When for instance a hybrid composite set of forks break, the part will still retain its function, preventing severe crashes. REIN4CED is now combining this material innovation with a completely new production process for bicycle frames, whereby use is made of robots in order to build frames layer by layer using thermoplastic composites. This saves on a great deal of manual labor, and thus on potential errors, and allows the cost of bicycle frames to depend less on extremely low wages in the current production countries.

As early as 1960 there was an attempt to build a complete composite bicycle, back then of course using glass fibres.[61] The Spacelander, the iconic design by Benjamin Bowden, is really a reworking of an aluminum monocoque bicycle from the 1950s. To the designer, this experimental design seemed possible with glass fibre composites as well, but the bicycle was too heavy (25 kg), which is not surprising since glass fibre composites only reach a third of the stiffness of carbon fibre composites.

As with cars, competitive sports have played a pioneering role in the use of composites in bicycles. Initially, the high rigidity and low weight of carbon fibre composites were key. In 1994, Miguel Indurain was the last to win the Tour de France on a steel bicycle, in 1998 Marco Pantani was the last to win it on an aluminum bicycle, and in 1999 Lance Armstrong was the first 'winner' to use a carbon composite bicycle, the Trek 5500 – a victory that was taken away from him due to doping.[62] Since then, all Tour winners have ridden 'carbon' bicycles, up to Geraint Thomas who won the race in 2018 riding a Pinarello Dogma F10, more specifically an X-Light version for the mountain stages. But in reality Armstrong was not actually the first to win the Tour on

vrijheid tenslotte maakt het mogelijk de aerodynamische vorm van de fiets te optimaliseren, wat niet onbelangrijk is omdat 80 tot 90% van de energie bij een competitiefietser gaat naar het overwinnen van de aerodynamische weerstand – hoewel het grootste deel daarvan van de fietser zelf komt, en slechts één vijfde van de fiets.

Sterkte, in de betekenis van de weerstand tegen breuk, betekent voor composieten iets anders dan voor metalen: bij stalen, en zeker bij aluminium fietsframes, treedt breuk op door vermoeiing, het geleidelijk ontstaan en groeien van kleine scheurtjes tot het frame plots breekt. Bij composieten is vermoeiing veel minder kritisch, zoals Chuck Teixeira, ontwerper van fietsen bij Specialized, stelde: 'If you look at carbon materials in general, they're very good in fatigue, much better than any aluminium or steel would be. If done properly, a frame could last you forever.'[58] Lokale impact- of stootbelastingen kunnen wel problematisch zijn, omdat zij van buitenaf onzichtbare schade in het composietmateriaal kunnen veroorzaken, die later tot een plotse breuk aanleiding kan geven.

De Belgische start-up REIN4CED heeft echter een technologie ontwikkeld om plotse breuken bij composiet fietskaders te vermijden.[59] Michael Callens ontwikkelde tijdens zijn doctoraat aan KU Leuven (België) in 2014 een concept waarbij de brosse koolstofvezels gemengd worden met even fijne maar ductiele vezels uit roestvast staal, om zo een hybride composiet te vormen.[60] Wanneer de brosse koolstofvezels breken, zullen de ductielere staalvezels verder plastisch uitrekken maar niet meteen breken. Dit concept werd verder verfijnd door het ontwikkelingsteam binnen REIN4CED en wordt nu toegepast op fietsframes. Wanneer bijvoorbeeld een hybride composiet voorvork breekt, zal deze toch nog zijn functie behouden en kunnen zware valpartijen vermeden worden. Rein4ced combineert nu deze materiaalinnovatie met een volledig nieuwe productiewijze voor fietskaders, waarbij gebruik gemaakt wordt van robots om met thermoplastische composieten een kader laag voor laag op te bouwen. Daardoor wordt zeer veel manuele arbeid, en dus ook mogelijke fouten, vermeden en is de kostprijs van fietskaders minder afhankelijk van de extreem lage lonen in de huidige productielanden.

Reeds in 1960 was er een poging om een volledige composietfiets te bouwen, toen uiteraard nog met glasvezels.[61] De Spacelander, het iconische ontwerp van designer Benjamin Bowden, is eigenlijk een herwerking van een aluminium monocoque fiets uit de jaren vijftig. Deze experimentele vormgeving leek hem ook mogelijk met glasvezelcomposieten, maar de fiets was te zwaar (25 kg), wat niet verwonderlijk is omdat glasvezelcomposieten slechts zowat een derde van de stijfheid van koolstofvezelcomposieten bereiken.

Zoals bij auto's heeft de competitiesport een voortrekkersrol gespeeld bij het gebruik van composieten in fietsen. In eerste instantie was daarbij de hoge stijfheid en het lage gewicht van koolstofvezelcomposieten doorslaggevend. Miguel Indurain was in 1994 de laatste winnaar van de Ronde van Frankrijk op een stalen fiets, Marco Pantani in 1998 de laatste op een aluminium fiets, en Lance Armstrong de eerste 'winnaar' op een Trek 5500 koolstofvezelcomposietfiets in 1999 - maar omwille van doping werd die overwinning hem achteraf ontnomen.[62] Sindsdien reden alle Tour-winnaars op carbonfietsen, tot en met Geraint Thomas in 2018 op een Pinarello Dogma F10, en voor de bergritten op een X-Light-versie. Maar eigenlijk was Armstrong niet echt de eerste Tourwinnaar op een carbonfiets, omdat reeds in 1986 Greg Lemond

Benjamin G. Bowden, Spacelander Bicycle, Prototype designed 1946, manufactured 1960. Brooklyn Museum, Marie Bernice Bitzer Fund, 2001.36.

a 'carbon bicycle', since Greg Lemond had already won the Tour in 1986, riding a Look KG86. The difference between Lemond's bicycle and Armstrong's bicycle was the construction: the Look KG86 was built from carbon and aramid fibre-reinforced tubes joined by metal connections (or 'lugs'), while Armstrong's bicycle has a monocoque structure: the entire bicycle frame is produced and hardened using a single mould. This technique, developed simultaneously between 1985 and 1990 in the United States (by Kestrel and Trek in collaboration with Radius Engineering) and in Europe (by Look in France), allows for much lighter bicycle frames still, with weights dropping below 700 grams.

Not only the lightness and stiffness, but also the 'freedom of form' of composites have inspired designers to produce innovative experiments. After all, designers were no longer bound to the conventional 'diamond frame' as the Bowden bicycle from 1960 has already demonstrated, and thus all manner of new frame geometries were invented, most of which never left the prototype phase. A recent and interesting example is the ECCE (2017) by designer Pierre Lallemand and built in collaboration with Belgian company Ridley.[63] The wedge-shaped frame was first dreamed up as a wooden bicycle, but even in its carbon composite version the frame still weighs 2.9 kg.

However, the 'freedom of form' of composites has mainly led to aerodynamic refinements of competition bicycles: it was easy to abandon straight tubes with a circular profile remaining the same throughout their length. Even in bicycles that have a conventional diamond shape – which is still an excellent solution from a constructive efficiency standpoint – the shape of

de Tour won op een Look KG86. Het verschil tussen Lemonds en Armstrongs fiets was de constructiewijze: de Look KG86 is opgebouwd uit koolstof- en aramidevezelversterkte buizen, die samenkomen in metalen verbindingsstukken (of 'lugs'), terwijl Armstrongs fiets een monocoque-structuur heeft: het hele fietsframe wordt in één mal opgebouwd en uitgehard. Deze techniek, die tussen 1985 en 1990 ongeveer gelijktijdig in de Verenigde Staten (door Kestrel en Trek in samenwerking met Radius Engineering) en in Europa (door Look in Frankrijk) werd ontwikkeld, laat toe nog veel lichtere fietsframes te bouwen, tot minder dan 700 gram.

Niet alleen de lichtheid en stijfheid, ook de vormvrijheid van composieten inspireerde ontwerpers tot innoverende experimenten. Men was immers niet meer gebonden aan het klassieke 'diamantframe', zoals de Bowden-fiets uit 1960 reeds toonde, en dus werden allerlei nieuwe frame-geometrieën uitgedacht, waarvan de meesten in een prototypefase bleven steken. Een recent en boeiend voorbeeld is de ECCE (2017) van ontwerper Pierre Lallemand en gebouwd in samenwerking met het Belgische bedrijf Ridley.[63] Het wigvormige frame werd eerst bedacht als een houten fiets, maar zelfs in koolstofcomposietuitvoering weegt het frame nog 2,9 kg.

The Trek 5500, the first commercially available monocoque carbon fibre composite bicycle jointly developed by Kestrel, Trek and Radius Engineering (1985)

The frame of the Look KG86, one of the first bicycles using carbon fibre composites, designed by Jean Claude Chretien (1986) © Look

Geraint Thomas, winner of the Tour de France 2018, riding a Pinarello Dogma F10 on the Champs Elysées in Paris (2018) © gettyimages

De vormvrijheid van composieten heeft echter vooral geleid tot aerodynamische verfijningen van competitiefietsen: er kon makkelijk afgestapt worden van rechte buizen met een cirkelvormige doorsnede die over heel de lengte dezelfde blijft. Zelfs bij fietsen met een klassiek diamantframe – wat vanuit constructieve efficiëntie nog steeds een uitstekende oplossing is – varieert de vorm van de buizen niet alleen in functie van maximale stijfheid van het frame, maar ook van minimale aerodynamische weerstand. Dit is duidelijk te zien wanneer Armstrongs vroege Trek 5500 vergeleken wordt met Geraint Thomas' Pinarello Dogma F10, maar het verschil wordt nog extremer bij fietsen die gebouwd zijn voor tijdritten of triatlon. Cervélo (Canada) ontwierp speciaal voor deze competities de P5X, een wigvormig frame zoals de ECCE, maar aerodynamisch tot in de details geoptimaliseerd, inclusief aerodynamische elementen die, zoals bij een Formule 1 wagen, geen structurele functie hebben, maar bijvoorbeeld luchtturbulentie rond de drinkbus moeten verminderen![64]

Blijft de vraag of al deze ontwikkelingen enig effect ressorteren op de 'gewone' fiets van de 'gewone' fietser. De hoge kostprijs van koolstofvezels, en het hoofdzakelijk manuele en dus dure productieproces van de fietskaders, zelfs wanneer 90% ervan in China vervaardigd wordt, verhinderen voorlopig een doorbraak op de miljoenenmarkt van 'gewone' fietsen, tenzij het gewicht toch een doorslaggevende rol gaat spelen. Dit is het geval bij elektrische fietsen en bij (draagbare) plooifietsen.

67

The Biomega OKO electric bike by BiKiSi designers (kilo Design, BIG Architecture and Skibsted Ideation) (2018) Photo: Biomega ©Biomega

the tubes not only varies depending on the maximum stiffness of the frame, but also depending on minimal aerodynamic resistance. This is clear when you compare Armstrong's old Trek 5500 with Geraint Thomas' Pinarello Dogma F10, but the difference is more extreme in bicycles built for time trials or triathlon. Cervélo (Canada) designed the P5X specifically for these competitions, a wedge-shaped frame like the ECCE, but aerodynamic and optimized down to the finest details, including aerodynamic elements that, as in a Formula 1 car, have no structural function, but are for instance intended to reduce air turbulence around the water bottle![64]

The question remains whether all of these developments have any impact on 'regular' bicycles owned by 'regular' cyclists. The high cost of carbon fibres, and the chiefly manual and thus expensive production process of the bicycle frames, even when 90% of them are made in China, for now prevent a breakthrough within the massive market of 'regular' bicycles, unless the weight begins to play a decisive role after all. This is the case with electric bicycles and (portable) folding bicycles.

The electric motor easily increases the weight of city bikes by half, from a typical 14 kg to at least 20 kg, to which a 4 kg battery still needs to be added. Most electric bicycles thus arrive at a weight of between 24 and 30 kg, including battery. Only a drastic rethinking of the bicycle frame and the selection of lighter materials can result in a significantly lighter bicycle. The Biomega OKO E-bike was designed in 2015 by KiBiSi, an ad-hoc collaboration between three Danish designer teams (kilo Design, BIG Architecture and Skibsted Ideation), founded by Lars Larsen, Bjarke Ingels, and Jens Martin Skibsted.[65] By thoroughly rethinking the concept around the utilized carbon composite, for instance through the integration of the battery and the fenders into the frame, and thanks to the use of a carbon fibre-reinforced chain, they managed to reduce the weight to only 18 kg, probably the lightest electric bicycle yet. The integration of the battery into the horizontal tube results in both beneficial weight distribution and a structural stiffening of the frame.

Folding bikes also often suffer from excessive weight. Even a Brompton, perhaps the most used and most optimized folding bicycle, weighs between 10 kg and 12 kg. The complex frame with its many hinge and connection points, presents a tremendous challenge to designers seeking to use composite materials. Here too, designer Peter Craciun, in collaboration with the Prodrive engineering team (UK), has had to fundamentally rethink the folding bicycle concept around the utilized materials. At the heart of the Hummingbird (2017) frame is a hollow, carbon fibre-reinforced monocoque composite structure to which are attached the seat, the handlebars, and the front wheel.[66] The rear wheel is connected to the frame by a skeletonized

De elektrische motor zorgt ervoor dat een stadsfiets al snel de helft zwaarder wordt, van een typische 14 kg naar minstens 20 kg, waarbij dan nog een batterij van 4 kg moet opgeteld worden. De meeste elektrische fietsen komen dus uit op een gewicht tussen 24 kg en 30 kg, inclusief batterij. Alleen een drastisch herdenken van het fietsframe en een keuze voor lichtere materialen kan resulteren in een significant lichtere fiets. De Biomega OKO E-bike werd in 2015 ontworpen door KiBiSi, een ad hoc samenwerkingsverband tussen drie Deense designerteams (kilo Design, BIG Architecture en Skibsted Ideation), gesticht door Lars Larsen, Bjarke Ingels en Jens Martin Skibsted.[65] Door het concept grondig te herdenken in functie van het gebruikte koolstofcomposiet, bijvoorbeeld door integratie van de batterij en de spatborden in het frame, of het gebruik van een koolstofvezelversterkte ketting, konden zij het gewicht reduceren tot slechts 18 kg, wellicht de lichtste elektrische fiets op dit ogenblik. De verwerking van de batterij in de horizontale buis zorgt tegelijkertijd voor een goede gewichtsverdeling en voor een structurele verstijving van het frame.

The Cervélo P5X (2018) © Cervélo

Ook plooifietsen lijden dikwijls onder een te hoog gewicht. Zelfs een Brompton, wellicht de meest gebruikte en sterkst geoptimaliseerde plooifiets, weegt tussen 10 kg en 12 kg. Het ingewikkelde frame, met vele scharnier- en verbindingspunten, is voor ontwerpers die composietmaterialen willen gebruiken zeer uitdagend. Ook hier moest designer Peter Craciun, in samenwerking met het ingenieursteam van Prodrive (UK), het plooifietsconcept fundamenteel herdenken in functie van het gebruikte materiaal. Centraal in het frame van de Hummingbird (2017) bevindt zich een holle, koolstofvezelversterkte monocoque composietstructuur waaraan het zadel, het stuur en het voorwiel bevestigd zijn.[66] Het achterwiel is met het frame verbonden door een opengewerkte aluminium arm, die draait rond de trapas, waardoor de ketting steeds perfect gespannen blijft. Deze ingenieuze vouwwijze, samen met de materiaalkeuze, zorgt voor een uiterst laag gewicht van slechts 6,9 kg, wat 30% lichter is dan de lichtste Brompton. Recent werd ook een elektrische versie uitgebracht. De motor en de batterij, samen slechts 3,4 kg, vormen één geheel en zijn ingewerkt in de achteras. Verder moest aan de fiets niets veranderd worden, zodat het gewicht slechts toenam tot 10,3 kg.

The flax fibre composite (b)mobile, designed by Michel Perraudin & Association Biomobile (2014) © l'Association biomobile

left The e-Floater electric step (201 © Floatility GmbH

aluminum arm that pivots around the bottom bracket, keeping perfect tension on the chain at all times. This ingenious folding process, along with the choice of materials, ensures a very low weight of only 6.9 kg, which is 30% lighter than the lightest Brompton. An electric version was also recently released. The motor and the battery, only weighing a combined 3.4 kg, form a single unit and are incorporated into the rear hub. No further changes to the bicycle were required, so the weight only increased to 10.3 kg.

Folding bicycles are just one response to the question of multi-modal mobility. An increasing number of new means of transportation are being invented to help bridge those 'last miles' between public transportation stations or stops on the one hand, and the office or place of residence on the other in an efficient and environmentally friendly manner. In electric skateboards or longboards, an electric motor with battery is attached underneath the deck which, in order to compensate for the added weight, is often a combination of composite layers onto a wooden core. The lightest electric skateboards therefore only weigh 5 kg. For those with no experience of skateboarding, electric scooters (usually foldable) were designed which are both light, compact and easy to steer due to the foldable steering rod. The e-Floater, developed in 2015 by BASF and German start-up Floatility, is 80% composed of glass fibre-reinforced composite materials, and weighs only 12 kg.[67]

The growing availability of and experience with electric bicycle drives has also led to a renewed interest in (covered) recumbent bicycles. A good example is the (b)mobile by Swiss designer Michel Perraudin, which can be seen almost as a synthesis of all preceding vehicles: it looks like a car, but is pedal driven just like a bicycle, with the support of a combustion engine that only consumes 0.12 l of biofuel per 100 km.[68] As biofuel is entirely based on plant waste, the net CO_2 emission is negligible. Moreover, a radical choice was made in favour of bio-based flax fibre-reinforced composites for the construction, so that traveling with this (b)mobile truly reduces one's ecological impact to a minimum.

The foldable Hummingbird bike, designed by Petre Craciun (2015, in production since 2017)
© Hummingbird bikes

Plooifietsen zijn slechts één antwoord op de vraag naar multimodale mobiliteit. Steeds meer nieuwe transportmiddelen worden bedacht om de 'last mile(s)' tussen de stations of haltes van het openbaar vervoer enerzijds en kantoor of woonst anderzijds op een efficiënte en milieuvriendelijke wijze te helpen overbruggen. Bij elektrische skate- of longboards worden een elektrisch motortje en batterij bevestigd onder het dek, dat, om de gewichtsvermeerdering te compenseren, dikwijls een combinatie is van composietlagen op een houten kern. De lichtste elektrische skateboards wegen daardoor slechts 5 kg. Voor wie geen ervaring heeft met skateboarding werden (meestal opvouwbare) elektrische steps ('electric scooter') ontworpen, die door de inklapbare stuurstang zowel goed bestuurbaar als licht en compact zijn. De e-Floater, in 2015 ontwikkeld door BASF en de Duitse start-up Floatility, is voor 80% opgebouwd uit glasvezelversterkte composietmaterialen en weegt slechts 12 kg.[67]

De groeiende beschikbaarheid van en ervaring met elektrische aandrijvingen voor fietsen heeft ook geleid tot een hernieuwde interesse in (overdekte) ligfietsen. Een mooi voorbeeld is de (b)mobile van de Zwitserse ingenieur Michel Perraudin, die bijna als een synthese van alle voorgaande voertuigen te interpreteren is: het lijkt een auto, maar wordt zoals een fiets via pedalen aangedreven, ondersteund door een verbrandingsmotor die slechts 0,12 l per 100 km biobrandstof verbruikt.[68] Omdat de biobrandstof volledig op plantaardige afval is gebaseerd, is de netto CO_2-uitstoot verwaarloosbaar. Bovendien is bij de constructie radicaal gekozen voor biogebaseerde vlasvezelversterkte composieten, zodat voor verplaatsingen met deze (b)mobile de ecologische impact echt tot een minimum gereduceerd is.

1. Kees Verplanke, 'Milieubewust op reis', in *Consumentenbond*, 1 August 2018, www.consumentenbond.nl/vliegen/milieubewust-op-reis
2. delfthyperloop.nl/nl/#
3. A more extensive introduction to the (creation) history of composites can be found in Ignaas Verpoest, 'The science behind composites', in Lut Pil and Ignaas Verpoest (eds.), *Xtra Strong/Light. Composites*, Leuven: Universitaire Pers Leuven, 2006, pp. 10-35 and in JEC Group (ed.), 'The challenging world of composites', Paris, 2013.
4. For a historic overview of the (early) use of composites in airplanes, see among others George Epstein and M.William Heimerdinger (eds.), *Celebrating the 100th anniversary of the Wright brothers' first flight*, Los Angeles: SAMPE, 2003.
5. Geoff Poulton, 'Aviation's material evolution. From heavy metal to lightweight high-tech', in *Airbus*, company.airbus.com/company/heritage/now-and-then/Material-evolution.html#
6. For detailed information on the Solar Impulse – 2 reference is made to the Wikipedia page en.wikipedia.org/wiki/Solar_mpulse#Construction_history and to the website of the SolarImpulse Foundation solarimpulse.com/
7. 'Not quite an aircraft and not quite a satellite, but incorporating aspects of both, the Zephyr has the persistence of a satellite with the flexibility of a UAV.' according to an Airbus press release: www.airbus.com/newsroom/press-releases/en/2018/07/Zephyr-S-set-to-break-aircraft-world-endurance-record.html
8. www.hybridairvehicles.com/news-and-media/news/airlander-luxury-interior-revealed-,
9. lilium.com/technology/
10. Sara Black, 'Air travel with a personal touch', in *CompositesWorld*, 19 August 2018, www.compositesworld.com/blog/post/air-travel-with-a-personal-touch,
11. www.volocopter.com/en/
12. www.pal-v.com/
13. Christopher Smith, 'Audi Joins Italdesign And Airbus On Pop-Up Next Flying Car Concept', in *Motor1.com*, 6 March 2018, *www.motor1.com*/news/235241/audi-italdesign-airbus-flying-car/
14. delair.aero/professional-drones/ux5-professional-long-range-drone/
15. Junichi Kasai, 'Experiences and thoughts about life cycle assessment in the automotive industry in Japan', in *The International Journal of Life Cycle Assessment*, 5, 5, 2000, p. 316, quoted by prof. Jun Takahashi (Univ. Tokyo) in the presentation 'A global perspective for the future development of sustainable land transport (cars, trucks, buses)' at KU Leuven, 4 April 2006.
16. www.exelcomposites.com/en-us/english/markets/transportationindustry/busandcoachprofiles.aspx
17. www.insidecomposites.com/aerodynamics-for-vdls-new-citea/
18. www.modulo.hu/
19. www.proterra.com/products/, more detailed information in www.naseo.org/Data/Sites/1/ev_naseo-presentation.pdf
20. www.hel.fi/static/hkl/artic.pdf
21. Ginger Gardiner, 'Voith to introduce new composites for rail', in *CompositesWorld*, 4 August 2014, www.compositesworld.com/blog/post/voith-to-introduce-new-composite-applications-for-rail-vehicles, frptitan.com/473-2/; the latter reference mentions, among others, more hidden composite applications in trains, such as bogies, pantographs…
22. JS Kim et al., 'Manufacturing and structural safety evaluation of a composite train body', in *Composite structures*, 78, 2007, pp. 468-476.
23. www.jeccomposites.com/knowledge/international-composites-news/china-develops-subway-car-made-carbon-fibre
24. J. Verhaeghe et al., 'Compositttrailer®: design, analysis, testing and market issues', in *Proc. 47th Int. SAMPE Symposium*, 47, 2002, pp. 1602-1610.
25. www.vdlfibretechindustries.com and www.vdlfibretechindustries.com/data/uploads/VDL_Fibretech_Industries/LeafletContainersNL.pdf
26. compositesmanufacturingmagazine.com/2017/07/wabash-and-structural-composites-make-first-all-composite-trailer/
27. www.carbontt.com/wp-content/uploads/2018/06/180608-CarbonTT-Cleaner-Smart-Cities-1.pdf
28. Niels Modler and Werner Hufenbach, 'Thermoplastic composites for large scale serial production', in *Excellence in Lightweight design* (ILK-Magazin), TU Dresden, 2016, pp. 30-33.
29. Urs Meier, 'Proposal for a Carbon Fibre Reinforced Composite Bridge across the Strait of Gibraltar at its Narrowest Site', in *Proceedings of the Institution of Mechanical Engineers, Part B: Journal of Engineering manufacture*, 201, 1987, pp. 73-78.
30. 'Carbon composite pedestrian bridge installed in Madrid' in *Reinforced Plastics*, 55, 3, May/June 2011, pp. 43-44; a relatively complete overview of realized composite bridges can be found at www.fose1.plymouth.ac.uk/sme/composites/bridges.htm
31. www.fibrecore-europe.com/
32. www.compositesworld.com/news/dutch-bridge-claims-to-be-largest-single-span-composite-bridge-in-the-world
33. www.themanufacturer.com/articles/composite-materials-enter-the-dragon/
34. www.compositesworld.com/news/first-bridge-made-completely-out-of-bio-composite-material
35. www.compositesworld.com/news/new-zealand-wins-35th-americas-cup www.compositesworld.com/blog/post/this-foiling-racer-is-crazy-fast-thanks-to-composites-
36. www.dennisingemansson.com/yachts/solardream/
37. www.compositesworld.com/news/d%C3%A9cision-sa-delivers-first-seabubble-water-taxi
38. www.shuttleworthdesign.com/gallery.php?boat=MARS
39. Lut Pil et al., 'Why are designers fascinated by flax and hemp fibre composites', in *Composites Part A*, 83, 2016, pp. 193-205.
40. Peter Davies and Joris Van Acker, 'Added Value for Your Product', in Ignaas Verpoest and Christophe Baley (eds.), *Flax and hemp fibre composites, a market reality*, Paris: JEC Group, 2018, pp. 59-65.
41. USA Patent: *Ford, Henry; Gregorie, Eugene T. (January 13, 1942). United States Patent Office*
42. www.ecar333.be/technic/index/nl
43. An excellent and visionary analysis could already be found in William J. Mitchell et al., *Reinventing the Automobile, Personal Urban Mobility for the 21st Century*, Cambridge (USA): MIT Press, 2010.
44. www.uniti.earth
45. A good overview of the development of the monocoque concept for race cars can be found in www.formula1-dictionary.net/monocoque.html

1   Kees Verplanke, 'Milieubewust op reis', in *Consumentenbond*, 1 augustus 2018, www.consumentenbond.nl/vliegen/milieubewust-op-reis
2   delfthyperloop.nl/nl/#
3   Een uitvoeriger inleiding op de (ontstaans) geschiedenis van composieten kan gevonden worden in Ignaas Verpoest, 'The science behind composites', in Lut Pil en Ignaas Verpoest (eds.), *Xtra Strong/Light. Composites*, Leuven: Universitaire Pers Leuven, 2006, pp. 10-35 en in JEC Group (ed.), *The challenging world of composites*, Parijs, 2013.
4   Voor een historisch overzicht van het (vroege) gebruik van composieten in vliegtuigen, zie o.a. George Epstein en M.William Heimerdinger (eds.), *Celebrating the 100th anniversary of the Wright brothers' first flight*, Los Angeles: SAMPE, 2003.
5   Geoff Poulton, 'Aviation's material evolution. From heavy metal to lightweight high-tech', in *Airbus*, company.airbus.com/company/heritage/now-and-then/Material-evolution.html#
6   Voor uitvoerige informatie over de Solar Impulse – 2 wordt verwezen naar de wikipedia-pagina en.wikipedia.org/wiki/Solar_Impulse#Construction_history en naar de website van de SolarImpulse Foundation solarimpulse.com/
7   Volgens een persbericht van Airbus: 'Not quite an aircraft and not quite a satellite, but incorporating aspects of both, the Zephyr has the persistence of a satellite with the flexibility of a UAV.' www.airbus.com/newsroom/press-releases/en/2018/07/Zephyr-S-set-to-break-aircraft-world-endurance-record.html
8   www.hybridairvehicles.com/news-and-media/news/airlander-luxury-interior-revealed-
9   lilium.com/technology/
10 Sara Black, 'Air travel with a personal touch', in CompositesWorld, 19 augustus 2018, www.compositesworld.com/blog/post/air-travel-with-a-personal-touch
11 www.volocopter.com/en/
12 www.pal-v.com/
13 Christopher Smith, 'Audi Joins Italdesign And Airbus On Pop-Up Next Flying Car Concept', in Motor1.com, 6 maart 2018, www.motor1.com/news/235241/audi-italdesign-airbus-flying-car/
14 delair.aero/professional-drones/ux5-professional-long-range-drone/
15 Junichi Kasai, 'Experiences and thoughts about life cycle assessment in the automotive industry in Japan', in *The International Journal of Life Cycle Assessment*, 5, 5, 2000, p. 316, geciteerd door prof. Jun Takahashi (Univ. Tokyo) in de presentatie 'A global perspective for the future development of sustainable land transport (cars, trucks, buses)' aan KU Leuven, 4 April 2006.
16 www.exelcomposites.com/en-us/english/markets/transportationindustry/busandcoachprofiles.aspx
17 www.insidecomposites.com/aerodynamics-for-vdls-new-citea/
18 www.modulo.hu/
19 www.proterra.com/products/, meer gedetailleerde informatie in www.naseo.org/Data/Sites/1/ev_naseo-presentation.pdf
20 www.hel.fi/static/hkl/artic.pdf
21 Ginger Gardiner, 'Voith to introduce new composites for rail', in *CompositesWorld*, 4 augustus 2014, www.compositesworld.com/blog/post/voith-to-introduce-new-composite-applications-for-rail-vehicles, 'Composite Material and Rail Transit-Application', frptitan.com/473-2/; deze laatste referentie vermeldt ook andere, meer verborgen composiettoepassingen in treinen, zoals bogies, pantografen…
22 JS Kim et al., 'Manufacturing and structural safety evaluation of a composite train body', in *Composite structures*, 78, 2007, pp. 468-476.
23 www.jeccomposites.com/knowledge/international-composites-news/china-develops-subway-car-made-carbon-fiber
24 Jan Verhaeghe et al., 'Composittrailer®: design, analysis, testing and market issues', in *Proc. 47th Int. SAMPE Symposium*, 47, 2002, pp. 1602-1610.
25 www.vdlfibertechindustries.com en www.vdlfibertechindustries.com/data/uploads/VDL_Fibertech_Industries/LeafletContainersNL.pdf
26 compositesmanufacturingmagazine.com/2017/07/wabash-and-structural-composites-make-first-all-composite-trailer/
27 www.carbontt.com/wp-content/uploads/2018/06/180608-CarbonTT-Cleaner-Smart-Cities-1.pdf
28 Niels Modler en Werner Hufenbach, 'Thermoplastic composites for large scale serial production', in *Excellence in Lightweight design* (ILK-Magazin), TU Dresden, 2016, pp. 30-33.
29 Urs Meier, 'Proposal for a Carbon Fibre Reinforced Composite Bridge across the Strait of Gibraltar at its Narrowest Site', in *Proceedings of the Institution of Mechanical Engineers, Part B: Journal of Engineering manufacture*, 201, 1987, pp. 73-78.
30 'Carbon composite pedestrian bridge installed in Madrid', in *Reinforced Plastics*, 55, 3, mei-juni 2011, pp. 43-44; een vrij volledig overzicht van gerealiseerde composietbruggen kan gevonden worden in www.fose1.plymouth.ac.uk/sme/composites/bridges.htm
31 www.fibercore-europe.com/
32 www.compositesworld.com/news/dutch-bridge-claims-to-be-largest-single-span-composite-bridge-in-the-world
33 www.themanufacturer.com/articles/composite-materials-enter-the-dragon/
34 www.compositesworld.com/news/first-bridge-made-completely-out-of-bio-composite-material
35 www.compositesworld.com/news/new-zealand-wins-35th-americas-cup, www.compositesworld.com/blog/post/this-foiling-racer-is-crazy-fast-thanks-to-composites
36 www.dennisingemansson.com/yachts/solardream/
37 www.compositesworld.com/news/d%C3%A9cision-sa-delivers-first-seabubble-water-taxi
38 www.shuttleworthdesign.com/gallery.php?boat=MARS
39 Lut Pil et al., 'Why are designers fascinated by flax and hemp fibre composites', in *Composites Part* A, 83, 2016, pp. 193-205.
40 Peter Davies en Joris Van Acker, 'Added Value for Your Product', in Ignaas Verpoest en Christophe Baley (eds.), *Flax and hemp fibre composites, a market reality*, Parijs: JEC Group, 2018, pp. 59-65.
41 USA Patent: *Ford, Henry; Gregorie, Eugene T. (January 13, 1942)*. United States Patent Office
42 www.ecar333.be/technic/index/nl
43 Een uitstekende en visionaire analyse was reeds te vinden in William J. Mitchell et al., *Reinventing the Automobile, Personal Urban Mobility for the 21st Century*, Cambridge (USA): MIT Press, 2010.
44 www.uniti.earth
45 Een goed overzicht van de ontwikkeling van het monocoque concept in racewagens kan gevonden worden in www.formula1-dictionary.net/monocoque.html

46 Ginger Gardiner, 'Class A Composites: a history', in *CompositesWorld*, 19 January 2017, www.compositesworld.com/articles/class-a-composites-a-history; featuring a brief but interesting overview of the early use of composites in cars.

47 www.mtm.kuleuven.be/Onderzoek/Composites/projects/finished_projects/TECABS_project ; see also Ignaas Verpoest, Truong Chi Thanh and Stepan Lomov, 'The TECABS project: Development of manufacturing, simulation and design technologies for a carbon fibre composite car', in *Proceedings of the 9th Japan International SAMPE Symposium*, 2005, pp. 56-61.

48 www.bmwgroup-plants.com/en/production/bmw-i.html

49 Kyle Hyat in www.cnet.com/roadshow/news/polestar-1-carbon-fibre-dragonfly-chassis-2019/, 18 June 2018; the Volvo Polestar-1 is an electric car with a supporting combustion engine.

50 The fifth door of the Prius PHV is produced by pressing a 'sheet moulding compound' (C-SMC), the engine hood of the BMW M4 uses an RTM process.

51 www.designnews.com/materials-assembly/carbon-fibre-drives-shaft-systems/24584782736503

52 Mike Hanlon, 'Ducati Desmosedici GP9 carbon fibre frame', in *New Atlas*, 14 April 2009 in newatlas.com/ducati-desmosedici-gp9-takes-first-motogp-win-for-carbon-fibre-construction/

53 www.nieuwsmotor.nl/motor-nieuws/22216-2017-ducati-1299-superleggera

54 Loz Blain, 'BMW claims it's developed a process for fast, cheap carbon composite chassis manufacture' in newatlas.com/bmw-carbon-composite-manufacture/, 4 April 2018.

55 www.jeccomposites.com/about-jec/press-releases/jec-group-pays-tribute-to-the-winners-of-jec-world-2018 and www.press.bmwgroup.com/global/article/detail/T0279702EN/bmw-motor-rad-receives-jec-innovation-award-prize-winning-rear-swinging-arm-made-of-carbon-fibre

56 www.sarolea.com/heritage

57 ujet.com/

58 cyclingtips.com/2015/08/what-is-the-lifespan-of-a-carbon-frame/

59 rein4ced.com/

60 Michael Callens, *Development of ductile stainless steel fibre composites*, chapter 7, PhD Thesis KU Leuven, 2014.

61 Ron Nelson, 'Bike frame races carbon consumer goods forward', in *Reinforced Plastics*, July/August 2003, pp. 36-40. A more extensive and technical overview of the early developments of composite bicycles by the same author is available at www.slideshare.net/RonNelson5/allcomposite-bicycle-frames-past-present-and-future .

62 roadcyclinguk.com/gear/gear-news/racing-technology/bikes-tour-de-france-brief-history-race-winning-machines/

63 www.ecce-cycles.com/

64 www.cervelo.com/en/triathlon/p-series/p5x , and a fascinating series of contributions on the development of the P5X in *Intervals Magazine*, see www.cervelo.com/en/engineering-field-notes

65 biomega.com//product/oko-2-speed-automatic and Alan G. Brake, 'KiBiSi introduces lightweight OKO electric bicycle for Biomega' in *dezeen*, 30 October 2015, www.dezeen.com/2015/10/30/kibisi-oko-lightweight-electric-bicycle-biomega/

66 Peggy Malnati, 'Composites-intensive folding bike. Simplifying multi-modal transportation', in *CompositesWorld*, 12 February 2018www.composites-world.com/articles/composites-intensive-folding-bike-simplifying-multi-modal-transportation

67 www.jeccomposites.com/knowledge/international-composites-news/ultralight-composite-scooter-sustainable-urban-mobility

68 www.biomobile.ch/

46 Ginger Gardiner, 'Class A Composites: a history', in *CompositesWorld*, 19 januari 2017, www.compositesworld.com/articles/class-a-composites-a-history; hierin wordt een kort maar interessant overzicht gegeven van het vroege gebruik van composieten in auto's.

47 www.mtm.kuleuven.be/Onderzoek/Composites/projects/finished_projects/TECABS_project; zie ook Ignaas Verpoest, Truong Chi Thanh en Stepan Lomov, 'The TECABS project: Development of manufacturing, simulation and design technologies for a carbon fibre composite car', in *Proceedings of the 9th Japan International SAMPE Symposium*, 2005, pp. 56-61.

48 www.bmwgroup-plants.com/en/production/bmw-i.html

49 Kyle Hyat in www.cnet.com/roadshow/news/polestar-1-carbon-fiber-dragonfly-chassis-2019/, 18 juni 2018; de Volvo Polestar-1 is een elektrische auto met ondersteunende verbrandingsmotor.

50 Vijfde deur van Prius PHV is geproduceerd door persen van een 'sheet moulding compound' (C-SMC), de motorkap van de BMW M4 in een RTM-proces met een snel uithardende epoxy, zodat de procestijd slechts 6 minuten is.

51 www.designnews.com/materials-assembly/carbon-fiber-drives-shaft-systems/24584782736503

52 Mike Hanlon, 'Ducati Desmosedici GP9 carbon fibre frame', in *New Atlas*, 14 april 2009, newatlas.com/ducati-desmosedici-gp9-takes-first-motogp-win-for-carbon-fibre-construction/

53 www.nieuwsmotor.nl/motornieuws/22216-2017-ducati-1299-superleggera

54 Loz Blain, 'BMW claims it's developed a process for fast, cheap carbon composite chassis manufacture, in *New Atlas*, 4 april 2018, newatlas.com/bmw-carbon-composite-manufacture/

55 www.jeccomposites.com/about-jec/press-releases/jec-group-pays-tribute-to-the-winners-of-jec-world-2018 en www.press.bmwgroup.com/global/article/detail/T0279702EN/bmw-motorrad-receives-jec-innovation-award-prize-winning-rear-swinging-arm-made-of-carbon-fibre

56 www.sarolea.com/heritage

57 ujet.com/

58 cyclingtips.com/2015/08/what-is-the-lifespan-of-a-carbon-frame/

59 rein4ced.com/

60 Michael Callens, *Development of ductile stainless steel fibre composites*, hoofdstuk 7, PhD Thesis KU Leuven, 2014.

61 Ron Nelson, 'Bike frame races carbon consumer goods forward', in *Reinforced Plastics*, juli-augustus 2003, pp. 36-40. Een meer uitgebreid en technisch overzicht van de vroege ontwikkelingen van composietfietsen door dezelfde auteur is beschikbaar op www.slideshare.net/RonNelson5/allcomposite-bicycle-frames-past-present-and-future.

62 roadcyclinguk.com/gear/gear-news/racing-technology/bikes-tour-de-france-brief-history-race-winning-machines/

63 www.ecce-cycles.com/

64 www.cervelo.com/en/triathlon/p-series/p5x, en een boeiende reeks bijdragen over de ontwikkeling van de P5X in *Intervals Magazine*, zie www.cervelo.com/en/engineering-field-notes

65 biomega.com//product/oko-2-speed-automatic en Alan G. Brake 'KiBiSi introduces lightweight OKO electric bicycle for Biomega' in *dezeen*, 30 oktober 2015, www.dezeen.com/2015/10/30/kibisi-oko-lightweight-electric-bicycle-biomega/

66 Peggy Malnati, 'Composites-intensive folding bike. Simplifying multi-modal transportation', in *CompositesWorld*, 12 februari 2018, www.compositesworld.com/articles/composites-intensive-folding-bike-simplifying-multi-modal-transportation

67 www.jeccomposites.com/knowledge/international-composites-news/ultralight-composite-scooter-sustainable-urban-mobility

68 www.biomobile.ch/

COMPOSITES 'CLOSE TO YOU'

Ignaas Verpoest

TRAVEL AND HOLIDAY   When people move about, carrying too much weight is regarded as unpleasant and tiring. Wearing light clothing is not only comfortable in summer, well-insulated winter clothing or sturdy hiking boots cannot be too heavy either. Also from an ecological point of view, traveling with a heavy suitcase is not such a good idea: a weight saving of one kilo multiplied by hundreds of suitcases loaded onto an airplane yields a substantial reduction in kerosene consumption and consequently in CO_2 emissions.[1]

Samsonite, a leading manufacturer of suitcases, wanted to develop a lightweight yet sturdy suitcase using a composite called Curv®. This 'self-reinforced' composite, a polypropylene matrix (PP) reinforced with polypropylene fibres, was invented by Ian Ward and his research team at the University of Leeds (UK).[2] First, a PP film is stretched and cut into tapes, which gives them a higher stiffness (more than 15 GPa) and a higher toughness (elongation at break of more than 20%). The tapes are subsequently woven and pressed at a precise temperature, melting only the thin outer layer of the PP tapes and forming the PP matrix. That way this 'self-reinforced' composite combines a high stiffness with a high toughness, properties which are essential in suitcase design. Researchers at the Katholieke Universiteit Leuven collaborated with Samsonite to further develop this material, to optimize the layered structure, trying to find the best combination of stiffness and impact resistance, and to create different visual effects with colour and texture. A specific production method was invented for this new material: the Curv® panels must be heated at a precise temperature and clamped in a controlled way before they are pressed into the shape of a suitcase. Parallel to the material and process development a team of designers at Samsonite conceived a design that was adapted to this material, an interesting example of concurrent engineering. The Cosmolite® suitcases were launched into the market in 2009, and are still among the lightest suitcases available at this moment. Along with more recent models like the Lite-Cube and Lite-Shock, this is Samsonite's best selling range of suitcases ever.

For people who like to go on long hikes, but also for those who attend summer music festivals, lightweight pop-up tents have become a welcome alternative to the previous generation of tents that used rigid, non-bendable (and heavier) aluminum tent poles. The secret of the Quechua tents (developed by Decathlon) lies in the material used for the tent poles that have to be very strong yet sufficiently supple and elastically rebounding. This makes it easy to fold these tents into a small circle (with a typical diameter of 65 centimeters) so that they can be stored in a carrier bag. When the tent is set up, the tent poles will rebound and stretch the canvas to a comfortable

COMPOSIETEN 'CLOSE TO YOU'

Ignaas Verpoest

REIZEN EN VAKANTIE Waar en hoe mensen ook bewegen, te veel gewicht meedragen wordt ervaren als onaangenaam en vermoeiend. Lichte kledij is niet alleen aangenaam in de zomer, ook goed isolerende winterkledij of stevige stapschoenen mogen liefst niet te zwaar zijn. Op reis gaan met een zware koffer is bovendien ook uit ecologisch standpunt niet zo verstandig: elke kilogram gewichtsbesparing bij de honderden valiezen in een vliegtuig leidt tot een niet verwaarloosbare vermindering van het kerosineverbruik, en dus van de CO_2-emissie.[1]

Samsonite, een toonaangevende fabrikant van reiskoffers, wilde een lichte, maar sterke koffer ontwikkelen met een composietmateriaal genaamd Curv®. Dit 'zelfversterkte' composiet, een polypropyleenmatrix (PP) versterkt met polypropyleenvezels, werd uitgevonden door Ian Ward en zijn onderzoeksteam aan de Universiteit van Leeds (UK).[2] Eerst wordt een PP-film sterk uitgerokken en tot tapes versneden, die daardoor een hoge stijfheid (meer dan 15 GPa) en hoge taaiheid (breukrek van meer dan 20%) verkrijgen. De tapes worden dan verweven en samengeperst op een precieze temperatuur, waardoor slechts het buitenste laagje van de PP-tapes smelt en de PP-matrix gaat vormen. Dit 'zelfversterkte' composiet combineert op die manier een hoge stijfheid met een hoge taaiheid, net de eigenschappen die centraal staan bij het ontwerpen van een reiskoffer. Onderzoekers van KU Leuven werkten samen met Samsonite om dit materiaal verder te ontwikkelen, om de gelaagde structuur naar de beste combinatie van stijfheid en slagvastheid te optimaliseren en om verschillende visuele effecten zoals kleuren en texturen mogelijk te maken. Voor dit nieuwe materiaal is een specifieke productiemethode uitgevonden: de Curv®-panelen moeten op een precieze temperatuur worden verwarmd en gecontroleerd worden vastgeklemd, voordat ze in de vorm van een koffer worden geperst. Parallel met de materiaal- en procesontwikkeling ontwierp een team designers bij Samsonite een aan dit materiaal aangepaste vormgeving, een interessant voorbeeld van 'concurrent engineering'. De Cosmolite® koffers kwamen in 2009 op de markt, en behoren tot de lichtste valiezen die er op dit ogenblik beschikbaar zijn. Samen met recentere modellen als Lite-Cube en Lite-Shock is dit Samsonites best verkochte kofferserie ooit.

Voor lange trektochten, maar ook voor bezoekers van zomerse muziekfestivals, zijn de heel lichte, uitvouwbare tenten sinds vele jaren een welkom alternatief voor de vorige generatie tenten met stijve, niet-plooibare (en zwaardere) aluminium tentstokken. Het geheim van de Quechua tenten (ontwikkeld door Decathlon) zit in het materiaal van de tentstokken, die terzelfdertijd zeer sterk en toch voldoende soepel en elastisch terugverend

camping space. Pultruded glass fibre composites have a remarkable combination of properties: by choosing the right fibre orientation and fibre volume fraction a low degree of stiffness is obtained, which results in a supple and well-rebounding round pole which is at the same time very strong (five times stronger than extruded aluminum).[3] Furthermore, this glass fibre composite is about one third lighter than aluminum. Carbon fibres would be an even lighter alternative but are too stiff for this application (carbon fibres are at least three times stiffer than glass fibres).

The same unique combination of material properties was used by Belgian company Umbrosa to design the Rimbou Lotus parasol. The elastic resilience of the glass fibre composite profiles is used to unfold the parasol as if it were a budding leaf and to stretch the parasol, a poetic rendering of a fundamental (engineering) property of the material used!

But when you come to think of it, we have known glass fibre composite profiles for a long time (since 1961) from the world of sports: pole vaulters discovered early on how much elastic energy can be stored in this material. At the end of the pole vaulter's sprint the athlete's kinetic energy is converted into elastic strain energy of the bending vaulting pole, which is then returned to the athlete as he is thrown over the bar.[4] It is elementary, of course, that the athlete moves his body in the right position during take-off to pass the bar as high as possible, but without the elastic energy of the vaulting pole it would be impossible to reach a world record height of over six meters. The fibre orientation and volume fraction are precisely calculated to get an optimum combination of strength and (elastic) energy storage capacity. They also vary along the full length of the vaulting pole and are adapted to the specific needs of each individual pole vaulter!

<u>SPORTS FOR AMATEURS AND PROFESSIONALS</u>   In many sports lightness is a primary requirement. The intention is to consume less energy (cycling, rowing or playing tennis), have a better control (skiing, sailing) or carry along less 'dead' weight (skiing, horse riding). In our chapter on 'sustainable mobility' we already presented some examples from the world of motor sports (car and motorcycle racing) and cycling. You can hardly think of any sport that does not make use of composites.

More recently, however, other properties have been discovered that significantly increase the added value of the combination of lightness and stiffness/strength. We have already illustrated the high elastic energy content of glass fibre composites in the above paragraphs and we have referred to the possibility to modify a product's characteristic by changing the orientation of the fibres. This process is, perhaps surprisingly, used for reinforcing the soles of sports shoes. By changing the fibre orientation in the carbon fibre composite soles, it is possible to adjust the balance between the shoe's bending stiffness and torsion stiffness and make it extremely light at the same time. There is a substantial difference in the fibre orientation in the carbon sole of the shoe of a football player, a marathon runner or that of a golf player.

Particularly in competitive sports (skiing, tennis, sailing), control is very important: you want to follow the ideal ski line, hit the ball at the right spot, steer the sailing yacht in an optimal course. Vibrations often hinder a precise control and, particularly with tennis players and cyclists, increase the risk of straining the joints. The intrinsic vibration-absorbing properties of flax and hemp fibres offer a solution to these problems in proportion to the directness of the contact (vibration damping is more effective in skis and tennis

moeten zijn. Zo zijn ze makkelijk te plooien tot een kleine cirkel (met typisch een diameter van 65 centimeter), zodat de tent kan opgeborgen worden in een draagzak. Bij gebruik zullen de tentstokken terugveren en het tentzeil opspannen tot een comfortabele ruimte. Gepultrudeerde glasvezelcomposieten bezitten die merkwaardige combinatie van eigenschappen: door goede keuze van de vezeloriëntatie en vezelvolumefractie bereikt men een lage stijfheid, dus een soepele en goed terugverende ronde staaf, die tegelijkertijd erg sterk is (minstens vijf maal sterker dan geëxtrudeerd aluminium).[3] Bovendien is dit glasvezelcomposiet zowat één derde lichter dan aluminium. Koolstofvezels zouden een nog lichter alternatief kunnen vormen, maar zijn te stijf voor deze toepassing (koolstofvezels zijn minstens driemaal stijver dan glasvezels).

Van dezelfde unieke combinatie van materiaaleigenschappen maakte het Belgische bedrijf Umbrosa gebruik om de Rimbou Lotus parasol te ontwerpen. De elastische veerkracht van de glasvezelcomposietprofielen wordt hier gebruikt om een parasol te ontplooien als een ontluikend blad en strak aan te spannen, een poëtische vertaling van een fundamentele (ingenieurs)eigenschap van het gebruikte materiaal!

Maar eigenlijk kennen wij deze glasvezelcomposiet profielen sinds lang (1961) uit de sport: polsstokspringers hebben reeds vroeg ontdekt hoeveel elastische energie erin kan opgestapeld worden. Op het einde van de aanloop van de polsstokspringer wordt de kinetische energie van de atleet omgezet in elastische vervormingsenergie van de polsstok, die daarna teruggegeven wordt aan de atleet door hem over de lat te zwiepen.[4] Uiteraard moet de atleet tijdens deze beweging zijn lichaam in de juiste positie brengen, om zo hoog mogelijk over de lat te kunnen zweven, maar zonder de elastische energie van de polsstok zou een wereldrecordhoogte van meer dan zes meter niet mogelijk zijn. De vezeloriëntatie en -volumefractie wordt heel precies berekend om een optimale combinatie van sterkte en (elastische) energieopslagcapaciteit te bereiken. Zij variëren daarenboven over de lengte van de polsstok en worden aangepast aan elke individuele polsstokspringer!

Quechua camping tent 2 seconds 3 XL Fresh & Black, designed by Anne-Sophie Blanchet (2016)

left The 10th anniversary edition of Samsonite's Cosmolite composite suitcase, using Curv© self-reinforced polypropylene composites, designed by Erik Sijmons (2008-2018) © Samsonite

<u>SPORT VOOR AMATEURS EN PROFESSIONALS</u>   Ook bij veel sporttoepassingen is lichtheid de allereerste vereiste. Men wil minder energie verbruiken

Rimbou Lotus lounge parasol designed by Pieter Willemyns (2010) © Umbrosa

rackets than in bicycles, where the saddle, the tires and the handlebars also absorb part of the vibrations). Carbon fibres are indispensable in high-performance sports items that require a high specific stiffness. Therefore flax is increasingly combined with carbon fibres ('hybrids'). It brings down the cost, improves the damping properties and reduces the ecological impact considerably. The production of 1 kilogram of carbon fibres requires 25 times as much energy as the production of 1 kilogram of flax fibres.

In 2010, Artengo was the first to introduce a tennis racket that combined carbon fibres with flax fibres, in a ratio of 75/25.[5] In the same period Museeuw Bikes introduced a hybrid bike frame with a similar material composition.[6] Swiss company BComp supplies to various ski manufacturers a flax fibre reinforcement for the balsa wood core of skis and snowboards (as well as flax fabric for the outer layer) and for the ski poles.[7] Moreover basalt fibres have better damping qualities than carbon fibres, which is why they are also used in skis, like in the Grown skis designed by Tobias Luthe. The use of basalt fibres is also ecologically motivated because the impact on the environment of basalt fibre production, in terms of energy consumption for instance, is significantly lower compared to the production of carbon fibres.[8] Tobias Luthe has developed skis in which (part of) the basalt fibres is replaced by hemp fibres.

Also in skateboards, and particularly in longboards, glass or carbon fibres are added to the wooden base to increase its bending stiffness. The designers Martin Erbler and David Lugmayer of EasyGonic, however, also wanted to retain good vibration damping qualities, which is why they opted for basalt fibres.[9]

The self-reinforced polypropylene composites we discussed above are also used in several sports because of their unique combination of stiffness and impact resistance. Ice hockey is a fairly aggressive sport in which the players crash into each other and being hit with a hockey stick can some-

(fietsen, tennissen, roeien), een betere controle hebben (skiën, zeilen) of minder 'dood' gewicht meedragen (skiën, paardrijden). In het hoofdstuk over 'duurzame mobiliteit' werden reeds een aantal voorbeelden gegeven uit de gemotoriseerde sporten (autosport, motorraces) en de wielersport. Er is moeilijk een sport te bedenken waar composieten niet gebruikt worden.

Recent heeft men echter andere eigenschappen ontdekt die aan de combinatie lichtheid en stijfheid/sterkte een belangrijke meerwaarde geven. De hoge elastische energie-inhoud van glasvezelcomposieten werd hierboven reeds aangehaald, en er werd even verwezen naar de mogelijkheid om door verandering van de vezeloriëntatie de eigenschappen van het product aan te passen. Dit wordt, wellicht verrassend, toegepast in de verstevigingen van de zolen van sportschoenen. Door de vezeloriëntatie in de koolstofvezelcomposietzolen te veranderen, kan men de balans tussen buigstijfheid en torsiestijfheid van de schoen aanpassen en terzelfdertijd extreem licht maken. De carbonzool van de schoen van een voetballer, een marathonloper of een golfspeler heeft dus een erg verschillende vezeloriëntatie.

Thermoplastic composite orthotic inserts for sporting shoes (2018) © TenCate Advanced Composites

Controle is, zeker in competitiesport (skiën, tennissen, zeilen), erg belangrijk: men wil het juiste afdaaltraject volgen, de bal exact op één plek slaan, het zeiljacht sturen in de optimale koers. Deze precieze controle wordt dikwijls bemoeilijkt door trillingen, die daarenboven, zeker bij tennisspelers en fietsers, ook het risico op overbelasting van de gewrichten vergroten. De intrinsieke trillingsdempende eigenschappen van vlas- en hennepvezels lossen deze problemen beter op, naarmate het contact directer is (demping bij een ski en tennisracket is efficiënter dan bij een fiets, waar ook het zadel, de banden, het stuur een dempende functie hebben). Voor veeleisende sportartikelen die een hoge specifieke stijfheid eisen zijn koolstofvezels onontbeerlijk. Vlas wordt dan ook steeds vaker gecombineerd met koolstofvezels ('hybrides'). Op die manier verlaagt de kostprijs, verhogen de dempende eigenschappen en verlaagt de ecologische impact meer dan behoorlijk. Het aanmaken van 1 kilogram koolstofvezels vergt 25 x meer energie dan 1 kilogram vlasvezels.

Artengo heeft als eerste in 2010 een tennisracket uitgebracht waarin koolstofvezels gecombineerd werden met vlasvezels, in een 75/25 verhouding.[5] Museeuw Bikes introduceerde in dezelfde periode een hybride fietskader, met ongeveer dezelfde materiaalsamenstelling.[6] Het Zwitserse bedrijf BComp levert aan verschillende skifabrikanten een vlasvezelversterking voor de balsahouten kern van ski's en snowboards (en een vlasweefsel voor hun buitenlaag) en voor skistokken.[7] Basaltvezels hebben eveneens betere dempende karakteristieken dan koolstofvezels en worden dus ook in ski's gebruikt, zoals in de Grown ski's van ontwerper Tobias Luthe. Het gebruik van basaltvezels is ook ecologisch gemotiveerd, omdat de impact op het milieu,

times not be avoided. A good protection of a player's body against impacts is therefore essential. Canadian manufacturer Bauer has launched a complete set of protective clothing in which Curv®, the self-reinforced polypropylene that was also used for the production of Samsonite suitcases, is integrated. This composite is laminated onto a foam core, which makes it possible to produce lightweight clothing with a high protective capacity.[10] Self-reinforced PP is also used for making helmets, like the Bullit of Oolsen, and kitesurfing harnesses, in the latter case in a sandwich structure with a PP honeycomb core.

Identical sandwich panels were chosen by Otto Van De Steene and Thomas Weyn when designing their ONAK Foldable Origami Canoe. They know from experience that it is hard to find a berth for a canoe in the city and that transporting a canoe involves quite some organization, so they came up with the idea of designing a canoe that can be folded into a compact package, applying an origami technique.

This canoe is composed of a sandwich panel made of Curv® self-reinforced polypropylene skins and Thermhex PP honeycombs produced by the KU Leuven spin-off company Econcore. The Curv® skins, the same material used in the successful Samsonite composite suitcases, have a proven high-impact resistance. The PP honeycomb structures allow V-shape indentations (by means of local heating and compression) that serve as fold lines along which the canoe is unfolded. For transport the long canoe (4.65 meters) can be folded into a small package (120 x 40 x 25 cm, weight 17 kg) that fits into the boot of a car. The package can also be placed on a large-wheel trailer for transport over different types of terrain.

This innovative concept of a foldable canoe gives more people the opportunity to own a canoe: no large storage space is required, the canoe is easy to transport, it can carry a weight of 250 kilos and it is highly damage resistant owing to the intrinsic toughness of the composite materials used. Finally, using a fully thermoplastic sandwich structure makes it easy to recycle this canoe.

COMPOSITES IN MEDICAL APPLICATIONS, HEALTH CARE AND REHABILITATION
It is becoming increasingly important to find answers to the challenges of an ageing society. Because of their light weight and excellent strength and stiffness composite materials are used more and more to maintain or improve

Bullit helmet, using Curv© self-reinforced polypropylene composites (2018 © Bullit

left Bauer protective gear for ice hockey, using Curv© self-reinforced polypropylene composites (2018 © Bauer

in termen van bijvoorbeeld energieverbruik bij de productie van basaltvezels in vergelijking met koolstofvezels, heel wat lager is.[8] Tobias Luthe heeft nu ook een ski ontwikkeld waarbij (een gedeelte van) de basaltvezels vervangen werd door hennepvezels.

Ook in skateboards, en zeker in longboards, worden soms glas- of koolstofvezels toegevoegd aan de houten basisstructuur, om de buigstijfheid ervan te verhogen. De ontwerpers Martin Erbler en David Lugmayer van EasyGonic wilden echter terzelfdertijd een goede trillingsdemping behouden en hebben daarom gekozen voor basaltvezels.[9]

Hybrid carbon–flax composite tennis racket (2010) © Artengo

Hybrid wood-basalt fibre composite ski, designed by Tobias Luthe, Grown (2017) © Grown

Hybrid wood-basalt fibre composite longboard by Easygonic, designed by Martin Erbler and David Lugmayer (2018) © Easygonic

De eerder voorgestelde zelfversterkte polypropyleencomposieten worden omwille van hun unieke combinatie van stijfheid en impactweerstand ook in verschillende sporten gebruikt. IJshockey is een vrij agressieve sport, waarbij de spelers hard op elkaar inrijden en een slag van een hockeystick soms onvermijdelijk is. Een goede bescherming van het lichaam tegen harde stoten is dus onontbeerlijk. De Canadese producent Bauer heeft een volledige set beschermingskledij op de markt gebracht, die gebruik maakt van Curv®, het zelfversterkt polypropyleen. Dit composiet wordt gelamineerd op een schuimkern, waardoor uiterst lichte kledij met een hoge beschermingsfactor kan gerealiseerd worden.[10] Ook voor helmen, zoals de Bullit van Oolsen, en gordels voor kite surfers wordt zelfversterkt PP gebruikt, bij het laatste voorbeeld in een sandwichstructuur met een PP-honingraat.

Diezelfde sandwichpanelen werden gekozen door Otto Van De Steene en Thomas Weyn, de ontwerpers van de ONAK Foldable Origami Canoe. Uit hun ervaring dat het moeilijk is om een vaste ligplaats te vinden voor een kano in de stad en dat een kano meenemen veel organisatie met zich meebrengt, kwamen ze op het idee om een kano te ontwikkelen die via origamitechniek tot een compact pakket kan worden gevouwen.

Deze kano is gemaakt van een sandwichpaneel, samengesteld uit Curv® zelfversterkte polypropyleenhuiden en Thermhex PP-honingraten van het KU Leuven spin-off bedrijf Econcore. De Curv® skins, hetzelfde materiaal als gebruikt in de succesvolle Samsonite composiet koffers, hebben bewezen een hoge impactweerstand te hebben. De PP-honingraten maken het mogelijk om V-vormige inkepingen te creëren (door lokale verwarming en compressie), die tijdens het openplooien van de kano dienen als vouwlijnen. Voor transport kan de lange kano (4,65 meter) worden samengevouwen tot een klein pakket (120 x 40 x 25 cm, gewicht 17 kg), zodat deze in de kofferbak van een auto past. Het pakket past ook in een basis met grote wielen, zodat men het over vele soorten terrein kan rollen.

ONAK's Foldable Origami canoe, designed by Otto Van de Steene (2016) © ONAK

the personal mobility of elderly people. The same is true for people who, due to a disability, an accident or a progressive illness, have become impaired in their mobility or have difficulties in performing certain movements. Prostheses and ortheses have existed since time immemorial, but composite materials have made it possible to make them not only lighter, but also better adapted to each individual user.[11]

In recent years, medical specialists, designers and engineers at German company Ottobock have combined their knowledge and experience to develop a series of innovative prostheses using carbon fibre or glass fibre reinforced composites. Connecting components and joints are typically made of metal (aluminum, titanium) whereas the socket is lined with a softer and elastic polymer (silicone). For example, they developed an active knee, lower leg and foot prosthesis made of a carbon fibre composite socket lined with a silicone inner layer, a mechatronic knee and foot made of carbon fibre composite with aluminum and titanium joints and a titanium spring in the foot. Composite prostheses are also used in paralympic sports. Quite well-known is the running-specific prosthesis with a carbon fibre composite socket and leaf spring joined together by means of an aluminum connecting piece. The shape and fibre orientation of the blade are adapted to each individual athlete and to each specific athletic discipline (sprinting or long distance running, high jump or long jump...).

It is only a small step from prostheses to exoskeletons. In combination with ever more sophisticated techniques of control and movement, exoskeletons made of carbon fibre composites enable (partially) paralytic people to walk again and support elderly people in their daily movements. However, the same technologies can also be used to speed up the rehabilitation process of athletes from many different disciplines or to protect them against injuries and accidents. Through the use of composite materials bionic man has moved another step closer to reality.

Dit innovatieve concept van een opvouwbare kano opent de mogelijkheid voor meer mensen om een kano te bezitten: de kano vereist geen grote opslagplaats, hij is eenvoudig te vervoeren, kan tot 250 kg dragen en is zeer schadebestendig vanwege de intrinsieke taaiheid van de gebruikte composietmaterialen. Ten slotte maakt de volledige thermoplastische sandwichstructuur een eenvoudige recycling van de kano mogelijk.

COMPOSIETEN IN MEDISCHE TOEPASSINGEN, ZORG EN REVALIDATIE   Steeds belangrijker wordt het om antwoorden te vinden op de uitdagingen van de verouderende samenleving. Omwille van hun lage gewicht en uitstekende sterkte en stijfheid worden composietmaterialen steeds meer gebruikt in hulpmiddelen om de persoonlijke mobiliteit van ouderen te onderhouden of te verbeteren. Hetzelfde geldt voor alle personen die door een handicap, een ongeval of een voortschrijdende ziekte minder mobiel geworden zijn of bepaalde bewegingen nog moeilijk kunnen uitvoeren. Prothesen en orthesen bestaan sinds mensenheugenis, maar composietmaterialen hebben het mogelijk gemaakt om ze lichter te maken, maar ook beter aangepast aan de individuele gebruiker.[11]

Medische specialisten, ontwerpers en ingenieurs van het Duitse bedrijf Ottobock hebben in de voorbije jaren hun kennis en ervaring samengebundeld om een aantal innovatieve prothesen te ontwikkelen, waarbij zij gebruik maken van koolstof- of glasvezelversterkte composieten. Verbindingsstukken en scharnieren worden meestal in metaal (aluminium, titanium) vervaardigd, terwijl de socket bekleed wordt met een zachtere en elastische kunststof (silicone). Zo bestaat een actieve knie-, onderbeen- en voetprothese uit een koolstofvezelcomposiet socket, bekleed met een silicone binnenlaag, een mechatronische knie en voet uit koolstofvezelcomposiet met aluminium en titanium verbindingsstukken en een titanium veer in de voet. Ook in paralympische sporten worden composietprothesen gebruikt. Heel bekend is de loopprothese waar de koolstofvezelcomposiet socket en bladveer verbonden worden door een aluminium aanpassingsstuk. De vorm en vezelopbouw van de bladveer worden aangepast aan de individuele atleten en aan de specifieke atletiekdiscipline (sprint of lange afstandswedstrijden, hoog- of verspringen...).

High active prosthesis and sport prosthesis developed by Ottobock (2018)
© Ottobock

The moving 'limbs' of robots should be as light as possible. To move quickly, continuous acceleration and deceleration of the limbs is required and therefore they must be as light as possible. Also robot designers have discovered composite materials in recent years. This has resulted not only in the production of lighter 'traditional' robots, but also in the creation of new robot concepts and designs. Composite exoskeletons are now being specifically developed for repeated lifting of heavy components in an assembly-line set-up or for relieving stress resulting from a strenuous repetition of the same movements.[12]

A wide range of specially adapted vehicles are being designed for persons with reduced mobility, and composite materials can once again help to make them lighter and therefore more comfortable. They make it easier to transport foldable wheelchairs in a car boot, for instance. A further step is to combine them with a simple exoskeleton to assist a person getting up from and moving with a wheelchair. An extremely optimized example is the design by Japanese company Uchida.

The Biobike, a flax fibre composite handbike designed by Michel Perraudin and Association Biomobile for paralympic athlete Silke Pan (2017) © Association Biomobile

The wheelchairs used in Paralympic sports are almost exclusively made of carbon fibre composites, from the same consideration that prompted the development of carbon bicycles: making a vehicle as light and stiff as possible to achieve an optimum use of energy needed for the forward movement of the athlete. For the design of the Biobike, however, Michel Perraudin's team opted for a flax fibre reinforced composite.[13] This handbike was designed for world champion runner-up Silke Pan and therefore had to meet the UCI requirements. The highly organic design of the support frame of this recumbent bicycle was inspired by the 'furcula', a forked bone in birds and two-legged dinosaurs. The diameter and curvature of the tubular elements of

De stap van prothesen naar exoskeletten is klein. In combinatie met steeds gesofisticeerdere sturings- en bewegingstechnieken maken exoskeletten uit koolstofvezelcomposieten het mogelijk dat (deels) verlamde personen opnieuw kunnen stappen en worden ouderen ondersteund in dagelijkse bewegingen. Maar dezelfde technologieën kunnen ook gebruikt worden om sporters uit verschillende disciplines sneller te laten revalideren of te beschermen tegen kwetsuren en ongevallen. De bionische mens komt, door het gebruik van composietmaterialen, een stap dichterbij.

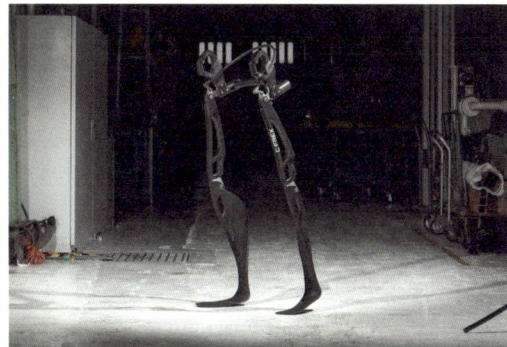

A carbon fibre composite wheelchair combined with an exoskeleton to assist a person getting up, prototype by Uchida (2016) © Uchida

De bewegende 'ledematen' van robots moeten zo licht mogelijk zijn. Om snel te functioneren moeten die ledematen continu versneld en afgeremd worden, en dus moeten zij zo licht mogelijk zijn. Ook ontwerpers van robots hebben sinds enkele jaren de composietmaterialen ontdekt. Dit leidde niet alleen tot lichtere 'klassieke' robots, maar ook tot nieuwe robotconcepten en -designs. Composiet exoskeletten worden nu ook ontwikkeld om arbeiders te helpen om het veelvuldig tillen van zware onderdelen bij lopendebandwerk, of het overbelasten bij het voortdurend uitvoeren van dezelfde bewegingen te verlichten.[12]

Voor minder mobiele personen worden ook allerlei aangepaste voertuigen ontworpen en ook hier kunnen composietmaterialen helpen om ze lichter en dus comfortabeler te maken. Opvouwbare rolstoelen kunnen zo met minder moeite in de koffer van een auto meegenomen worden. Een verdere ontwikkeling is dat zij gecombineerd worden met een eenvoudige exoskelet, dat het opstaan en voortbewegen vanuit een rolstoel vergemakkelijkt. Het ontwerp van het Japanse bedrijf Uchida is daarvan een extreem geoptimaliseerd voorbeeld.[13]

De rolstoelen in paralympische sporten zijn vrijwel allemaal uit koolstofvezelcomposieten vervaardigd, vanuit dezelfde overweging die aan de grondslag ligt van carbonfietsen: een zo licht en stijf mogelijk voertuig, zodat alle menselijke energie optimaal gebruikt wordt voor de voortbeweging van de sporter. In de Biobike van het team van Michel Perraudin is echter gekozen voor een vlasvezelversterkt composiet.[14] Deze 'handbike' is ontworpen voor Silke Pan, vice-wereldkampioen, en moest dus voldoen aan de voorschriften van de UCI. De zeer organische vormgeving van het dragende frame van deze ligfiets is geïnspireerd op de 'furcula', een vorkvormig bot dat men ook terugvindt bij vogels en tweevoetige dinosauriërs. De doorsnede en krommingen van de buisvormige elementen van het chassis zijn zodanig geoptimaliseerd,

the frame have been optimized to reduce the recumbent bike's weight to a mere 12 kilograms, which is barely heavier than a carbon fibre recumbent bicycle, despite the fact that carbon fibres are five times stiffer and three times stronger than flax fibres.

Composite materials can also be used for other medical applications, such as surgical materials and implants. In surgical materials metal is replaced by composites to reduce the weight and consequently prevent the risk of fatigue in medical professionals during long and complex surgical operations. One specific requirement is that the composites must withstand high temperatures, a high relative humidity and/or gamma rays during the sterilization process. That is why only high-temperature thermoplastics, like polyarylamide (PARA), polyamide-imide (PAI) and polyphenylenesulfone (PPS), are used, reinforced with short glass or carbon fibres so that they can be processed in an injection molding machine.[14]

COMPOSITES USED INSIDE THE HUMAN BODY
LUC LABEY

THE COMPOSITE STRUCTURE OF BONES The human body and that of (other vertebrate) animals is not a homogeneous structure. It is composed of various types of tissue. If we explore the human body from outside inwards, we have the skin, fat, muscles and finally the bone structure, limiting ourselves to the main types of tissue in the human body.

It is less commonly known that these tissues are not homogeneous either. Nature itself makes frequent use of composites to give each tissue its unique combination of properties. The combination of properties that makes bones so unique is the fact that they are fairly light and elastic (flexible) but also strong. They even maintain strength when tiny fissures have appeared (a property engineers refer to as 'fracture toughness'). It is virtually impossible to achieve this combination with one single homogeneous material. Typical metals, for example, are also strong and have a good resistance to damage, but are in general much stiffer (and consequently less elastic) and definitely a lot heavier. Plastics are light but too compliant and usually less strong and less resistant to cracking. Finally, ceramics are very strong but also very stiff and have no fracture toughness at all.

To bring about all these properties contained in our bones, nature combines essentially two materials.

The bones owe their elasticity principally to an organic material. It is produced by living bone cells and it is found in our bones as tiny fibres clumping together, forming fibre strands. This element is called collagen. The mechanical properties of this network of fibre strands is comparable to the typical properties of rubber-like plastics.

Collagen fibres have a particular undulated structure because their diameter is not constant. This creates microscopically small cavities between the fibre strands, which are filled with minuscule granules of a calcium phosphate-based mineral. The chemical denomination for that mineral is hydroxyapatite and it has mechanical properties that are typical for ceramics. The maxim 'the more milk you drink, the stronger your bones' is not correct (quite the contrary) although it does contain an element of truth. It is based on the fact that the strength and stiffness of our bones are due to that particular component. We get the calcium in hydroxyapatite from our diet (including, though not exclusively, from dairy products).

Compared to most man-made composites, nature reverses the roles. Usually the matrix in the composite is responsible for the flexibility and fracture toughness of the material and the reinforcing fibres ensure its strength and stiffness. The reverse applies to bones: the collagen fibres provide flexibility and fracture toughness and the mineral-based matrix provides strength and stiffness.

Furthermore, the structure of bones is such that the two components stand on their own, forming a completely

dat deze ligfiets slechts 12 kg weegt, nauwelijks minder dan een koolstofvezelcomposiet ligfiets, en dit ondanks het feit dat koolstofvezels vijf keer stijver en drie keer sterker zijn dan vlasvezels.

Composietmaterialen kunnen ook voor andere medische toepassingen gebruikt worden, zoals voor chirurgisch materiaal en implantaten. Voor chirurgisch materiaal worden metalen vervangen door composieten om het gewicht te reduceren en dus vermoeiing bij het medische personeel tijdens langdurige en precieze chirurgische ingrepen te vermijden. Een bijzondere vereiste is echter dat het composiet moet weerstaan aan de hoge temperatuur, hoge relatieve vochtigheid en/of gammastralen tijdens sterilisatie. Daarom worden alleen hoge temperatuur thermoplasten, zoals polyarylamide (PARA), polyamide-imide (PAI) en polyphenyleensulfoon (PPS) gebruikt, versterkt met korte glas- of koolstofvezels en dus verwerkbaar in een spuitgietproces.[15]

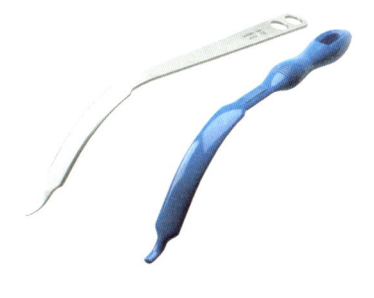
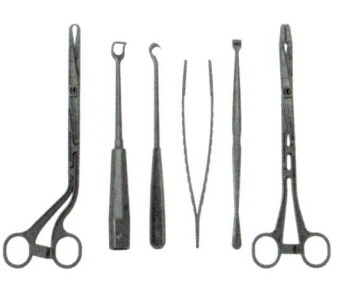

Thermoplastic composite medical instruments (2018) © Solvay

COMPOSIETEN VOOR GEBRUIK IN HET LICHAAM
LUC LABEY

DE COMPOSIETSTRUCTUUR VAN BEENDEREN Het lichaam van mensen en (andere gewervelde) dieren is geen homogene structuur, maar bestaat uit verschillende types weefsel. Als we even ons lichaam verkennen van buiten naar binnen, dan ontmoeten we achtereenvolgens huid, vet, spieren en ten slotte beenderen, om ons tot enkele belangrijke weefseltypes te beperken.

Veel minder bekend is dat die weefsels zelf ook niet homogeen zijn. Ook de natuur maakt namelijk volop gebruik van composieten om elk weefsel zijn unieke combinatie van eigenschappen te geven. De combinatie van eigenschappen die beenderen zo uniek maakt, is het feit dat zij vrij licht zijn en tegelijkertijd elastisch (buigzaam) en behoorlijk sterk. Bovendien bewaren zij hun sterkte zelfs als er zich kleine scheurtjes voordoen (een eigenschap die ingenieurs 'breuktaaiheid' noemen). Het is quasi onmogelijk om die combinatie te realiseren met één enkel, homogeen materiaal. Typische metalen zijn bijvoorbeeld ook sterk en goed bestand tegen schade, maar over het algemeen veel stijver (dus weinig elastisch) en zeker veel zwaarder. Plastics zijn licht, maar zijn te elastisch en meestal minder sterk en minder goed bestand tegen scheurtjes. Keramieken, ten slotte, zijn zeer sterk maar ook heel stijf en helemaal niet breuktaai.

Om al die eigenschappen van onze beenderen mogelijk te maken, combineert de natuur hoofdzakelijk twee materialen.

De elasticiteit van beenderen is vooral te danken aan een organisch materiaal. Het wordt door de le-vende cellen van beenderen gemaakt en komt in onze botten voor in de vorm van kleine vezeltjes die samenklitten tot vezelbundels. Dat bestanddeel heet collageen. De mechanische eigenschappen van het netwerk van vezelbundels is vergelijkbaar met typische eigenschappen van rubberachtige plastics.

De collageenvezels vertonen een zekere golving omdat hun diameter niet constant is. Hierdoor ontstaan tussen de vezelbundels microscopisch kleine holtes die opgevuld worden door kleine korreltjes van een mineraal, gebaseerd op calciumfosfaat. De chemische naam voor dat mineraal is hydroxylapatiet en het heeft mechanische eigenschappen die typisch zijn voor een keramiek. Het adagium dat je door veel melk te drinken sterke beenderen krijgt, is weliswaar niet correct (integendeel zelfs), maar het bevat toch een grond van waarheid. Het is immers gebaseerd op het feit dat de sterkte en stijfheid van onze botten vooral te danken zijn aan dat bestanddeel. Het calcium in hydroxylapatiet halen we namelijk uit onze voeding (onder andere, maar zeker niet alleen, uit melkproducten).

In vergelijking met de meeste door mensen gemaakte composieten draait de natuur de rollen dus om. Meestal staat de matrix van het composiet in voor de soepelheid en breuktaaiheid van het materiaal en

coherent structure. This is usually not the case with man-made composites, which is easily illustrated by performing two simple experiments. When we treat a bone with an acid, the hydroxyapatite will dissolve. After a certain length of time, this process results in a structure that still has the same shape of the original bone, but has lost all of its stiffness. You could tie a knot in it, so to speak. All that remains are the collagen fibres. Conversely, you can remove the organic component of the bone (by burning it), without touching the mineral component. Again, the resulting structure will have the same shape of the original bone, but it has become extremely fragile. Subjected to a sufficient impact force, the bone will splinter without flexing first. The fracture toughness is completely gone as a result of this process.

COMPOSITES USED INSIDE THE HUMAN BODY   Although bones have an ingenious structure, they are, of course, not unbreakable. External effects such as overburdening, metabolic disorders (causing osteoporosis) or conditions such as cancer may be the root cause of a bone fracture. In such circumstances a surgeon sometimes has to use implants to allow the fracture to heal adequately or to replace a missing piece of bone. It goes without saying that the mechanical properties of these implants must meet the highest performance standards.

First of all, implants must be at least as strong and fracture-tough and preferably as light as bones for the sake of the patient's safety and comfort. Secondly, the stiffness of the implant should preferably be similar to the stiffness of the actual bone. This way, the forces exerted on the bones can be optimally distributed between the implant on the one hand and the (healing) bone on the other hand. If the implant is too stiff, it will have a tendency to absorb most of the forces whereas the bone is insufficiently submitted to stress. Astronauts can tell you what happens next: the bone tissue will waste away. For, what our body no longer needs, it will break down. Everyone knows that this happens to muscle tissue, but it also applies to bone tissue. On the other hand, the implant cannot be too compliant because in that case the bone will have to absorb too many of the exerted forces, which will hinder the healing process.

The unique combination of properties contained in bone tissue can only be achieved through its composite structure. It should be clear by now that implants used for repairing or replacing bone tissue will be more effective if they have a composite structure too.

REGENOSS   Bones have an amazing self-healing capacity. Even complex fractures can heal within a few months in healthy persons. Nevertheless, there are limits to the self-healing ability of bones. With patients who are missing a bone completely (after the removal of a tumor, for example), the bone tissue will never regenerate spontaneously. In those cases, nature needs a helping hand.

A fairly recent technique that can be applied by surgeons is the use of a composite material to replace the missing piece of bone. This material consists of the same two components found in bone tissue: a porous tissue made of collagen fibres impregnated with hydroxyapatite granules. The surgeon can cut a piece of this material to the right size and apply it to the right place. The patient's bone cells will then migrate towards this material and, in the course of time (six to twelve months according to the producer of this material), the material will be substituted by real, new bone tissue.

As this material is much more elastic than real bone tissue (due to its higher degree of porosity), it is not suitable for absorbing forces straight away. Hence, if this material is used to repair a bone fracture it must be combined with traditional techniques to support the fractured bone temporarily (fixation plates and fixation nails, for example).

FIXATION PLATE CARBOFIX   Fixation plates and fixation nails are typically made of metal, for example titanium alloys. These plates and nails provide the required strength and stiffness until the fracture has healed completely. Besides, titanium is a metal that is well accepted by the human body; in other words it is highly biocompatible. The downside of using these types of alloys is that they are much too stiff (five times as stiff as the human bone).

Using composite materials could be a solution. Until recently, however, working with composites presented a problem in this context. Surgeons have to be able to attach the fixation plate to the bone. They do so by means of a number of screws. Therefore, a typical fixation plate has a number of holes to fit the screws. Drilling holes in composite materials reinforced with long carbon fibres would cut the fibres and would result in a local weakening of the fixation plate. A company called CarboFix has found a solution to this problem and now there is a fixation plate for fracture healing that is composed of a matrix made of PEEK (polyetheretherketone) reinforced with long carbon fibres

These fixation plates have a stiffness similar to that of bone and have a biocompatibility comparable to or even better than titanium alloys. An added advantage is that the fixation plate is transparent for X-rays. It cannot be seen on the X-ray images monitoring the healing of the fractured bone and thus provides the surgeon with a much better indication of the healing process.

de verstevigende vezels voor de sterkte en stijfheid. Bij beenderen is het precies andersom: de collageenvezels zijn verantwoordelijk voor de soepelheid en breuktaaiheid en de mineraal gebaseerde matrix voor de sterkte en stijfheid.

Bovendien is de structuur van beenderen zodanig dat de twee onderdelen op zichzelf een volledig samenhangend geheel vormen. Dat is meestal ook niet het geval bij composietmaterialen die door de mens gemaakt worden. Twee eenvoudige experimentjes kunnen dat gemakkelijk illustreren. Indien we een bot behandelen met een zuur, dan zal het hydroxylapatiet oplossen. Na verloop van tijd ontstaat dan een structuur die weliswaar nog steeds de vorm van het oorspronkelijke bot heeft, maar die al zijn stijfheid verloren is. Je kan er bij wijze van spreken een knoop in leggen. Alleen de collageenvezels zijn dan immers nog overgebleven. Omgekeerd kan je het organische deel van het bot verwijderen (door het weg te branden), zonder het mineraal deel aan te tasten. Opnieuw ontstaat er een structuur die nog steeds de vorm van het oorspronkelijke bot heeft, maar die nu zeer breekbaar is geworden. Bij een voldoende grote impact zal het bot versplinteren zonder eerst mee te geven. Door deze behandeling is alle breuktaaiheid verdwenen.

COMPOSIETEN VOOR GEBRUIK IN HET LICHAAM
Ondanks de vernuftige opbouw van beenderen, zijn ze natuurlijk niet onbreekbaar. Externe invloeden, zoals overbelasting, fouten in de stofwisseling (waardoor bot ontkalkt) of aandoeningen zoals kanker kunnen bijvoorbeeld de oorzaak zijn van een breuk. In die omstandigheden moet een chirurg soms een beroep doen op implantaten om de breuk te helpen herstellen of een stuk ontbrekend bot te vervangen. Het spreekt voor zich dat men aan de mechanische eigenschappen van die implantaten hoge eisen stelt.

Implantaten moeten om te beginnen immers minstens even sterk en breuktaai zijn en liefst even licht als beenderen omwille van de veiligheid en het comfort van de patiënt. Bovendien moet de stijfheid van een implantaat bij voorkeur vergelijkbaar zijn met de stijfheid van bot. Op die manier kunnen de krachten die op beenderen inwerken optimaal verdeeld worden tussen het implantaat enerzijds en het (herstellend) bot anderzijds. Een al te stijf implantaat heeft de neiging om een te groot deel van de kracht op te vangen waardoor het bot te weinig belasting ondervindt. Wat er dan gebeurt, kunnen astronauten je vertellen: het bot verdwijnt. Wat ons lichaam immers niet nodig heeft, breekt het weer af. Iedereen weet dat dit geldt voor spieren, maar het is net zo waar voor beenderen. Omgekeerd mag het implantaat natuurlijk niet te elastisch zijn omdat het herstellende bot dan een te groot deel van de krachten zal moeten opvangen wat het helingsproces belemmert.

De unieke combinatie van eigenschappen van botweefsel kan enkel ontstaan dankzij zijn composietstructuur. Het zal inmiddels dan ook duidelijk zijn dat implantaten om botweefsel te herstellen of te vervangen beter zullen werken als ze zelf ook een composietstructuur bezitten.

REGENOSS
Beenderen bezitten een fantastische capaciteit om zelf te herstellen. Zelfs gecompliceerde breuken kunnen bij gezonde mensen vaak volledig genezen op enkele maanden tijd. Niettemin zijn er ook grenzen aan dat zelfhelende vermogen van bot. Bij patiënten die een volledig stuk bot missen (bijvoorbeeld na het verwijderen van een tumor), zal het weefsel niet meer spontaan terug groeien. In dat geval moet men de natuur een handje toesteken.

Een vrij recente techniek die chirurgen hierbij kunnen toepassen is het gebruik van een composietmateriaal om het ontbrekende stuk bot te vervangen. Het materiaal bestaat uit dezelfde twee componenten die ook in beenderen voorkomen: een poreus weefsel van collageenvezels, geïmpregneerd met hydroxylapatiet korrels. De chirurg kan een lapje van het materiaal in de juiste grootte en vorm knippen en aanbrengen op de juiste plaats. Daarna zullen de cellen van de patiënt naar het materiaal migreren en het na verloop van tijd (zes tot twaalf maanden volgens de producent) vervangen door echt, nieuw botweefsel.

Omdat het materiaal veel elastischer is dan echt botweefsel (ten gevolge van de grotere porositeit), is het niet geschikt om meteen krachten op te vangen. Als het dus gebruikt wordt om een breuk te laten herstellen moet het gecombineerd worden met klassieke technieken die het gebroken bot tijdelijk ondersteunen (zoals bijvoorbeeld fixatieplaten en fixatienagels).

FIXATIEPLAAT CARBOFIX
Fixatieplaten en fixatienagels zijn over het algemeen gemaakt uit metaal, bijvoorbeeld legeringen van titaan. Dergelijke platen en nagels leveren het gebroken bot de noodzakelijke sterkte en stijfheid tot de breuk geheeld is. Bovendien is titaan een metaal dat het lichaam zeer goed verdraagt; het is met andere woorden bijzonder biocompatibel. Het nadeel van die legeringen is dat zij nog veel té stijf zijn (meer dan vijf maal stijver dan ons eigen bot).

Het gebruik van composietmaterialen zou hiervoor een oplossing kunnen bieden. Tot voor kort stelde zich hiermee echter een probleem. Chirurgen moeten de fixatieplaat immers aan het bot kunnen vastmaken en doen dat met behulp van een reeks schroeven. Een typische fixatieplaat bevat daarom een reeks gaten waar de schroeven doorheen moeten. Bij composieten die verstevigd worden met lange vezels uit koolstof zou elk gat dus leiden tot een onderbreking van de vezels en een plaatselijke verzwakking van de fixatieplaat. Voor dat probleem heeft het bedrijf CarboFix echter een oplossing gevonden en sindsdien is er een fixatieplaat voor breukheling beschikbaar die bestaat uit een matrix uit PEEK (polyetheretherketon) verstevigd met lange koolstofvezels.

Die fixatieplaten hebben een stijfheid die vergelijkbaar is met die van bot en zijn ook wat hun biocompatibiliteit betreft vergelijkbaar of zelfs beter dan titaanlegeringen. Een bijkomend voordeel is dat de plaat doorzichtig is voor röntgenstraling. Ze is dus niet zichtbaar op de beelden die gebruikt worden om de heling van de breuk te kunnen opvolgen, waardoor de chirurg een veel beter zicht heeft op het helingsproces.

93

1   On a return flight London–New York, 1 kilogram of weight reduction yields a CO_2 reduction of 2.5 kilos (source: presentation R. Hillaert, Samsonite, at a Leuven Inc. symposium, November 2011).

2   Ian M. Ward and Peter J. Hine, 'Novel composites by hot compaction of fibres', in *Polymer Engineering and Science*, 37, 1997, pp. 1809-1814.

3   During a process of pultrusion glass fibres are first pulled through a resin bath and then through a mould at elevated temperature. When the material leaves the mould, the resin (usually polyester or epoxy) has set and the product has taken its final shape. Usually, an aluminum 5000 alloy is extruded for the production of aluminum tent poles; aluminum is about four times stiffer than the glass fibre composites used for vaulting poles.

4   Typical for elastic deflection is that all the energy accumulated in the material during the deflection is recovered when the strain is removed. This elastic energy is sufficient to lift the athlete's body. The faster the athlete's approach, the more kinetic energy he or she possesses and the more the pole can be bent.

5   www.lineo.eu/download/Business%20Case%20-%20Tennis%20racket.pdf

6   www.compositesworld.com/news/museeuw-bikes-introduces-flax-reinforced-bicycle; an assessment of the damping behavior of this bicycle can be found in Amit Gosh et al., 'Effect of flax fibre reinforcement on the riding comfort of composite racing bicycle frames', in *Proceedings 8th ISEA International Conference*, 2, 2010, p. 3435.

7   bcomp.ch/en/products/winter-sports

8   grownskis.com/eco-ski/

9   www.easygoinc.com/info/#werkstoffe

10   www.bauer.com/en-US/hockey-pads-protection/

11   A prosthesis is an artificial substitute for a body part whereas an orthesis is a rehabilitative device to correct abnormal postures or movements.

12   Ginger Gardiner, 'Composites in exoskeletons', in *CompositesWorld*, 4 August 2016, www.compositesworld.com/blog/post/composites-in-exoskeletons: 'Lower body exoskeletons used as rehabilitation tools or to improve quality of life are the current market leaders, but commercial systems that augment human capabilities will show the strongest growth moving forward. The latter's goal is to reduce injuries and improve productivity for worker tasks including heavy lifting, extended standing, squatting, bending or walking. Applications range from construction and agriculture, to transportation and healthcare (e.g. nurses lifting patients). Demand for these wearable robots is predicted to be on par with industrial robots now used widely in manufacturing.'

13   www.biomobile.ch/projets-biobike.php ; the Biobike was designed and built at HEPIA, the Haute Ecole du Paysage, d'Ingénierie et d'Architecture de Genève (Switzerland), under supervision of Michel Perraudin.

14   www.solvay.jp/ja/binaries/Ixef-PARA-for-Single-Use-Instruments_EN-227832.pdf

1   Op een retourvlucht Londen–New York leidt 1 kg gewichtsvermindering tot een reductie van 2,5 kg CO_2 (bron: presentatie R. Hillaert, Samsonite, tijdens symposium Leuven Inc., november 2011).

2   Ian M. Ward en Peter J. Hine, 'Novel composites by hot compaction of fibres', in *Polymer Engineering and Science*, 37, 1997, pp. 1809-1814.

3   Bij pultrusie worden de glasvezels door een harsbad getrokken en daarna door een mal op verhoogde temperatuur. Wanneer het materiaal de mal verlaat, is het hars (meestal polyester of epoxy) uitgehard, en heeft het product zijn finale vorm bereikt. Voor aluminiumtentstokken wordt meestal een aluminium 5000-legering geëxtrudeerd; aluminium is zowat vier maal stijver dan de glasvezelcomposieten gebruikt in polsstokken.

4   Het eigene van een elastische vervorming is dat alle energie, die in het materiaal opgestapeld wordt tijdens de vervorming, teruggegeven wordt tijdens het verdwijnen van die vervorming. Met die elastische energie kan het lichaam van de atleet opgetild worden. Hoe sneller de aanloop van de atleet, des te meer kinetische energie hij of zij heeft, en dus des te meer de polsstok kan vervormd worden.

5   www.lineo.eu/download/Business%20Case%20-%20Tennis%20racket.pdf

6   www.compositesworld.com/news/museeuw-bikes-introduces-flax-reinforced-bicycle; een evaluatie van het dempingsgedrag van deze fiets kan gevonden worden in Amit Gosh et al., 'Effect of flax fibre reinforcement on the riding comfort of composite racing bicycle frames', in *Proceedings 8th ISEA International Conference*, 2, 2010, p. 3435.

7   bcomp.ch/en/products/winter-sports

8   grownskis.com/eco-ski/

9   www.easygoinc.com/info/#werkstoffe

10 www.bauer.com/en-US/hockey-pads-protection/

11 Een prothese is een kunstmatige vervanging van een lichaamsdeel, terwijl een orthese een hulpmiddel is om afwijkende houdingen of bewegingen te corrigeren.

12 Ginger Gardiner, 'Composites in exoskeletons', in *CompositesWorld*, 4 augustus 2016, www.compositesworld.com/blog/post/composites-in-exoskeletons: 'Lower body exoskeletons used as rehabilitation tools or to improve quality of life are the current market leaders, but commercial systems that augment human capabilities will show the strongest growth moving forward. The latter's goal is to reduce injuries and improve productivity for worker tasks including heavy lifting, extended standing, squatting, bending or walking. Applications range from construction and agriculture, to transportation and healthcare (e.g. nurses lifting patients). Demand for these wearable robots is predicted to be on par with industrial robots now used widely in manufacturing.'

13 www.uchida-k.co.jp/en/news/

14 www.biomobile.ch/projets-biobike.php; de Biobike is ontworpen en gebouwd aan HEPIA, de Haute Ecole du Paysage, d'Ingénierie et d'Architecture de Genève (Zwitserland), onder leiding van Michel Perraudin.

15 www.solvay.jp/ja/binaries/Ixef-PARA-for-Single-Use-Instruments_EN-227832.pdf

AL_A, Pitch/Pitch
(2016) © AL_A

ARCHITECTUUR EN STAD: ONTWERPEN MET COMPOSIETMATERIALEN

Lut Pil

Composietmaterialen worden steeds meer in architectuur aangewend, zowel in nieuwbouw als in de versterking, aanpassing en uitrusting van bestaande gebouwen. Het kan gaan om opvallende constructies en visuele statements, waarin de kwaliteiten van composietmaterialen maximaal worden benut, maar evengoed worden de materialen gebruikt in discrete bouwsels, tijdelijke architectuur of aan het oog onttrokken funderingen. De technologische ontwikkelingen inspireren het architecturale denken en verbreden zo ook het domein van de materiaaltechnische toepassingen. Wetenschap en design zoeken elkaar bewust op. Veelal gebeurt dit vanuit een vanzelfsprekendheid die historisch is gegroeid. De samenwerking kan ook vanuit een noodzaak ontstaan, omdat ongewone projecten nieuwe problemen met zich meebrengen. Daarnaast is er een opvallende experimentele nieuwsgierigheid naar de ontwikkeling van alternatieve composietmaterialen die biodegradeerbaar zijn.

De multi- of interdisciplinaire samenwerking creëert denkpistes, modellen en concrete realisaties die inspelen op belangrijke aspecten van de hedendaagse architectuur en stad: flexibele architectuur die tegemoetkomt aan fundamentele behoeften van stedelijk wonen en leven zonder monumentaal op de open ruimte te wegen, mobiele wooncellen die een meer nomadische levensstijl mogelijk maken, gebouwen die aansluiting zoeken met de culturele context van hun omgeving, architectuur die gedacht is vanuit multifunctionaliteit en zonder grote meerkost vormverscheidenheid toelaat. 3D-printen of 3D-wikkelen van architecturale constructies krijgt daarbij een eigen plaats en wordt dichter bij de gebruiker gebracht. Er wordt ook geprobeerd om de hele levenscyclus van bouwen en wonen duurzamer te maken, in het perspectief van een circulaire economie die haar verantwoordelijkheid opneemt voor het milieu. Dit uit zich bijvoorbeeld in projecten waarin geëxperimenteerd wordt met nieuwe biocomposieten als bouwmateriaal.

In wat volgt worden een aantal recentelijk gerealiseerde voorbeelden besproken die deze aspecten belichten.

VERPLAATSBARE ARCHITECTUUR   Het modulaire systeem *Pitch/Pitch* (2016), een project in ontwikkeling ontworpen door het Londense architectenbureau AL_A dat is opgericht door Amanda Levete, is als concept een tijdelijke constructie die tegemoetkomt aan noden van de hedendaagse stad. In dit concept kan de structuur uit koolstofvezelversterkte composie-

ARCHITECTURE AND THE CITY: DESIGNING WITH COMPOSITE MATERIALS

Lut Pil

Composite materials are increasingly seeing use in architecture, both in new constructions and in the strengthening, modification, and outfitting of existing buildings. This may involve striking constructions and visual statements, in which the qualities of composite materials are optimally utilized. However, the materials are also used in discrete constructions, temporary architecture, or foundations hidden from sight. Technological developments inspire architectural thought, and thus broaden the scope of application of technical materials. Science and design deliberately seek out one another. This often arises from an obviousness that has grown historically. The collaboration may also arise from necessity, when unusual projects generate new problems. In addition, there is a striking experimental curiosity regarding the development of alternative composite materials that are biodegradable.

The multidisciplinary or interdisciplinary collaboration creates thought processes, models, and concrete realizations that address the key aspects of contemporary architecture and cities: flexible architecture that meets basic needs regarding urban housing and living without monumentally affecting open space, mobile living cells that enable a more nomadic lifestyle, buildings seeking to be connected with the cultural context of their environment, architecture focusing on multifunctionality, production processes that leave room for diversity of form without major added costs. 3D printing or 3D winding of architectural constructions hereby is one of the new issues, and is brought nearer to the user. Attempts are also made to render the entire lifecycle of building and living more sustainable, from the perspective of a circular economy that assumes its responsibility for the environment. This is expressed, for instance, in projects involving experimentation with new biocomposites as building materials.

Below follows a discussion of a number of recently realized examples that highlight these aspects.

MOVABLE ARCHITECTURE   The modular system *Pitch/Pitch* (2016), a project under development designed by London architectural firm AL_A which was founded by Amanda Levete, is conceptually a temporary construction that meets the needs of today's cities. According to this concept, the structure made out of carbon fibre reinforced composites can carry three stacked football pitches. The light and robust structure is easily installed, for instance in urban plots that are in temporary disuse or during sporting events where

AL_L, MPavilion
2015 (2015)
© Richard Powers

ten tot drie op elkaar gestapelde voetbalvelden dragen. De lichte en sterke structuur is vlot te installeren, bijvoorbeeld op stadspercelen die tijdelijk in onbruik zijn of tijdens sportevenementen waar men extra speelvelden nodig heeft. In dichtbebouwde stadsdelen kan met dit concept voor een bepaalde duur (sport)infrastructuur worden aangeboden waar dit in de gebruikelijke omstandigheden onmogelijk is. De structuur biedt niet alleen ruimte voor actieve deelnemers, ook voor toeschouwers is er een betekenisvolle plaats. Want *Pitch/Pitch* 'encourages the theatre of the game, with spectators and would-be players drawn in as *Pitch/Pitch* animates the cityscape. *Pitch/Pitch* allows the game to retain an urban flavour.'[1] De activiteiten die op de velden plaatsvinden, kunnen bovendien bijdragen tot een lokaal gemeenschapsgevoel.

In 2015 heeft AL_A reeds met composietmateriaal gewerkt voor *MPavilion 2015*. Het tijdelijke paviljoen was een opdracht van de Australische Naomi Milgrom Foundation die projecten steunt die bijdragen aan de vormgeving van een leefbare, creatieve en rechtvaardige stad.[2] Technologie vervult daarin een specifieke rol. Dit klinkt door in de keuze voor het architectenbureau van Amanda Levete. Zo verduidelijkt Naomi Milgrom: 'I have watched her practice grow and take on ever more ambitious projects that explore new materials, new techniques and new ways to approach architecture. I share her desire to ignite cultural impact and urban renewal through architecture.'[3] Composietmaterialen zijn voor AL-A daarbij een van de mogelijkheden.[4]

MPavilion 2015 is een experiment dat de stadsbewoners van Melbourne een ontmoetingsplek aanbiedt waar de overgang tussen landschap en architectuur vaag wordt gehouden. Het paviljoen bestaat uit een reeks elegante zuilen uit koolstolvezelcomposiet die de 'stammen' vormen voor ultradunne 'bladeren' uit doorschijnend glasvezelcomposiet waarin ter versterking koolstofvezel is verwerkt. De opvallende lijnen die zo in de overkapping ontstaan, herhalen zich in de schaduw op de grond. Opgesteld in de Queen Victoria

101

AL_L, MPavilion 2015 (2015)
© Timothy Burgess

additional playing fields are required. In densely built-up parts of the city, this concept can offer (sports) infrastructure for a limited time while this is impossible under the usual conditions. The structure not only offers space for active participants, but also meaningful room for spectators. Because *Pitch/Pitch* 'encourages the theatre of the game, with spectators and would-be players drawn in as *Pitch/Pitch* animates the cityscape. *Pitch/Pitch* allows the game to retain an urban flavor.'[1] Moreover, the activities that take place on the pitches can contribute to a local sense of community.

AL_A has already worked with composite materials in the year 2015 for *MPavilion 2015*. The temporary pavilion was an assignment issued by the Australian Naomi Milgrom Foundation which backs projects that contribute to the shaping of a livable, creative, and fair city.[2] Technology has a specific role to play in this regard. This comes to the fore in the selection of Amanda Levete's architectural firm. Naomi Milgrom clarifies: 'I have watched her practice grow and take on ever more ambitious projects that explore new materials, new techniques and new ways to approach architecture. I share her desire to ignite cultural impact and urban renewal through architecture.'[3] To AL_A, composite materials are one of the possibilities to realize this.[4]

MPavilion 2015 is an experiment that offers the urban residents of Melbourne a meeting place where the line between landscape and architecture is kept vague. The pavilion consists of a series of elegant columns made out of carbon fibre composite that form the 'trunks' to the ultra-thin 'leaves' out of translucent glass fibre composite, additionally reinforced with carbon fibres. The striking lines this creates in the canopy are echoed in the shadows cast on the ground. Set up in Melbourne's Queen Victoria Gardens, the pavilion interacts with the landscape that surrounds it. Great focus is hereby placed on the poetic qualities of the material. '*MPavilion 2015* is designed to create the sensation of a forest canopy made up of seemingly fragile, translucent petals supported by impossibly slender columns that sway gently in

Gardens van de stad Melbourne gaat het paviljoen in interactie met de landschappelijke omgeving. Daarbij is er ook veel aandacht voor de poëtische kwaliteiten van het materiaal. 'MPavilion 2015 is designed to create the sensation of a forest canopy made up of seemingly fragile, translucent petals supported by impossibly slender colums that sway gently in the breeze. Under the canopy, the light is dappled and dreamy.'[5] Het paviljoen staat nu permanent opgesteld in Melbourne's Docklands.

In 2011 ontwerp het in Tokyo gevestigde Atelier Bow-Wow in New York reeds een pop-upruimte uit koolstofvezelversterkt composietmateriaal. Het mobiele *BMW Guggenheim Lab* was opgevat als een 'traveling toolbox' boven een open ruimte. Het composietmateriaal laat toe de dragende structuur tot een minimum te herleiden, waardoor de constructie ogenschijnlijk zweeft en de ruimte eronder beschikbaar blijft voor allerhande activiteiten. Het paviljoen nestelde zich in New York op een leegstaand perceel tussen twee woonblokken. Nadien verhuisde het naar Berlijn. Telkens was de constructie een open – ook in de betekenis van gastvrije, transparante en flexibele – ontvangstruimte voor activiteiten die tot doel hadden nieuwe ideeën over stedelijk wonen en leven te ontwikkelen.[6]

Atelier Bow-Wow, BMW Guggenheim Lab, New York City (2011) Site before construction. Photo: Kristopher McKay © 2011 Solomon R. Guggenheim Foundation

left Atelier Bow-Wow, BMW Guggenheim Lab, New York City (2011) Exterior view from East First Street. Photo: Paul Warchol © 2011 Solomon R. Guggenheim Foundation

Het conceptuele onderzoeksvoorstel van Höweler + Yoon Architecture (Boston) & Squared Design Lab (Los Angeles) om op leegstaande percelen of aan bestaande architectuur tijdelijk *Eco-Pods* (2009) te installeren, is een speculatieve invulling van hoe dit wonen en leven kan worden opgevat. In het project worden geprefabriceerde modules door grote robotarmen zodanig geplaatst en verplaatst dat ze optimale licht- en groeicondities bieden voor micro-algen. De micro-algen zorgen op hun beurt voor biobrandstof. Het ontwerp gaat uit van ruimtelijke modules geproduceerd uit een sterk en lichtgewicht materiaal, zoals dit mogelijk is met glasvezelcomposieten. Het materiaalgewicht moet minimaal zijn omdat de modules voortdurend in beweging zijn, zowel op de site als tijdens hun verplaatsing naar nieuwe locaties. Die mobiliteit en flexibiliteit zijn essentieel in het concept van de *Eco-Pods*.[7]

the breeze. Under the canopy, the light is dappled and dreamy.'⁵ The pavilion has now found a permanent home in Melbourne's Docklands.

In 2011, Tokyo-based Atelier Bow-Wow designed a pop-up space out of carbon fibre reinforced composite materials in New York. The mobile *BMW Guggenheim Lab* was conceived as a 'traveling toolbox' above an open space. The composite material allows for the supporting structure to be reduced to a minimum, causing the construction to appear to float, and the space beneath it to remain available for all manner of activities. The pavilion is nestled in between two residential blocks on an empty New York plot. It then moved to Berlin. Each time the construction was an open – also in terms of hospitable, transparent, and flexible – reception area for activities that aimed to develop new ideas on urban housing and living.⁶

The conceptual research proposal from Höweler + Yoon Architecture (Boston) & Squared Design Lab (Los Angeles) to install temporary *Eco-Pods* (2009) in empty plots or attached to pre-existing architecture, is a speculative interpretation of how this housing and living can be viewed. The project involves placing and moving prefabricated modules using large robotic arms in such a way that they generate optimal light and growing conditions for microalgae. The microalgae in turn generate biofuel. The design utilized spatial modules produced out of a strong and lightweight material, made possible for instance by glass fibre composites. The material weight must be minimal as the modules are in constant motion, both on the site and while being moved to new locations. This mobility and flexibility are essential to the concept of the *Eco-Pods*.⁷

Höweler + Yoon Architecture & Squared Design Lab, Eco-Pods (2009) © Höweler + Yoon Architecture & Squared Design Lab

Designs that use composite materials can serve as a reminder of the basic components that make up architecture. Bjarke Ingels Group (BIG), founded by Danish architect Bjarke Ingels, took this to heart with the concept for the *Serpentine Gallery Pavilion* from 2016. The pavilion is built out of 1802 box-shaped elements made out of glass fibre composite materials that are stacked in a pattern based on algorithmic calculations, and attached to one another using aluminum profiles. The design is supported by a clear program that experiments with the concept of the wall utilizing current design principles and materials. 'Unzipping' the wall turns it into an architectural space. The composite material creates a complex and poetic construction. The architectural firm describes the structure as 'free-form yet rigorous, modular yet sculptural, both transparent and opaque, both box and blob.'⁸ The stacked blocks fragment the incoming light; light that is also filtered due to

Bjarke Ingels Group, Serpentine Gallery Pavilion (2016)
Photo: Iwan Baan

Ontwerpen met composietmateriaal kan ingezet worden om architectuur in haar basiscomponenten te herdenken. Bjarke Ingels Group (BIG), opgericht door de Deense architect Bjarke Ingels, deed dit onlangs met het concept voor de *Serpentine Gallery Pavilion* van 2016. Het paviljoen is opgebouwd uit 1802 doosvormige elementen uit glasvezelcomposiet die op basis van algoritmische berekeningen in een bepaald patroon op elkaar zijn gestapeld en met aluminium profielen aan elkaar zijn bevestigd. Het ontwerp steunt op een duidelijk programma dat vanuit actuele ontwerpprincipes en materialen experimenteert met het fundamentele gegeven van de muur. Door het 'openritsen' wordt de muur een architecturale ruimte. Het composietmateriaal creëert een complexe en poëtische constructie. Het architectenbureau omschrijft de structuur als 'free-form yet rigorous, modular yet sculptural, both transparent and opaque, both box and blob.'[8] De gestapelde blokken fragmenteren de lichtinval, licht dat ook door de translucentie van het glasvezelcomposietmateriaal wordt gefilterd. Archilogic, een web gebaseerd 3D-platform voor architectuur en interieur, maakte een interactieve, 3D-weergave van het paviljoen die iedereen toelaat om online zelf te spelen met deze architectuur. Door het wijzigen van parameters, zoals de grootte of de richting van de bouwblokken, ontstaan nieuwe digitale versies van het paviljoen.[9] De reëel gebouwde *Serpentine Gallery Pavilion* was zelf een tijdelijke constructie, bedoeld om na gebruik ontmanteld en hergebruikt te worden. Het lichtgewicht van de bouwblokken maakt het transport naar een nieuwe locatie gemakkelijk en leidt eventueel tot een meer nomadische architectuur.[10]

MOBIELE COCONS   Architecten en designers lanceren ook voorstellen voor kleine wooncellen, mobiele cocons in glasvezel- of koolstofvezelcomposiet. De prototypes illustreren visies op een toekomstige levensstijl en zetten een traditie verder waarin het composietmateriaal wordt ingezet voor ontwerpen met een futuristisch karakter.

the translucency of the glass fibre composite material. Archilogic, a web-based 3D platform for architecture and interior design, created an interactive 3D representation of the pavilion that allows anyone to play with the architecture online. Changing parameters such as the size or direction of the building blocks creates new digital versions of the pavilion.[9] The actually built *Serpentine Gallery Pavilion* was itself a temporary construction, intended to be dismantled and re-used after use. The light weight of the building blocks simplifies transportation to a new location, and may lead to a more nomadic architecture.[10]

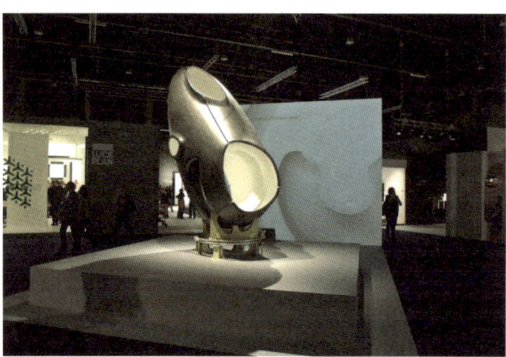

Greg Lynn, RV (Room Vehicle) House Prototype (2012)

MOBILE COCOONS   Architects and designers also launch proposals for small living cells, mobile cocoons out of glass fibre or carbon fibre composite materials. The prototypes reflect visions of a future lifestyle and continue a tradition according to which the glass fibre or carbon fibre composite materials are utilized in futuristic designs.

At the 2012 Biennale Interieur in Kortrijk, *RV (Room Vehicle) House Prototype* (2012) by American architect and designer Greg Lynn was one of the entries for the *Future Primitives* cultural program. The proposals at *Future Primitives* combined primitive needs with concepts of the future. *RV Prototype*, 'built like a F1 car in foam cored carbon fiber epoxy laminate', was developed as a scale model of a house that optimally utilizes living space through the rotation of the living cell along two axes.[11] The floor of a living space in one position, becomes a kitchen and bathroom wall after a 90-degree rotation, and the ceiling of a bedroom or resting area after a 180-degree rotation. Functional elements built into the wall flip open when they are in the correct position, and are always within easy reach. This accomplishes 150 m^2 of living space within a 60 m^2 footprint. *RV Prototype* is a futuristic proposal, partially inspired by car and furniture typologies that combine comfort and motion (such as reclining chairs with adjustable positions, built-in temperature control, massage functionality, beverage cooling, remote control). *RV Prototype* is also reminiscent of the tradition of compact, lightweight living capsules from the 1960s-1970s. One iconic example of this tradition is the *Futuro* (1968), designed by Finnish architect and designer Matti Suuronen. The glass fibre reinforced, ellipsoid shape of the *Futuro* evokes the image of a spacecraft. The construction could handily be set up as a ski lodge or holiday home, including in places that are difficult to reach. If necessary, a fully assembled unit could even be flown to its desired location by helicopter.

After the Biennale Interieur in Kortrijk, *RV Prototype* was featured in the *Seismic Shifts* exhibition: *10 Visionaries in Contemporary Art and*

Op de Interieur Biënnale 2012 te Kortrijk was *RV (Room Vehicle) House Prototype* (2012) van de Amerikaanse architect en ontwerper Greg Lynn een van de invullingen van het culturele programma *Future Primitives*. De voorstellen op *Future Primitives* combineerden primitieve noden met concepten van de toekomst. *RV Prototype*, 'built like a F1 car in foam cored carbon fiber epoxy laminate', is opgevat als een schaalmodel van een huis waarvan de leefruimte optimaal wordt benut door het roteren van de wooncel volgens twee assen.[11] Wat in een bepaalde positie de vloer van een leefruimte is, wordt bij een rotatie van 90 graden de wand van een keuken en badkamer, en bij een rotatie van 180 graden het plafond van een slaapkamer of rustruimte. Functionele elementen die in de wand zijn ingebouwd, klappen open wanneer ze in de juiste positie staan en zijn steeds binnen handbereik. Op een grondoppervlak van 60 m² wordt zo 150 m² leefruimte gerealiseerd. *RV Prototype* is een futuristisch voorstel, gedeeltelijk geïnspireerd door typologieën van auto's en meubilair die comfort en beweging samenbrengen (zoals ligstoelen met verstelbare posities, ingebouwde temperatuurregeling, massagemogelijkheid, drankkoeling, afstandsbediening). *RV Prototype* herinnert ook aan de traditie van de compacte, lichtgewicht leefcapsules, zoals we die kennen uit de jaren 1960-1970. Een iconisch voorbeeld van deze traditie is de *Futuro* (1968), ontworpen door de Finse architect en ontwerper Matti Suuronen. De glasvezelversterkte, ellipsoïde vorm van de *Futuro* roept het beeld op van een ruimtetuig. De constructie kon vlot als skihut of vakantiewoning worden geïnstalleerd, ook op moeilijk te bereiken plaatsen. Indien nodig kon zelfs een volledig geassembleerd exemplaar met een helikopter naar de gewenste locatie worden gevlogen.

Na de Interieur Biënnale in Kortrijk werd *RV Prototype* opgenomen in de tentoonstelling *Seismic Shifts: 10 Visionaries in Contemporary Art and Architecture* (2013) in de National Academy Museum in New York. De context van de tentoonstelling was er een van 'innovatie met een kritische noot'. Dit impliceerde niet zozeer technologische dan wel artistieke, esthetische en culturele innovatie.[12] Het betreft dan ook 'cultural investigation, conceptual inventiveness, and an indefatigable curiosity of materials, as well as an inherent desire to affect significant social, political, cultural, intellectual, and/or ecological change.'[13]

De compacte, transporteerbare *Ecocapsule* (2015) van de in Slowakije gevestigde Nice Architects sluit aan bij de futuristisch ogende wooncellen uit de jaren 1960-1970. De eivormige schelp in glasvezelversterkt composietmateriaal, over een aluminium frame, is uitgerust met zonnepanelen en een kleine windturbine, waardoor de wooncel zelf voldoende energie kan opwekken. De ovale vorm, die ook warmteverlies beperkt wil houden[14], laat toe regenwater efficiënt op te vangen. Naast lichtheid, sterkte en flexibiliteit in de vormgeving spelen bovendien andere eigenschappen van het composietmateriaal een belangrijke rol: omdat het composietmateriaal niet snel wordt aangetast door weersomstandigheden en corrosie, kan de *Ecocapsule* het hele jaar door worden gebruikt en is het onderhoud minimaal.[15]

ZWEVENDE DAKEN Ook niet-verplaatsbare architectuur kan haar aanwezigheid in de omgeving minimaal houden. Het in september 2017 officieel geopende *Steve Jobs Theater* op de Apple Campus in Cupertino, Californië, lijkt bijna herleid tot een zwevend dak. 'The idea is very simple: a delicate hovering roof providing shelter in the middle of a beautiful Californian

Architecture (2013) in the National Academy Museum in New York. The context of the exhibition revolved around 'innovation with a critical tone'. This implied artistic, aesthetic, and cultural innovation rather than technological innovation.[12] Therefore, this involves 'cultural investigation, conceptual inventiveness, and an indefatigable curiosity of materials, as well as an inherent desire to affect significant social, political, cultural, intellectual, and/or ecological change.'[13]

The compact, transportable *Ecocapsule* (2015) by Slovakia-based Nice Architects aligns with the futuristic living cells from the 1960s-1970s. The egg-shaped shell made from glass fibre reinforced composite materials overlaid on an aluminium framework is equipped with solar panels and a small wind turbine, allowing the living cell to generate its own energy. The oval shape, which also aims to reduce heat loss[14], allows for the efficient harvesting of rainwater. In addition to its light weight, strength, and flexibility of design, other properties of the composite material have a key role to play as well: because the composite material is resistant to weather conditions and corrosion, the *Ecocapsule* can be used all year long with minimal maintenance.[15]

FLOATING ROOFS   Non-movable architecture can also keep its presence within the surroundings to a minimum. The *Steve Jobs Theater* which opened in September 2017 on the Apple Campus in Cupertino, California, almost seems reduced to a floating roof. 'The idea is very simple: a delicate hovering roof providing shelter in the middle of a beautiful Californian landscape. Making it feel effortless was among the hardest technical and engineering challenges we've ever had to solve', says Stefan Behling, Senior Executive Partner at Foster + Partners (London).[16] Once again, the specific properties of composite materials were decisive in the selection of building material. The round disk is 42 m across and consists of 44 identical panels made from carbon fibre composite and realized by Premier Composite Technologies. The disk has been installed as a self-supporting section of 80 tons onto the glass walls of the Theatre building's lobby. To date, it is alleged to be the largest carbon fibre composite roof in the world.[17]

For the *Apple Store* on North Michigan Avenue in Chicago (2017), Apple and Foster + Partners also chose a roof made from carbon fibre composite. The canopy (35 by 30 m) is exceedingly thin and rests upon four pillars that are detached from the tall, glass outer walls. The construction meets the objectives of both the company and the city of Chicago to enable large-scale interaction between the building and its surroundings. 'The design of Apple Michigan Avenue embodies this in its structure and materiality with a glass wall that dissolves into the background, revealing the only visible element of the building – its floating carbon fiber roof.'[18]

Likewise, the Apple design team and Foster + Partners selected a carbon fibre composite material for the shutters of the 56-metre tall bay window of the *Apple Dubai Mall* (2017). The 11.5 m tall shutters consist of multiple layers of carbon fibre reinforced polymer rods in a pattern that has greater density in areas where sunshine is the most intense. When closed, the shutters filter the warm sunlight; in the evening they open and offer access to the outside terrace with a wide view of the surroundings. The movable panels form a contemporary interpretation of the traditional Arab mashrabiya. Stefan Behling, who is among others responsible for research into the use of new

Tomáš Žáček and Soňa Pohlová, Ecocapsule (2015) © Ecocapsule Holding

landscape. Making it feel effortless was among the hardest technical and engineering challenges we've ever had to solve', aldus Stefan Behling, Senior Executive Partner bij Foster + Partners (Londen).[16] Opnieuw zijn het de specifieke eigenschappen van composietmateriaal die doorslaggevend zijn geweest voor de keuze van het bouwmateriaal. De ronde schijf van 42 m diameter, bestaande uit 44 identieke panelen in koolstofvezelcomposiet en gerealiseerd door Premier Composite Technologies, is als een op zich staand onderdeel van 80 ton geïnstalleerd op de glazen wanden van de lobby van het Theatergebouw. Het zou op dit ogenblik het grootste dak uit koolstofvezelcomposiet ter wereld zijn.[17]

Voor de *Apple Store* op de North Michigan Avenue in Chicago (2017) hebben Apple en Foster + Partners eveneens voor een dak in koolstofvezelcomposiet gekozen. De overkapping (35 m x 30 m) is uiterst dun en rust op vier pijlers die los staan van de hoge, glazen buitenwanden. De constructie beantwoordt aan de doelstelling van zowel het bedrijf als de stad Chicago om een grote interactie mogelijk te maken tussen het gebouw en de omgeving. 'The design of Apple Michigan Avenue embodies this in its structure and materiality with a glass wall that dissolves into the background, revealing the only visible element of the building – its floating carbon fiber roof.'[18]

Ook voor de luiken van de 56 meter lange erker van de *Apple Dubai Mall* (2017) hebben het Apple design team en Foster + Partners gekozen voor koolstofvezelcomposiet. De 11,5 m hoge luiken bestaan uit meerdere lagen van koolstofvezelversterkte polymeerstaven in een overdacht patroon dat een grotere densiteit vertoont op die plaatsen waar de zoninval het meest intens is. In gesloten positie filteren de luiken het warme zonlicht; 's avonds gaan ze open en bieden ze toegang tot een buitenterras met breed zicht op de omgeving. De beweegbare panelen vormen een hedendaagse vertaling van de traditionele Arabische *mashrabiya*. Stefan Behling, onder meer verantwoordelijk voor het onderzoek naar het gebruik van nieuwe materialen en constructiemethoden bij Foster + Partners, noemt het 'a seamless blend of technology and culture'.[19] Tegelijkertijd vermengt de constructie vernieuwende technologie met poëzie. 'With their movement path inspired by a falcon spreading

Snøhetta, Expansion of SFMOMA (2016) Photo: Henrik Kam © SFMOMA

materials and construction methods at Foster + Partners, calls it 'a seamless blend of technology and culture'.[19] At the same time, the construction blends new technology with poetry. 'With their movement path inspired by a falcon spreading its wings, the 'Solar Wings' are in itself a theatrical experience – an integrated vision of kinetic art and engineering. The wings have been carefully crafted to inspire delight, a delicate combination of form and function.'[20]

THE FUTURE OF BUILDING   Many recent architectural projects are included in the publication *The Future of Building. The Growing Use of Composites in Construction and Architecture* (2017), written by Andrew Mafeld and published by JEC Group Paris.[21] The book discusses the examples from a global standpoint and a mix of applications. The advantages of the use of composite materials in architecture are explained in an accessible manner: freedom of form that allows for experimentation, light weight, strength, possibility of assembling different components, components that can also be produced elsewhere as their relatively low weight simplifies transportation, possibility to integrate components into a single unit or gluing them together without the otherwise necessary mechanical connecting elements, resistance to weather, water, fire, and corrosion, impact resistance, lack of heat and electrical conductivity, maintenance and repair friendliness, translucency.

Already iconic is the expansion of the San Francisco Museum of Modern Art (2016), designed by Norwegian architecture and landscape creator Snøhetta. The 700 glass fibre reinforced panels of the eastern façade each have a unique profile and are finished with a mix of resin and sand, incorporating bits of quartz that reflect sunlight. As a whole, the panels evoke the idea of a water surface in motion under the typical weather conditions of the San Francisco Bay. Craig Dykers, one of the founders of Snøhetta and

its wings, the 'Solar Wings' are in itself a theatrical experience – an integrated vision of kinetic art and engineering. The wings have been carefully crafted to inspire delight, a delicate combination of form and function.'[20]

THE FUTURE OF BUILDING   Veel recente architecturale projecten zijn opgenomen in de publicatie *The Future of Building. The Growing Use of Composites in Construction and Architecture* (2017), geschreven door Andrew Mafeld en uitgegeven door JEC Group Paris.[21] Het boek bespreekt de voorbeelden vanuit een globaal standpunt en een mix van toepassingen. Op een toegankelijke wijze worden de voordelen van het gebruik van composietmaterialen in architectuur uitgelegd: vormvrijheid die toelaat te experimenteren, lichtgewicht, sterkte, mogelijkheid tot assembleren van gedifferentieerde onderdelen, onderdelen die ook elders kunnen worden geproduceerd omdat hun relatief geringe gewicht transport vergemakkelijkt, mogelijkheid om onderdelen te integreren in één geheel of aan elkaar te lijmen, zonder de anders noodzakelijke mechanische verbindingselementen, resistentie tegen weer, water, brand en corrosie, impactbestendig, niet geleidend voor warmte en elektriciteit, onderhouds- en herstelvriendelijk, licht doorlatend.

Iconisch reeds is de uitbreiding van het San Francisco Museum of Modern Art (2016), ontworpen door het Noorse architectuur- en landschapsbureau Snøhetta. De 700 glasvezelversterkte panelen van de oostgevel hebben elk een uniek profiel en zijn afgewerkt met een mix van hars en zand waarin stukjes kwarts zijn vermengd die het zonlicht weerkaatsen. Als geheel evoceren de panelen de idee van een bewegend wateroppervlak in de typische weersomstandigheden van San Francisco Bay. Craig Dykers, een van de oprichters van Snøhetta en leider van het designteam dat verantwoordelijk was voor dit project, beschrijft die weersomstandigheden als volgt: 'Fog can move in and out, low-lying clouds can move across the path of the sun, you can have sunlight and bright lighting conditions and in just a few seconds it can go soft and silver. It's a quick-moving phenomenon.'[22] De concrete uitvoering van de gevel gebeurde in samenwerking met Kreysler & Associates en resulteerde in de keuze van 5 mm dik glasvezelversterkt composietmateriaal dat op 700 individuele mallen uit polystyreen werd aangebracht. Een computergestuurde hotwire machine sculpteerde het polystyreen tot een eerste ruwe vorm, die vervolgens werd verfijnd door een computergestuurde groefschaaf. Het werken met polystyreen vermijdt dure mallen en maakt het mogelijk de mallen eveneens te gebruiken als beschermende verpakking tijdens het transport.[23] Nadien kan het polystyreen worden gerecycleerd. Uitgehard zijn de composietpanelen unieke, rimpelende gevelfragmenten. De golving in de panelen verzwakt het composietmateriaal niet, maar vergroot integendeel de stijfheid ervan. 'It's a lot like crumpling up a piece of paper – the folds make it stiffer', zo verwoordt Dykers het opnieuw erg beeldend.[24] Het gebruik van het composietmateriaal heeft nog bijkomende voordelen: 'Most stone buildings you see only have about ½ inch of actual stone – it's too pricey to build an entire structure in the material these days, says Dykers – instead, they use various reinforcement systems (mostly steel) behind the stone to build strength. The fiberglass panels, on the other hand, are hanged on two concrete slabs on each floor with little else behind them. It might sound insignificant, but the lightening of material has a domino effect. Creating bigger, lighter panels means less labor time on the job site, a faster build and more money saved.'[25]

leader of the design team that was responsible for this project, describes these weather conditions as follows: 'Fog can move in and out, low-lying clouds can move across the path of the sun, you can have sunlight and bright lighting conditions and in just a few seconds it can go soft and silver. It's a quick-moving phenomenon.'[22] The actual execution of the façade was carried out in collaboration with Kreysler & Associates and resulted in the selection of a 5 mm thick glass fibre reinforced composite material attached to 700 individual polystyrene moulds. A computer-controlled hotwire machine sculpted the polystyrene into an initial rough shape, which was then refined with a computer-controlled router. Working with polystyrene means no expensive moulding, and allows the moulds to also be used as protective packaging during transport.[23] The polystyrene can afterwards be recycled. Once hardened, the composite panels are unique, wavy façade fragments. The waves in the panels do not weaken the composite material, but rather enhance their stiffness. 'It's a lot like crumpling up a piece of paper – the folds make it stiffer', as Dykers puts it so visually.[24] The use of composite material has more additional advantages: 'Most stone buildings you see only have about ½ inch of actual stone – it's too pricey to build an entire structure in the material these days, says Dykers – instead, they use various reinforcement systems (mostly steel) behind the stone to build strength. The fibreglass panels, on the other hand, are hung on two concrete slabs on each floor with little else behind them. It might sound insignificant, but the lightening of material has a domino effect. Creating bigger, lighter panels means less labor time on the job site, a faster build and more money saved.'[25]

Composite materials are also highly suited to the construction of large domes, such as that of the Russian-orthodox cathedral of Paris (2016). The same applies in case of complex bent walls that appear to be in a state of constant motion, typical for Zaha Hadid Architects (London). Much of the architecture and interior design created by this architectural firm would be impossible without the use of composite materials. The dynamic, sculptural realizations are based on an intense interplay between imagination, material, digital design programs, and advanced production methods.

Motion also typifies *Gebouw T* (2012-2019) in Ghent, a building of HoGent university college designed by Slovenian architectural firm Sadar+Vuga, in collaboration with Belgian Lens°ass Architects. Pultruded glass fibre reinforced polyester profiles make up the slats of the fixed blinds around a volume with façades made from glass and aluminum.[26] The profiles, 36 m in length and produced by Belgian company Exel Composites, were delivered at the site straight. On site, a number of profiles were bent elastically to create an inviting point of entry.

ROBOTS AND 3D PRINTING   Contemporary production moreover implies the innovative use of robots. A fine example are the pavilions that have recently been realized by a number of teams from the University of Stuttgart in the purview of a multi-annual research project around biologically inspired construction methods. This is a collaboration between the Institute of Computational Design (ICD), led by Achim Menges, and the Institute of Building Structures and Structural Design (ITKE), led by Jan Knippers. For the construction of the *Elytra Filament Pavilion*, installed in the courtyard of the London Victoria & Albert Museum in 2016 with the collaboration of Thomas Auer (Transsolar Climate Engineering/TUM), a computer-controlled robot

Saga+Vuga & Lenss°ass Architects, Gebouw T, HoGent, Ghent (2012-2019) rendering © Saga+Vuga

left Saga+Vuga & Lenss°ass Architects, Gebouw T, HoGent, Ghent (2012-2019) Photo: Julien Lanoo © Julien Lanoo

Composietmaterialen zijn ook aangewezen voor de realisatie van grote koepels, zoals die van de Russisch-orthodoxe kathedraal van Parijs (2016). Hetzelfde geldt voor complex gebogen wanden die voortdurend in beweging lijken, kenmerkend voor Zaha Hadid Architects (Londen). Veel van de architectuur en interieurinrichting die dit architectenbureau ontwerpt, is onmogelijk zonder het gebruik van composietmateriaal. De dynamische, sculpturale realisaties steunen op een intensieve interactie tussen verbeelding, materiaal, digitale ontwerpprogramma's en geavanceerde productiemethoden.

Beweging kenmerkt ook *Gebouw T* (2012-2019) in Gent, een gebouw van HoGent ontworpen door het Sloveense architectenbureau Sadar+Vuga, in samenwerking met de Belgische Lens°ass Architecten. Gepultrudeerde glasvezelversterkte polyesterprofielen vormen de lamellen van de vaste zonwering rond een volume met gevels in glas en aluminium.[26] De profielen, in stukken van 36 m lengte en geproduceerd door het Belgische bedrijf Exel Composites, werden in rechte vorm aangeleverd op de site. Ter plaatse werden een aantal profielen elastisch gebogen om een uitnodigende toegang te creëren.

ROBOTS EN 3D-PRINTEN   Hedendaagse productie impliceert bovendien robots die op een vernieuwende wijze worden ingezet. Een mooi voorbeeld hiervan zijn de paviljoenen die recentelijk door een aantal teams van de Universiteit van Stuttgart zijn gerealiseerd in het kader van een meerjarig onderzoeksproject rond biologisch geïnspireerde constructiemethoden. Het gaat om een samenwerking tussen het Institute of Computational Design (ICD), geleid door Achim Menges, en het Institute of Building Structures and Structural Design (ITKE), onder leiding van Jan Knippers. Voor de bouw van

Synchronized robots core-less filament winding © ICD/ITKE University of Stuttgart

arm wound resin-impregnated glass fibre and carbon fibre rovings around hexagonal metal frames that were removed after the resin has cured.[27]

The transparency of the glass fibre reinforced composite material and the stiffness of the carbon fibre reinforced composite material complement one another.[28] This coreless filament winding process allows a reduction of the typical composite moulds to a thin steel frame that is removed and reused after the resin has cured. That saves on materials during the production process. The structural morphology of a certain beetle wing inspired the geometry of the components and the fibre layup.

In 2012 a pavilion was built whose thin structure out of glass fibre and carbon fibre bundles, wound into a pavilion by a robot arm, was inspired by the exoskeleton of a marine lobster, another example of a natural, functional, fibre reinforced composite material.[29] These projects combine ancient natural principles with the latest design, production, and material technologies.

The team behind the *Elytra Filament Pavilion* was also inspired by the experimental attitude of architects and engineers from the nineteenth century. This century saw the utilization of the possibilities generated by the first industrial revolution in order to advance architecture. 'While allowing for a glimpse of the future, the pavilion also draws inspiration from a striking architecture of the past: the Victorian Greenhouses. They embody the profound impact that the first industrial revolution had on architecture and showcase the experimental spirit of architects and engineers that embrace the adoption of new modes of making and materials in a truly explorative manner. In a similar way, the installation seeks to forecast how the so-called fourth industrial revolution of robotics and cyber-physical production systems enables the emergence of new structural and environmental systems.'[30]

Elytra Filament Pavilion at the V&A (2016)
© Victoria and Albert Museum, London

het *Elytra Filament Pavilion*, dat in 2016 op het binnenplein van het Londense Victoria & Albert Museum is geïnstalleerd en waarvoor ook samengewerkt werd met Thomas Auer (Transsolar Climate Engineering/TUM), wikkelde een computergestuurde robotarm in hars gedrenkte glasvezel- en koolstofvezelbundels rond hexagonale metalen kaders die werden verwijderd nadat het hars was uitgehard.[27]

De transparantie van het glasvezelversterkte composietmateriaal en de grotere stijfheid van het koolstofvezelversterkte composietmateriaal complementeren elkaar.[28] Dit kernvrije vezelwikkelproces laat toe om de typische composietmallen te beperken tot een dun stalen frame dat wordt verwijderd en hergebruikt nadat het hars is uitgehard. Dit spaart materiaal uit in het productieproces. De structurele morfologie van de vleugel van een bepaalde kever inspireerde de geometrie van de componenten en de vezeloriëntaties.

In 2012 werd reeds een paviljoen gebouwd waarvan de dunne structuur uit glasvezel- en koolstofvezelbundels – door een robotarm tot een paviljoen gewikkeld – geïnspireerd was door het exoskelet van een zeekreeft, een ander voorbeeld van een in de natuur aanwezig, functioneel vezelversterkt composietmateriaal.[29] In deze projecten worden eeroude natuurprincipes gecombineerd met de nieuwste ontwerp-, productie- en materiaaltechnologieën.

Het team van het *Elytra Filament Pavilion* was ook geïnspireerd door de experimentele ingesteldheid van architecten en ingenieurs uit de negentiende eeuw. In die eeuw werden de mogelijkheden van de eerste industriële revolutie aangegrepen om architectuur te herdenken. 'While allowing for a glimpse of the future, the pavilion also draws inspiration from a striking architecture of the past: the Victorian Greenhouses. They embody the profound impact that the first industrial revolution had on architecture and showcase the experimental spirit of architects and engineers that embrace the adoption of new modes of making and materials in a truly explorative manner. In a similar way, the installation seeks to forecast how the so-called fourth industrial revolution of robotics and cyber-physical production systems enables the emergence of new structural and environmental systems.'[30]

Tegelijkertijd werd in het *Elytra Filament Pavilion* multifunctionaliteit ingebouwd. In de koolstofvezelbundels werden optische vezelsensoren geplaatst die druk monitoren en gegevens verzamelen over het microklimaat en de temperatuurschommelingen onder de luifels.[31] Dit liet toe om de architectuur van het paviljoen, waarvan extra componenten in situ op het binnenplein van het Victoria & Albert Museum werden gemaakt, aan te passen op basis van parameters aangereikt door de ingewonnen data. Achim Menges gelooft dat het concept dat aan de basis ligt van de paviljoenen, de toekomst van architectuur mee zal bepalen.[32]

At the same time, multifunctionality was built into the *Elytra Filament Pavilion*. Optical fibre sensors were placed into the carbon fibre rovings to monitor strain and collect data on the microclimate and temperature fluctuations under the awnings.[31] This allowed for the adaptation of the pavilion's structure, for which additional components were produced on site in the courtyard of the Victoria & Albert Museum, on the basis of parameters generated by the gathered data. Achim Menges believes that the concept that was at the basis of the pavilions, will help shape the future of architecture.[32]

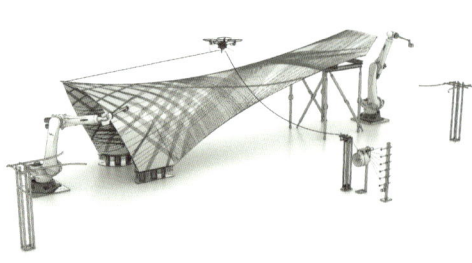

A drone was used for the *ICD/ITKE Research Pavilion 2016-2017* which, through interaction with two industrial robot arms, bridges distances that exceed the standard robot arm's capabilities.[33] In 2019, two new pavilions will be built for the Bundesgartenschau in Heilbronn.[34]

Multi-machine fabrication setup utilizing two robotic arms and an autonomous drone © ICD/ITKE University of Stuttgart

The manner in which nature efficiently builds its complex shapes is also a source of inspiration for Branch Technology, which specializes in the large-scale 3D printing of architectural elements. The American company challenges architects and designers to use its patented 3D printing technology 'Cellular Fabrication' (C-FAB™; with carbon fibre serving to reinforce the plastic matrix printed in cells) in order to rethink traditional concepts of construction. In 2016, WATG Urban's *Curve Appeal* won the Freeform Home Design Challenge issued by Branch Technology. The project around *Curve Appeal* is currently in its testing phase.

Along with Foster + Partners, Branch Technology constitutes one of the teams selected by NASA to examine in the purview of the NASA 3D Printed Habitat Challenge (initiated in 2015) what construction technologies are best suited to building in extra-terrestrial environments such as Mars. The team won the competition of Phase 2: Structural Member Competition, Level 1: Compression Test Competition (2017), but felt rather limited by the construction prescriptions provided by NASA which stipulated that printing had to make use of regolith which is present on Mars. Therefore, Branch Technology used its own C-FAB to print a variation on the dome. 'In terms of strength to weight ratios, C-FAB technology is much more efficient because it minimizes material use while maximizing strength through geometric optimization. "Extra-terrestrial construction has the massive challenge of transporting and processing materials in space, so we produced a second, light-weight dome to illustrate there is a different way of thinking about the challenge", said Platt Boyd, CEO of Branch Technology, Inc.'[35]

In the first phase of the NASA competition (2015), the American design office Ozel Office, in conjunction with the University of California-Los Angeles Department of Engineering and Material Science, formulated a proposal to

Voor het *ICD/ITKE Research Pavilion 2016-2017* is een drone ingezet die in interactie met twee industriële robotarmen spanwijdtes overbrugt die groter zijn dan wat een standaard robotarm aankan.[33] In 2019 zullen twee nieuwe paviljoenen worden gebouwd voor de Bundesgartenschau in Heilbronn.[34]

De wijze waarop de natuur op een efficiënte wijze haar complexe vormen opbouwt, is ook een inspiratiebron voor Branch Technology, gespecialiseerd in het 3D-printen van architectuuronderdelen op groot formaat. Het Amerikaanse bedrijf daagt architecten en designers uit om met zijn gepatenteerde 3D-printingtechnologie 'Cellular Fabrication' (C-FAB TM; met koolstofvezel als versterking van de in cellen geprinte plastic matrix) de traditionele opvattingen over bouwen te herdenken. WATG Urban won in 2016 met *Curve Appeal* de Freeform Home Design Challenge die Branch Technology had uitgeschreven. Het project rond *Curve Appeal* zit nu in een testfase.

Samen met Foster + Partners vormt Branch Technology een van de teams die door de NASA geselecteerd zijn om in het kader van de NASA 3D-Printed Habitat Challenge (opgestart in 2015) te onderzoeken welke constructietechnologieën aangewezen zijn om te bouwen in buitenaardse omgevingen zoals Mars. Het team won de wedstrijd van Fase 2: Structural Member Competition, Niveau 1: Compression Test Competition (2017) maar voelde zich beperkt door de constructievoorschriften van NASA die stipuleerden dat er geprint moest worden met regoliet dat op Mars aanwezig is. Branch Technology printte daarom met zijn eigen C-FAB technologie een variant van de koepel. 'In terms of strength to weight ratios, C-FAB technology is much more efficient because it minimizes material use while maximizing strength through geometric optimization. "Extraterrestrial construction has the massive challenge of transporting and processing materials in space, so we produced a second, light-weight dome to illustrate there is a different way of thinking about the challenge", said Platt Boyd, CEO of Branch Technology, Inc.'[35]

In de eerste fase van de NASA-wedstrijd (2015) formuleerde het Amerikaanse ontwerpbureau Ozel Office, samen met University of California-Los Angeles Department of Engineering and Material Science, een voorstel om de gevraagde 100 m^2 wooneenheid te printen door gebruik te maken van composietmateriaal. Omdat het wedstrijdprogramma voorschreef een concept uit te werken rond het 3D-printen van materiaal dat op Mars aanwezig is (wat natuurlijk ook machinerie en energie tijdens dit productieproces op Mars impliceert), werd in eerste instantie een composietmateriaal voorgesteld dat zou bestaan uit in situ geproduceerde basaltvezels en nieuwe, instant uithardende polymeerharsen. In het concept werd ook gedacht aan de mogelijkheid van een composietmateriaal op basis van koolstofvezels. Koolstof zou gehaald worden uit de koolstofdioxide (CO_2) die in de atmosfeer van Mars aanwezig is.[36]

Het 3D-printen van architectuur op Mars is voorlopig nog toekomstmuziek. Minder futuristisch zijn bouwprojecten voor onze planeet waarin grote delen met een 3D-printer zijn gemaakt. *PassivDom*, in 2016 opgestart en gevestigd in de Verenigde Staten, lanceert bijvoorbeeld kleine woonmodules waarvan de muren, het dak en de vloer laag voor laag worden geprint. Hierbij gebruikt men koolstofvezel, glasvezel, nano basaltvezel, polyurethaanschuim en harsen. De structuur is sterk, licht, transporteerbaar en heeft geen fundering nodig. In het woonconcept is voorzien dat er enkel gebruikgemaakt wordt van zonne-energie en dat regenwater wordt opgevangen en gefilterd.[37]

print the requested 100 m² residential unit with the use of composite materials. Because the competition program prescribed the development of a concept around the 3D printing of materials present on Mars (which naturally also implies machinery and energy during this production process on Mars), a composite material was initially proposed that would consist of basalt fibres produced on site and new, instantly hardening polymer resins. In the purview of the concept, the possibility of a carbon fibre–based composite material was also considered. Carbon would be derived from the carbon dioxide (CO_2) present in the Mars atmosphere.[36]

The 3D printing of architecture on Mars is not going to become a reality any time soon, however. Less futuristic are building projects for our planet whereby large parts are made with a 3D printer. *PassivDom*, for instance, initiated in 2016 and established in the United States, launches small residential modules whose walls, roof, and floor are printed layer by layer. Use is made of carbon fibre, glass fibre, nano-basalt fibre, polyurethane foam, and resins. The structure is strong, light, transportable, and requires no foundation. The housing concept provides for the exclusive usage of solar energy and rainwater that is harvested and filtered.[37]

BUILDING MATERIAL THAT GROWS   Architecture can also have its materials grown, for instance by making use of mycelium, the fungal network of threads that typically grows in soil. For this purpose, fungus spores are mixed with organic waste material that forms the fertile ground in which the spores grow into mycelium. The network of threads grows through and around this biological material and largely digests it. Once a firm mycelium structure has formed, the process is halted through dehydration. If the growth and halt occur under controlled conditions, this material can be produced everywhere locally.

American artist Philip Ross has been experimenting with mycelium for some time in his research into building materials. For *Mycotecture* (2009) (whereby 'myco' refers to the Greek word for fungus, 'mykes'), fungus spores are mixed with sawdust. These mixtures then grow into robust building blocks in geometric moulds. In the patent for which Philip Ross applied in 2011 and which was published in 2012, he extensively discusses the ecological dimension:

'The environmental benefits of utilizing fungus for the growth of building blocks and other manufacturing materials might be significant in consideration of the impact and potential use of agricultural waste. As a byproduct of growing and producing food worldwide, humans create a vast amount of agricultural waste that would otherwise be unused, returning vast quantities of carbon and other materials during degradation and decomposition. Such agricultural waste may be viewed as food for a fungus. Hence, it can be seen, that there is a need for developing environmentally friendly materials that can replace traditionally used non-biodegradable durable and strong materials, such as plastics and composites. This method would create stronger and dense building blocks, which can be easily moulded and cheaply preprocessed to precise geometric specifications. In addition, this method would make it possible to construct highly complex, structured building blocks which might be arranged and joined with each other to comprise structurally engineered manufacturing components and larger artifacts on the scale of buildings from environmentally friendly materials. More importantly, the building blocks created through this method may be completely biode-

PassivDom, dom.ai
- ModulOne (2016)
© PassivDom

BOUWMATERIAAL DAT GROEIT   Architectuur kan haar materiaal ook laten groeien, bijvoorbeeld door gebruik te maken van mycelium, het meestal ondergronds groeiende dradenwerk van zwammen. Hiervoor worden sporen van zwammen vermengd met organisch afvalmateriaal dat de voedingsbodem vormt waarop de sporen tot mycelium uitgroeien. Het dradennetwerk groeit doorheen en rondom dit biologisch materiaal en verteert het grotendeels. Wanneer een stevige myceliumstructuur is gevormd, wordt het proces door dehydratatie stopgezet. Indien de groei en stopzetting in gecontroleerde omstandigheden gebeuren, kan dit materiaal overal lokaal worden geproduceerd.

De Amerikaanse kunstenaar Philip Ross experimenteert reeds geruime tijd met mycelium in zijn onderzoek naar bouwmateriaal. Voor *Mycotecture* (2009) (waarbij 'myco' naar het Griekse woord 'mykes' – schimmel – verwijst) worden sporen van zwammen vermengd met zaagsel en groeien deze mengsels in geometrische mallen uit tot stevige bouwblokken. In het patent dat Philip Ross in 2011 heeft aangevraagd en in 2012 werd gepubliceerd, gaat hij uitvoerig in op de ecologische dimensie:

'The environmental benefits of utilizing fungus for the growth of building blocks and other manufacturing materials might be significant in consideration of the impact and potential use of agricultural waste. As a byproduct of growing and producing food worldwide, humans create a vast amount of agricultural waste that would otherwise be unused, returning vast quantities of carbon and other materials during degradation and decomposition. Such agricultural waste may be viewed as food for a fungus. Hence, it can be seen, that there is a need for developing environmentally friendly materials that might replace traditionally used non-biodegradable durable and strong materials, such as plastics and composites. This method would create stronger and dense building blocks, which can be easily molded and cheaply preprocessed to precise geometric specifications. In addition, this method would make it possible to construct highly complex, structured building blocks which might be arranged and joined with each other to comprise structurally engineered manufacturing components and larger artifacts on

WATG Urban, Curv Appeal (2016) © WATG

left Foster + Partners & Branch Technology, NASA 3D Printed Habitat Challenge (2017)

gradable. [...] All of the above discussed methods and embodiments offer the advantage of transforming agricultural or other waste into a durable industrial grade material that can serve a wide range of manufacturing and construction applications. The fungal material can be used to replace plastic or wood and may be combined with bamboo and other renewable materials to create hybrid composites. The fungal material is produced using considerably less energy than is required to create comparable hybrid composites. Additionally, the fungal material is biodegradable, durable and tunable. The building materials are fire resistant, water resistant, mould resistant and possess good insulative properties. The methods discussed herein make use of agricultural waste material, which may be effectively turned into high quality construction material at very low energy and production cost.'[38]

Philip Ross is co-founder and CEO of MycoWorks (www.mycoworks.com), a team of engineers, designers, and scientists who focus on new applications for materials formed by mycelium. The developments not only imply a revolution in the thinking regarding building materials or materials in general, but also create the space needed to change the cityscape. When design office Superflux was asked to respond to Philip Ross' *Mycotecture* in the context of the exhibition platform 'Design and Violence' (founded in 2013 by Paola Antonelli of the New York MoMa), it envisioned a future whereby entire cities would be built out of mycelium building blocks. 'The forests had finally infiltrated our cities', is how the design office concludes its comments.[39] Such a cityscape is still the product of speculative design for now, but Superflux believes that a possible future should not be constructed out of a process that will likely take place, but out of a process that leaves room for a variety of scenarios. Because the scenarios are well founded, Superflux speaks of 'High Fidelity Futures'.[40]

In 2014, New York design office The Living by architect David Benjamin used mycelium to build the temporary pavilion *Hy-Fi* by making use of 10,000 bioblocks. Moulds with a mixture of mycelium and cut grain stems were literally grown into bioblocks in a matter of days. The building blocks were created in collaboration with Ecovative, a New York company that specializes in the production of mycelium-based materials and products.[41] The Living describes building with mycelium blocks as not only 'low-tech biotech', but also as a new paradigm for 'local materials'. Moreover, the material is entirely biodegradable. With *Hy-Fi*, the design office won the Young Architects Program 2014 issued yearly by MoMA and MoMA PS1 New York to promote innovative architecture.[42]

the scale of buildings from environmentally friendly materials. More importantly, the building blocks created through this method may be completely biodegradable. [...] All of the above discussed methods and embodiments offer the advantage of transforming agricultural or other waste into a durable industrial grade material that can serve a wide range of manufacturing and construction applications. The fungal material can be used to replace plastic or wood and may be combined with bamboo and other renewable materials to create hybrid composites. The fungal material is produced using considerably less energy than is required to create comparable hybrid composites. Additionally, the fungal material is biodegradable, durable and tunable. The building materials are fire resistant, water resistant, mold resistant and possess good insulative properties. The methods discussed herein make use of agricultural waste material, which may be effectively turned into high quality construction material at very low energy and production cost.'[38]

Philip Ross is mede-oprichter en CEO van MycoWorks (www.mycoworks.com), een team van ingenieurs, designers en wetenschappers die zich toespitsen op nieuwe toepassingen voor materiaal dat gevormd wordt door mycelium. De ontwikkelingen impliceren niet enkel een ommekeer in het denken over bouwmateriaal of materiaal *tout court*, maar creëren ook de ruimte voor een ander stadsbeeld. Wanneer het ontwerpbureau Superflux gevraagd wordt om in de context van het tentoonstellingsplatform 'Design and Violence' (in 2013 door Paola Antonelli van het MoMa New York opgestart) te reageren op *Mycotecture* van Philip Ross, ziet het een toekomst waarin hele steden uit myceliumbouwblokken zijn opgebouwd. 'The forests had finally infiltrated our cities', zo besluit het ontwerpbureau zijn commentaar.[39] Een dergelijk stadsbeeld is voorlopig nog het product van speculatief design, maar Superflux gelooft dat een mogelijke toekomst niet moet gedacht worden vanuit een proces dat waarschijnlijk zal plaatsvinden, maar vanuit een proces dat diverse scenario's toelaat. Omdat de scenario's goed onderbouwd zijn, spreekt Superflux van 'High Fidelity Futures'.[40]

In 2014 bouwde het New Yorkse ontwerpbureau The Living van architect David Benjamin met mycelium het tijdelijke paviljoen *Hy-Fi* door gebruik te maken van 10.000 bioblokken. Mallen met een mengeling van mycelium en versneden graanstengels waren na een aantal dagen letterlijk tot bioblokken gegroeid. Voor de bouwblokken werd samengewerkt met Ecovative, een New Yorks bedrijf gespecialiseerd in het produceren van materiaal en producten op basis van mycelium.[41] The Living omschrijft het bouwen met myceliumblokken niet enkel als 'low-tech biotech', maar ook als een nieuwe definitie van 'lokale materialen'. Bovendien is het materiaal volledig composteerbaar. Met *Hy-Fi* won het bureau het Young Architects Program 2014 dat MoMA en MoMA PS1 New York jaarlijks uitschrijven om innovatieve architectuur aan te moedigen.[42]

De Sustainable Construction eenheid van architect Dirk Hebel aan het Karlsruhe Institute of Technology (KIT) en de Block Research Group (BRG) van ingenieur Philippe Block aan ETH Zürich bestuderen hoe biologisch materiaal gebonden door mycelium sterk genoeg kan zijn om een draagstructuur te worden van een gebouw. De teams rond Hebel en Block experimenteren met mycelium dat gecombineerd wordt met een biologische voedselmix waarin zaagsel en suikerriet zijn verwerkt. Voor architecturale toepassingen is de geometrie van de op deze wijze gegroeide bouwstructuur uiterst

The Living, Hy-Fi (2014)

The Sustainable Construction unit of architect Dirk Hebel with the Karlsruhe Institute of Technology (KIT) and the Block Research Group (BRG) by engineer Philippe Block with ETH Zürich, examine how biological materials bound by mycelium can be strong enough to form a building's supporting structure. The teams surrounding Hebel and Block experiment with the root network of mushrooms that is combined with a biological food mix that includes sawdust and sugar cane. For architectural applications, the geometry of the building structure grown in this fashion is highly important. Digital technology allows for an architecture to be created which, on the basis of its geometry, is loaded only in compression (and not for instance in bending or tension). Then, the correct form is determined for each building block of this structure.[43] On the basis of this research, the teams surrounding Hebel and Block were invited to participate in the 2017 Seoul Biennale of Architecture and Urbanism, where they created *MycoTree* under the header 'Beyond Mining – Urban Growth'.[44] Their contribution there was part of 'Earth', one of the nine 'Commons' presented at the biennale. With *MycoTree*, Hebel and Block wish to contribute to a paradigm shift in the way building materials are produced, a paradigm shift they deem essential for the twenty-first century.

belangrijk. Digitale technologie laat toe om een architectuur te creëren die op basis van zijn geometrie enkel is belast in druk (en bijvoorbeeld niet in buiging of trek). Voor elke bouwblok van deze structuur wordt vervolgens de juiste vorm bepaald.[43] Op basis van dit onderzoek waren de teams rond Hebel en Block uitgenodigd om deel te nemen aan de Seoul Biennale of Architecture and Urbanism 2017, waar ze *MycoTree* realiseerden onder de hoofding 'Beyond Mining – Urban Growth'.[44] Hun bijdrage maakte er deel uit van 'Earth', een van de negen 'Commons' die de biënnale voorstelde. Hebel en Block willen met *MycoTree* bijdragen tot een paradigmaverschuiving in de wijze waarop bouwmaterialen worden geproduceerd, een paradigmaverschuiving die zij voor de eenentwintigste eeuw noodzakelijk vinden.

Sustainable Construction KIT Karlsruhe, Block Research Group ETH Zürich, and Future Cities Laboratory SEC Singapore, MycoTree (2017)

1   www.ala.uk.com/2017/01/pitchpitch-new-concept-stackable-football-pitches/
2   mpavilion.org/about/
3   Naomi Milgrom quoted by Laura Mark, 'Amande Levete to design Melbourne Pavilion', in *The Architects' Journal*, 9 April 2015, www.architectsjournal.co.uk/news/amanda-levete-to-design-melbourne-pavilion/8681006.article
4   Amande Levete quoted by Karissa Rosenfield, 'Amanda Levete's MPavilion Opens in Melbourne', in *ArchDaily*, 5 October 2015, www.archdaily.com/774812/mpavilion: 'Composite technology has revolutionized engineering industries such as aerospace and has the potential to do the same for construction. The use of composites enables structures of unprecedented lightness combined with great strength and the potential applications in architecture are tantalizingly unexplored. Composites are particularly exciting for AL-A because the sector is propelled by research into new techniques and processes that in turn give rise to new formal and expressive possibilities for us to discover.'
5   www.ala.uk.com/projects/mpavilion/
6   www.bmwguggenheimlab.org/
7   www.squareddesignlab.com/projects/eco-pod
8   www.big.dk/#projects-serp
9   Pascal Babey, 'Interactive Serpentine Pavilion from Bjark Ingels Groep in 3D', in *Archilogic*, 2 June 2016, spaces.archilogic.com/blog/bjarke-ingels-serpentine-pavilion
10 Bjarke Ingels quoted by Ben Hobson, 'Bjarke Ingels' Serpentine Gallery Pavilion is 'mountainous outside and cavernous inside'', in *Dezeen*, 7 June 2016, www.dezeen.com/2016/06/07/video-interview-bjarke-ingels-serpentine-gallery-pavilion-2016-mountainous-outside-cavernous-inside-movie/
11 glform.com/buildings/rv-room-vehicle-house-prototype/
12 Marshall N. Price, *Seismic Shifts: 10 Visionaries in Contemporary Art and Architecture*, New York, 2013, p. 10.
13 Marshall N. Price, *Seismic Shifts: 10 Visionaries in Contemporary Art and Architecture*, New York, 2013, p. 10.
14 Megan Headley, 'Tiny Home Features GFRP Shell', in *Composites Manufacturing Magazine*, 2 May 2016, compositesmanufacturingmagazine.com/2016/05/slovakian-architects-make-eco-friendly-tiny-house-with-gfrp-shell/: 'That shape is more than just a striking differentiator from traditional homes, Zacek says. He explains that the oval "is the best energy-saving shape." Sloped walls, filled with high-performance thermal insulation, are designed to minimize thermal loss.' The oval, which is practically a sphere, yields a large volume compared to its (external) surface, and heat is mainly lost through the external surface.
15 Megan Headley, 'Tiny Home Features GFRP Shell', in *Composites Manufacturing Magazine*, 2 May 2016, compositesmanufacturingmagazine.com/2016/05/slovakian-architects-make-eco-friendly-tiny-house-with-gfrp-shell/
16 Stefan Behling, 'The Steve Jobs Theater at Apple', *Foster+Partners News*, 15 September 2017, 'www.fosterandpartners.com/news/archive/2017/09/the-steve-jobs-theater-at-apple-park/
17 www.fosterandpartners.com/projects/steve-jobs-theater/
18 Stefan Behling (Foster+Partners) quoted by Evan Milberg, 'New Apple Store in Chicago Boasts a Huge Composite Roof', in *Composites Manufacturing*, 30 October 2017, compositesmanufacturingmagazine.com/2017/10/new-apple-store-chicago-boasts-huge-composite-roof/
19 Foster+Partners, 'Apple Dubai Mall with one of the world's largest kinetic art installations opens to visitors', 27 April 2017, www.fosterandpartners.com/news/archive/2017/04/apple-dubai-mall-with-one-of-the-world-s-largest-kinetic-art-installations-opens-to-visitors/
20 Ibidem.
21 Andrew Mafeld, *The Future of Building. The Growing Use of Composites in Construction and Architecture*, Paris: JEC Group, 2017, 200 pp.
22 Craig Dykers quoted by Elizabeth Stinson, 'How to Make a Building Shimmer like the Ocean, Using Plastic', in *Wired*, 25 September 2014, www.wired.com/2014/09/make-building-shimmer-like-ocean-using-plastic/
23 *Made in the Bay Area*, www.sfmoma.org/made-bay-area/
24 Craig Dykers quoted by Elizabeth Stinson, 'How to Make a Building Shimmer like the Ocean, Using Plastic', in *Wired*, 25 September 2014, www.wired.com/2014/09/make-building-shimmer-like-ocean-using-plastic/
25 Craig Dykers quoted by Elizabeth Stinson, 'How to Make a Building Shimmer like the Ocean, Using Plastic', in *Wired*, 25 September 2014, www.wired.com/2014/09/make-building-shimmer-like-ocean-using-plastic/
26 www.bureaupartners.be/projecten/details/37-hogent-gebouw-t-schoonmeersen; www.sadarvuga.com/project/new-building-for-the-study-of-social-work/
27 The supporting team for the Elytra Filament Pavilion is composed of Achim Menges with Moritz Dörstelmann, Jan Knippers, and Thomas Auer.
28 *Elytra Filament Pavilion, Victoria and Albert Museum*, icd.uni-stuttgart.de/?p=16443: 'In this process, the transparent glass fibres form a spatial scaffold onto which the primarily structural black carbon fibres are applied, as they offer significantly higher stiffness and strength than the glass fibres.'
29 *ICD/ITKE Research Pavilion 2012*, www.itke.uni-stuttgart.de/archives/portfolio-type/icd-itke-research-pavilion-2012: 'The exoskeleton of the lobster (Homarus americanus) was analysed in greater detail for its local material differentiation, which finally served as the biological role model of the project. The lobster's exoskeleton (the cuticle) consists of a soft part, the endocuticle, and a relatively hard layer, the exocuticle. The cuticle is a secretion product in which chitin fibrils are embedded in a protein matrix. The specific differentiation of the position and orientation of the fibres and related material properties respond to specific local requirements. The chitin fibres are incorporated in the matrix by forming individual unidirectional layers. In the areas where a non-directional load transfer is required, such individual layers are laminated together in a spiral (helicoidal) arrangement. The resulting isotropic fibre structure allows a uniform load distribution in every direction. On the other hand, areas which are subject to directional stress distributions exhibit a unidirectional layer structure, displaying an anisotropic fibre assembly which is optimized for a directed load transfer. Due to this local material differentiation, the shell creates a highly adapted and efficient structure. The abstracted morphological principles of locally adapted fibre orientation constitute the basis for the computational form

1 www.ala.uk.com/2017/01/pitchpitch-new-concept-stackable-football-pitches/
2 mpavilion.org/about/
3 Naomi Milgrom geciteerd door Laura Mark, 'Amande Levete to design Melbourne Pavilion', in *The Architects' Journal*, 9 april 2015, www.architectsjournal.co.uk/news/amanda-levete-to-design-melbourne-pavilion/8681006.article
4 Amande Levete geciteerd door Karissa Rosenfield, 'Amanda Levete's MPavilion Opens in Melbourne', in *ArchDaily*, 5 oktober 2015, www.archdaily.com/774812/mpavilion: "Composite technology has revolutionized engineering industries such as aerospace and has the potential to do the same for construction. The use of composites enables structures of unprecedented lightness combined with great strength and the potential applications in architecture are tantalizingly unexplored. Composites are particularly exciting for AL-A because the sector is propelled by research into new techniques and processes that in turn give rise to new formal and expressive possibilities for us to discover."
5 www.ala.uk.com/projects/mpavilion/
6 www.bmwguggenheimlab.org/
7 www.squareddesignlab.com/projects/eco-pod
8 www.big.dk/#projects-serp
9 Pascal Babey, 'Interactive Serpentine Pavilion from Bjark Ingels Groep in 3D', in *Archilogic*, 2 juni 2016, spaces.archilogic.com/blog/bjarke-ingels-serpentine-pavilion
10 Bjarke Ingels geciteerd door Ben Hobson, 'Bjarke Ingels' Serpentine Gallery Pavilion is "mountainous outside and cavernous inside"', in *dezeen*, 7 juni 2016, www.dezeen.com/2016/06/07/video-interview-bjarke-ingels-serpentine-gallery-pavilion-2016-mountainous-outside-cavernous-inside-movie/
11 glform.com/buildings/rv-room-vehicle-house-prototype/
12 Marshall N. Price, *Seismic Shifts: 10 Visionaries in Contemporary Art and Architecture*, New York, 2013, p. 10.
13 Marshall N. Price, *Seismic Shifts: 10 Visionaries in Contemporary Art and Architecture*, New York, 2013, p. 10.
14 Megan Headley, 'Tiny Home Features GFRP Shell', in *Composites Manufacturing Magazine*, 2 mei 2016, compositesmanufacturingmagazine.com/2016/05/slovakian-architects-make-eco-friendly-tiny-house-with-gfrp-shell/: "That shape is more than just a striking differentiator from traditional homes, Zacek says. He explains that the oval "is the best energy-saving shape." Sloped walls, filled with high-performance thermal insulation, are designed to minimize thermal loss." De ovaal, die bijna een bol is, geeft een groot volume per eenheid (buiten)oppervlak en warmteverlies gebeurt vooral via het buitenoppervlak.
15 Megan Headley, 'Tiny Home Features GFRP Shell', in *Composites Manufacturing Magazine*, 2 mei 2016, compositesmanufacturingmagazine.com/2016/05/slovakian-architects-make-eco-friendly-tiny-house-with-gfrp-shell/
16 Stefan Behling, 'The Steve Jobs Theater at Apple', *Foster+Partners News*, 15 september 2017, 'www.fosterandpartners.com/news/archive/2017/09/the-steve-jobs-theater-at-apple-park/
17 www.fosterandpartners.com/projects/steve-jobs-theater/
18 Stefan Behling (Foster+Partners) geciteerd door Evan Milberg, 'New Apple Store in Chicago Boasts a Huge Composite Roof', in *Composites Manufacturing*, 30 oktober 2017, compositesmanufacturingmagazine.com/2017/10/new-apple-store-chicago-boasts-huge-composite-roof/
19 Foster+Partners, 'Apple Dubai Mall with one of the world's largest kinetic art installations opens to visitors', 27 april 2017, www.fosterandpartners.com/news/archive/2017/04/apple-dubai-mall-with-one-of-the-world-s-largest-kinetic-art-installations-opens-to-visitors/
20 Ibidem.
21 Andrew Mafeld, *The Future of Building. The Growing Use of Composites in Construction and Architecture*, Parijs: JEC Group, 2017, 200 pp.
22 Craig Dykers geciteerd door Elizabeth Stinson, 'How to Make a Building Shimmer like the Ocean, Using Plastic', in *Wired*, 25 september 2014, www.wired.com/2014/09/make-building-shimmer-like-ocean-using-plastic/
23 *Made in the Bay Area*, www.sfmoma.org/made-bay-area/
24 Craig Dykers geciteerd door Elizabeth Stinson, 'How to Make a Building Shimmer like the Ocean, Using Plastic', in *Wired*, 25 september 2014, www.wired.com/2014/09/make-building-shimmer-like-ocean-using-plastic/
25 Craig Dykers geciteerd door Elizabeth Stinson, 'How to Make a Building Shimmer like the Ocean, Using Plastic', in *Wired*, 25 september 2014, www.wired.com/2014/09/make-building-shimmer-like-ocean-using-plastic/
26 www.bureaupartners.be/projecten/details/37-hogent-gebouw-t-schoonmeersen; www.sadarvuga.com/project/new-building-for-the-study-of-social-work/
27 Het begeleidende team van het Elytra Filament Pavilion wordt gevormd door Achim Menges, samen met Moritz Dörstelmann, Jan Knippers en Thomas Auer.
28 *Elytra Filament Pavilion, Victoria and Albert Museum*, icd.uni-stuttgart.de/?p=16443: "In this process, the transparent glass fibres form a spatial scaffold onto which the primarily structural black carbon fibres are applied, as they offer significantly higher stiffness and strength than the glass fibres."
29 *ICD/ITKE Research Pavilion 2012*, www.itke.uni-stuttgart.de/archives/portfolio-type/icd-itke-research-pavilion-2012: "The exoskeleton of the lobster (Homarus americanus) was analysed in greater detail for its local material differentiation, which finally served as the biological role model of the project. The lobster's exoskeleton (the cuticle) consists of a soft part, the endocuticle, and a relatively hard layer, the exocuticle. The cuticle is a secretion product in which chitin fibrils are embedded in a protein matrix. The specific differentiation of the position and orientation of the fibres and related material properties respond to specific local requirements. The chitin fibres are incorporated in the matrix by forming individual unidirectional layers. In the areas where a non-directional load transfer is required, such individual layers are laminated together in a spiral (helicoidal) arrangement. The resulting isotropic fibre structure allows a uniform load distribution in every direction. On the other hand, areas which are subject to directional stress distributions exhibit a unidirectional layer structure, displaying an anisotropic fibre assembly which is optimized for a directed load transfer. Due to this local material differentiation, the shell creates a highly adapted and efficient structure. The abstracted morphological principles of locally adapted fibre orientation

generation, material design and manufacturing process of the pavilion.'

30 *Elytra Filament Pavilion, Victoria and Albert Museum*, icd.uni-stuttgart.de/?p=16443

31 *About the Elytra Filament Pavilion*, www.vam.ac.uk/articles/about-the-elytra-filament-pavilion

32 Achim Menges, *Elytra Filament Pavilion Vitra Campus, Weil am Rhein, 2017*, icd.uni-stuttgart.de/?p=18754

33 *ICD/ITKE Research Pavilion 2016-2017*, icd.uni-stuttgart.de/?p=18905

34 icd.uni-stuttgart.de/?p=22271

35 www.branch.technology/blogs/2017/9/1/branch-technology-wins-first-prize-in-nasas-3d-printed-habitat-challenge

36 Guvenc Ozel, 'Ozel Office 3D prints Mars habitat with carbon and basalt fiber', in *designboom*, 2 October 2015, www.designboom.com/architecture/ozel-office-3d-prints-mars-habitat-10-02-2015/: 'The composite fibers are made by processing the local martian basalt rock, in order to create basalt fiber. As a secondary material, they propose carbon fiber, harvested through an artificial photosynthesis chimney, which would suck up the CO_2 in the martian atmosphere, to split it into carbon and oxygen molecules. The carbon would be used for creating carbon fiber, and the oxygen would either be stored for later use or released back to the martian atmosphere for a gradual 'terraforming'.'

37 passivdom.com; techstartups.com/2017/12/14/ukrainian-startup-passivdom-will-build-you-an-off-the-grid-3d-printed-house-in-as-little-as-eight-hours/

38 www.google.com/patents/US20120135504

39 Superflux, 'Mycotecture (Phil Ross)', in Paola Antonelli, *Design and Violence*, 12 February 2014, www.moma.org/interactives/exhibitions/2013/designandviolence/mycotecture-phil-ross/

40 superflux.in/index.php/questions/#: 'By creating concrete experiences from the future, we want to transform decision making today. In order to do this, we start by acknowledging the fact that the future is not a fixed destination, but a constantly shifting and unfolding space of diverse potential. Central to reaching this potential is understanding that every individual experiences their world differently, based on their personal, geographic, social, and economic standing in the world. Because of this, planning for possible futures must be a diverse and inclusive process, rather than a monolithic and presumptive one. Our work understands that there are always multiple histories, presents, and futures.

Based on this position, we focus on creating tools, in the form of visceral experiences, leading to pertinent strategies for understanding both the present and the future. Our aim is to show how everyone – from individuals, communities, to cities, governments and corporations can adapt to radical change, and grow and flourish in this uncertain world. Over the years, we have developed our own, unique approach to address the complex challenges our clients and partners face. We call it High Fidelity Futures. What does 'High Fidelity' mean? Our approach to addressing, investigating, and then imagining rapid change uses both theory and hands on investigation. By combining strategies of foresight and speculation with listening, observing, and doing, the outcome is truly high fidelity – not merely on a surface level, but deeply considered with nuance, granularity, experience, and insight.'

41 See www.ecovativedesign.com/

42 'YAP 2014 Winner: Hy-fI by The Living', www.moma.org/slideshows/74/0?locale=en

43 Amy Frearson, 'Tree-shaped structure shows how mushroom roots could be used to create buildings', in *dezeen*, 4 September 2017, www.dezeen.com/2017/09/04/mycotree-dirk-hebel-philippe-block-mushroom-mycelium-building-structure-seoul-biennale/

44 MycoTree – Seoul Biennale for Architecture and Urbanism 2017, block.arch.ethz.ch/brg/project/mycotree-seoul-architecture-biennale-2017

constitute the basis for the computational form generation, material design and manufacturing process of the pavilion."

30 *Elytra Filament Pavilion, Victoria and Albert Museum*, icd.uni-stuttgart.de/?p=16443

31 *About the Elytra Filament Pavilion*, www.vam.ac.uk/articles/about-the-elytra-filament-pavilion

32 Achim Menges, *Elytra Filament Pavilion Vitra Campus, Weil am Rhein, 2017*, icd.uni-stuttgart.de/?p=18754

33 *ICD/ITKE Research Pavilion 2016-2017*, icd.uni-stuttgart.de/?p=18905

34 icd.uni-stuttgart.de/?p=22271

35 www.branch.technology/blogs/2017/9/1/branch-technology-wins-first-prize-in-nasas-3d-printed-habitat-challenge

36 Guvenc Ozel, 'Ozel Office 3D prints Mars habitat with carbon and basalt fiber', in *designboom*, 2 oktober 2015, www.designboom.com/architecture/ozel-office-3d-prints-mars-habitat-10-02-2015/: "The composite fibers are made by processing the local martian basalt rock, in order to create basalt fiber. As a secondary material, they propose carbon fiber, harvested through an artificial photosynthesis chimney, which would suck up the CO_2 in the martian atmosphere, to split it into carbon and oxygen molecules. The carbon would be used for creating carbon fiber, and the oxygen would either be stored for later use or released back to the martian atmosphere for a gradual 'terraforming'."

37 passivdom.com; techstartups.com/2017/12/14/ukrainian-startup-passivdom-will-build-you-an-off-the-grid-3d-printed-house-in-as-little-as-eight-hours/

38 www.google.com/patents/US20120135504

39 Superflux, 'Mycotecture (Phil Ross)', in Paola Antonelli, *Design and Violence*, 12 februari 2014, www.moma.org/interactives/exhibitions/2013/designandviolence/mycotecture-phil-ross/

40 superflux.in/index.php/questions/#: "By creating concrete experiences from the future, we want to transform decision making today. In order to do this, we start by acknowledging the fact that the future is not a fixed destination, but a constantly shifting and unfolding space of diverse potential. Central to reaching this potential is understanding that every individual experiences their world differently, based on their personal, geographic, social, and economic standing in the world. Because of this, planning for possible futures must be a diverse and inclusive process, rather than a monolithic and presumptive one. Our work understands that there are always multiple histories, presents, and futures.

Based on this position, we focus on creating tools, in the form of visceral experiences, leading to pertinent strategies for understanding both the present and the future. Our aim is to show how everyone – from individuals, communities, to cities, governments and corporations can adapt to radical change, and grow and flourish in this uncertain world. Over the years, we have developed our own, unique approach to address the complex challenges our clients and partners face. We call it High Fidelity Futures. What does 'High Fidelity' mean? Our approach to addressing, investigating, and then imagining rapid change uses both theory and hands on investigation. By combining strategies of foresight and speculation with listening, observing, and doing, the outcome is truly high fidelity – not merely on a surface level, but deeply considered with nuance, granularity, experience, and insight."

41 Zie www.ecovativedesign.com/

42 'YAP 2014 Winner: Hy-fI by The Living', www.moma.org/slideshows/74/0?locale=en

43 Amy Frearson, 'Tree-shaped structure shows how mushroom roots could be used to create buildings', in *dezeen*, 4 september 2017, www.dezeen.com/2017/09/04/mycotree-dirk-hebel-philippe-block-mushroom-mycelium-building-structure-seoul-biennale/

44 'MycoTree – Seoul Biennale for Architecture and Urbanisme 2017', block.arch.ethz.ch/brg/project/mycotree-seoul-architecture-biennale-2017

BIOFIBRES, RECYCLING, UNUSUAL SHAPES. EXPERIMENTING WITH COMPOSITES

Lut Pil

Biocomposites are increasingly becoming an option, also for objects used in everyday life. Flax, hemp, jute, bamboo and wood fibres are familiar materials used in recently developed biocomposites. Less obvious fibres are also experimented with: sea grass, pine needles, banana and rice hull fibres, artichoke stems and even mycelium of fungi. These new combinations are composite materials but are sometimes at the limit of what could still be defined as a fibre reinforced composite.

The most recent creations in which biocomposites are used are sometimes unique objects made in limited editions, sometimes prototypes for mass production or designs already launched on the market. The driving force behind many of these projects is the intention to fundamentally change the production and consumption process. Organic and renewable (residual) materials that are often cultivated or collected locally become sustainable raw materials used to make consumer goods produced on a local level that can be returned to the environment once their life cycle is completed. When the biomaterial literally grows into a product, we truly have a paradigm shift. It cannot be denied that we have changed the way we think about raw materials and waste. It is also true that natural materials remain tangibly present in many designs. The colour and texture of the visible fibre structure are tactile qualities that appeal to the senses and keep the awareness of nature as a material resource very much alive.

FLAX, HEMP, RAMIE   Within the context of the *Flax project,* which Christien Meindertsma started in 2009, she documented the growth process of flax on the land of Dutch farmer Gert Jan van Dongen in 2010. She bought the harvest of the agricultural plot to prevent it from being sold and shipped to China for further processing. *Flax Chair* (2015) is one of the products made of this locally grown natural material. Label Breed initiated a collaboration with Enkev, a company that specializes in the use of natural fibres. The chair is entirely made of a flax fibre PLA mat (PLA: polylactic acid, a biodegradable polymer).[1] Once the mat is formed in a 3D-mould (by heating the material it can be pressed into a number of complex shapes) it can be cut into a seat shell and legs. This cutting process produces hardly any waste material. Even

BIOVEZELS, RECYCLEREN, ONGEWONE VORMEN. EXPERIMENTEREN MET COMPOSIETEN

Lut Pil

Voor dagdagelijkse gebruiksobjecten zijn biocomposieten steeds meer een optie. Vlas-, hennep-, jute-, bamboe- en houtvezels zijn reeds vertrouwde materialen in de recent ontwikkelde biocomposieten. Ook met minder voor de hand liggende vezels wordt geëxperimenteerd: zeegras, dennennaalden, bananen- en rijstschilvezels, artisjokstengels en zelfs mycelium van zwammen. De nieuwe combinaties vormen composieten, maar bevinden zich soms op de grens van wat nog een vezelversterkt composietmateriaal kan worden genoemd.

De recente realisaties die gebruik maken van biocomposieten zijn nu eens unieke stukken die in kleine reeksen worden gemaakt, dan weer prototypes gericht op een grootschalige productie of ontwerpen die als product reeds op de markt zijn gelanceerd. De drijvende kracht achter veel van de projecten is de wil om het productie- en consumptieproces fundamenteel te veranderen. Organisch en hernieuwbaar (rest)materiaal dat vaak lokaal wordt verbouwd of opgehaald, wordt duurzame grondstof voor producten die lokaal worden geproduceerd en na hun levensloop eventueel teruggegeven kunnen worden aan de natuur. Wanneer het biomateriaal bovendien letterlijk groeit tot een product, is er sprake van een paradigmawissel. Zeker is dat er op een andere manier wordt nagedacht over grondstoffen en afval. Daarnaast blijft het natuurlijke materiaal in veel ontwerpen tastbaar aanwezig. De kleur en textuur van de zichtbare vezelstructuur zijn tactiele kwaliteiten die de zintuigen aanspreken en het bewustzijn van de natuur als bron van materiaal levendig houden.

VLAS, HENNEP, RAMIE   In de context van het *Vlasproject* dat Christien Meindertsma in 2009 opstartte, documenteerde ze in 2010 het groeiproces van vlas op de velden van de Nederlandse boer Gert-Jan van Dongen. Ze kocht zelf de opbrengst van het hele landbouwperceel om te voorkomen dat de oogst naar China zou worden verscheept voor verdere bewerking. *Flax Chair* (2015) is een van de producten gemaakt van dit lokaal gegroeide materiaal. Label Breed initieerde een samenwerking met het bedrijf Enkev dat gespecialiseerd is in natuurlijke vezels. De hele stoel is gemaakt uit een mat van vlasvezels-PLA (PLA: polymelkzuur, een biologisch afbreekbaar

the small strip of cutting residue is used to strengthen the chair legs. The result is a seat shell resting on four legs, which as a furniture design is a continuation of the modern, lightweight chair with the added value that it is made of 100% biodegradable materials. It is an industrially manufactured, transparent product with a clearly visible fabric, which is slightly different in each chair. The next step in Meindertsma's design philosophy is a product that recycles the chair's high-grade material when it is no longer used.[2] If eventually it is no longer possible to recycle this material, it can be returned to the environment because the combination of flax and PLA is also biodegradable.

Christien Meindertsma, Flax Chair (2015)
Photo: Studio Aandacht
© Label/Breed

In collaboration with OFFECCT Lab, Jin Kuramoto designed the *JIN* chair (2017) made of flax fibre composite material. Thin layers of flax fibres are placed on top of one another to shape the chair's structure. It is then coated with a biodegradable resin to let the structure harden. Kuramoto also made a carbon fibre composite version of this light and sturdy chair made of natural materials.[3]

The production process of Werner Aisslinger's *Hemp chair* (2012) has its roots in the automobile industry but does not evoke thoughts of improper use. The design of the *Hemp chair*, a chair made of hemp fibre reinforced composite material, refers to the history of 'plastic design', to the stackable monobloc chair. *Hemp chair* is a version made from natural fibres, a next step in the evolution of the modern, comfortable and practical cantilever chair.[4] *Hemp chair* is in a way a continuation of the wooden chair. Along with KO-HO's (Timo Hoisko & Matti Korpela) *Geometric* (2012), a chair also made of hemp fibre reinforced composite material, *Hemp chair* is included in *Wonder Wood. A Favorite Material for Design, Architecture and Art* (2012). This book, compiled by interior architect Barbara Glasner and design journalist and editor Stephan Ott 'presents the timeless material wood as it is being used today and how it can be used in the future'.[5]

In designs where shape is playfully experimented with, like the *Katra Chair* (2011) designed by Studio Katra, the properties of biocomposites are also highlighted. This chair, one version of which is made of ramie fibre or flax fibre composite material, 'resembles a sheet of paper skillfully folded into some icon of 'chairness', as if its maker were a master in the ancient art of Origami'.[6] The use of biocomposite materials makes it possible to give the

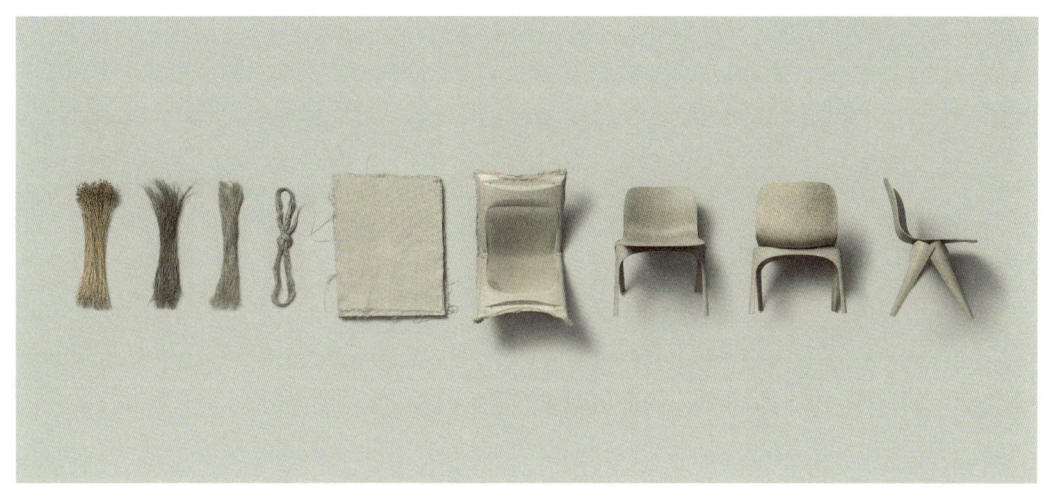

Christien Meindertsma, Flax Chair (2015)

polymeer).¹ Nadat de mat in een 3D-mal is vormgegeven (het materiaal kan door opwarming in complexe vormen worden geperst), wordt ze tot een zitschaal en poten versneden. Bij dit versnijden is er nauwelijks materiaalafval. Zelfs de kleine strook restmateriaal wordt gebruikt ter versteviging van de poten. Het resultaat is een zitschaal op vier poten dat als type meubel voortbouwt op de moderne, lichtgewicht stoel maar tegelijkertijd 100% biogebaseerd is. Het is een industrieel geproduceerd, transparant product met een duidelijk zichtbaar weefsel dat in elke stoel lichtjes verschilt. De volgende stap in de ontwerpfilosofie van Meindertsma is een product dat het hoogwaardige materiaal van de stoel recycleert wanneer de stoel niet langer wordt gebruikt.² Wanneer uiteindelijk verdere recyclage onmogelijk is, kan het materiaal teruggegeven worden aan de natuur, want de combinatie vlas-PLA is ook biodegradeerbaar.

In samenwerking met OFFECCT Lab ontwierp Jin Kuramoto de *JIN* stoel (2017) uit vlasvezelcomposietmateriaal. Dunne lagen van vlasvezels worden over elkaar gelegd om de structuur van de stoel te vormen. Nadien wordt een biodegradeerbare hars aangebracht die deze structuur laat uitharden. Van deze lichte en sterke stoel in natuurmateriaal maakt Kuramoto nadien een variant in koolstofvezelcomposiet.³

Hemp chair (2012) van Werner Aisslinger ontleent zijn productieproces aan de automobielindustrie maar roept niet de gedachte op aan oneigenlijk gebruik. De vormgeving van *Hemp chair*, een stoel van hennepvezelversterkt composietmateriaal, refereert aan de geschiedenis van 'plastic design', aan de stapelbare monoblok stoel. *Hemp chair* is een variant in natuurlijke vezels, een verdere evolutie van de moderne, comfortabele en praktische achterpootloze stoel.⁴ *Hemp chair* is in zekere zin een vervolg op een stoel in hout. Samen met *Geometric* (2012) van KO-HO (Timo Hoisko & Matti Korpela), eveneens een stoel uit hennepvezelversterkt composietmateriaal, is *Hemp chair* opgenomen in *Wonder Wood. A Favorite Material for Design, Architecture and Art* (2012). Het boek, samengesteld door interieurarchitect Barbara Glasner en designjournalist en redacteur Stephan Ott, 'presents the timeless material wood as it is being used today and how it can be used in the future'.⁵

KO-HO, Geometric (2012) Photo: Matti Korpela © KO-HO

left Studio Katra, Katra Chair (2011)

chair its unique shape.[7] Not only do the contours draw an austere geometric pattern in the room, but their linear aspect also alludes to natural forms. You can, for instance, recognize the elegance of natural stems. Also the fact that flax is grown locally, that the agricultural production of flax is traceable and that flax is available on the local market are important aspects determining the cultural significance of designing with biocomposites. It is one of the reasons why Studio Katra switched from ramie – an Asian flax variant – to flax.[8] In recent projects, Studio Katra also works with jute fibre, bamboo fibre and coconut fibre. The seat of *Koko Chair* (2018), for example, is made of coconut fibre composite.

Biocomposites can also evoke the image of woven wicker. *Cod* (2015) designed by Virginie Breton for BBDOR is a basket made of flax fabric in epoxy resin. Because it is so strong and light, the basket is perfectly suited to carrying a baby and putting it to sleep safely. It is not, however, the technological aspect that predominates. It is more like Moses' wicker basket that has moored in the twenty-first century. The woven structure of *Danseuse* (2009), a lampshade designed by Rafaële David and Géraldine Hetzel for az&mut, creates a poetic play of light.[9] And the 3D printed desk lamp *L1* (2014) designed by Samuel Javelle for Drawn shows the flax fibre composite in a 'sumptuous' textile materiality.[10] That way biocomposites blend in perfectly with a rich textile culture.

<u>PINE NEEDLES, LEAVES, GRASSES, PLANTS, WOOD</u>   Organic fibres can also be residual materials from the start. In forestry specializing in the production of wood, many coniferous trees are cut down. In this process the heaps of pine needles are considered waste. Tamara Orjola experimented with these pine needles. She developed a fibre extraction technique and processed the fibres to turn them into textiles and composite materials. For the composite material the fibres, which naturally contain resin, are heated and pressed. Depending on the required strength and length of the fibres a biodegradable bonding agent may be added. This resulted in the *Forest Wool* (2016) collection, a series of carpets and stools.[11] Designing and manufacturing in this way can be an alternative for what has been lost due to mass production. 'It all begins with research about the forgotten value of plants and techniques. There is a lot of knowledge and awareness we used to pass from generation to generation which got forgotten due to development of mass production. Valuable local materials and techniques are left behind due to unwillingness of mass-production to adapt for more sustainable but less sufficient sources of production.'[12]

Bij ontwerpen waarin nadrukkelijker met vorm wordt gespeeld, zoals de *Katra Chair* (2011) van Studio Katra, expliciteert men eveneens de eigenschappen van het biocomposietmateriaal. De stoel, die bestaat in een versie uit ramievezel- en een versie uit vlasvezelcomposietmateriaal, "resembles a sheet of paper skillfully folded into some icon of 'chairness', as if its maker were a master in the ancient art of Origami".[6] De vorm is mogelijk dankzij het biocomposietmateriaal.[7] De contouren tekenen niet enkel een strakke geometrie in de ruimte, maar roepen in hun lijnvoering gelijkenissen op met natuurlijke vormen. Men herkent er bijvoorbeeld even goed de elegantie in van natuurlijke stengels. Ook het feit dat vlas lokaal wordt verbouwd, dat de landbouwproductie van het vlas kan worden getraceerd en dat het vlas lokaal beschikbaar is, zijn belangrijke aspecten in de culturele betekenis van ontwerpen met biocomposieten. Het is een van de redenen waarom Studio Katra van ramie – een Aziatische variant van vlas – op vlas is overgegaan.[8] In recente projecten werkt Studio Katra ook met jute-, bamboe- en kokosvezels. De zitschelp van bijvoorbeeld *Koko Chair* (2018) is gemaakt uit kokosvezelcomposiet.

left Studio Katra & Veso Concept, Koko Chair (2018)

Virginie Breton, Cod for BBDOR (2015) Photo: Anthony De Meyere © Design Museum Gent

Biocomposieten kunnen ook het beeld oproepen van geweven riet. *Cod* (2015) van Virginie Breton voor BBDOR is een draagmand uit vlasweefsel in epoxyhars. Sterk en licht is de mand ideaal voor het veilig vervoeren en te slapen leggen van een baby. Toch overheerst niet het technologische aspect. Het lijkt veeleer alsof de rieten mand van Mozes in de eenentwintigste eeuw is aangemeerd. De geweven structuur van *Danseuse* (2009), een lampenkap ontworpen door Rafaële David en Géraldine Hetzel voor az&mut, creëert dan weer een poëtisch lichtspel.[9] En de 3D-geprinte bureaulamp *L1* (2014) van Samuel Javelle voor Drawn toont vlasvezelcomposiet in een 'weelderige' textiele materialiteit.[10] Biocomposieten sluiten zo ook aan bij een rijke textielcultuur.

DENNENNAALDEN, BLADEREN, GRASSEN, PLANTEN, HOUT De organische vezels kunnen ook van bij de start restmateriaal zijn. In de bosbouw gericht op houtproductie worden veel naaldbomen gekapt. De massa's dennennaal-

Tamara Orjola, Forest Wool (2016) Photo: Ronald Smits © Design Academy Eindhoven

left Synthetic by Nature – Design Museum Gent 2015 Photo: Phile Deprez © Design Museum Gent

Similar byproducts of trees are the leaves. In 2013 Meital Tzabari developed a composite material from fallen autumn leaves, which could be used for a variety of interior design products. She named the project *Re:connect*: In the design of a chair or another object, the composite material made of leaves can be joined to a structure made of wood, wood on which the leaves may have grown before it was cut.

Šimon Kern designed his *Beleaf Chair* (2016) using recycled leaves. The seat shell is made of a mixture of fallen leaves and biodegradable resin pressed together in a mould. Once it has hardened and has been polished, the seat shell is fitted onto a metal frame. The metal frame is conceived as a 'trunk and branches for the leaves'. This image is perpetuated in the chair's life cycle. Just like leaves fall from a tree in autumn, this seat shell can be given back to nature after a certain time. 'If it gets damaged we just put it under the tree, where it disappears into the soil and fertilises a tree. Then we pick the fallen leaves once again, and make a new seat.'[13] This new seat shell can then be fitted onto the existing metal frame again.

Artichair (2013) is the result of a partnership between designer Spyros Kizis and the company Schaffenburg, which specializes in office design and the manufacture of office furniture. *Artichair* is made from the fibres of wild cardoon (Cynara cardunculus), which is a thistlelike plant of the artichoke family that is found in abundance in Greece. In the composite material certain cardoon components are processed which are not used in the biofuel industry. These fibres are mixed with bioresin and pressed in a mould to produce a modern seat shell that can be an ecologic alternative for seat shells made out of glass fibre reinforced composite materials. Cardoon seeds are mixed in with the material so that when it is returned to the environment there is a chance that new cardoon plants germinate on that spot. *Artichair* is part of the *Artichair Project* in which prototypes are made of various pieces of furniture. KIZI Studio continues its search for new applications in product design.[14]

den zijn hierbij afval. Tamara Orjola experimenteerde met deze dennennaalden. Ze ontwikkelde een vezelextractietechniek en bewerkte de vezels om er onder meer textiel en composietmateriaal van te maken. Voor het composietmateriaal worden de vezels, waarin hars op natuurlijke wijze aanwezig is, verwarmd en geperst. Afhankelijk van de gewenste sterkte en de lengte van de vezels kan een biodegradeerbaar bindmiddel worden toegevoegd. Het resulteerde in de collectie *Forest Wool* (2016), een reeks tapijten en krukjes.[11] Op deze manier ontwerpen en produceren kan een alternatief zijn voor wat verloren is gegaan met massaproductie. 'It all begins with research about the forgotten value of plants and techniques. There is a lot of knowledge and awareness we used to pass from generation to generation which got forgotten due to development of mass production. Valuable local materials and techniques are left behind due to unwillingness of mass-production to adapt for more sustainable but less sufficient sources of production.'[12]

Meital Tzabari, Re:connect (2013)
© Meital Tzabari

left Šimon Kern, Beleaf Chair (2016)
© Šimon Kern

Een soortgelijk bijproduct van bomen zijn bladeren. Meital Tzabari ontwikkelde in 2013 met gevallen herfstbladeren een composietmateriaal dat voor uiteenlopende interieurproducten kan worden gebruikt. Ze noemde het project *Re:connect*: het composietmateriaal van de bladeren kan in de ontwerpen van een stoel of een ander object verbonden worden met een houten structuur, hout waaraan de bladeren voordien misschien hebben gegroeid.

Šimon Kern ontwierp met gerecycleerde bladeren *Beleaf Chair* (2016). De zitschelp bestaat uit een mengsel van gevallen bladeren en biodegradeerbaar hars dat in een mal wordt geperst. Na uitharden en polijsten wordt de zitschelp op een metalen kader gemonteerd. Het metalen skelet is opgevat als een 'boomstam en takken voor de bladeren'. Dit beeld wordt ook doorgetrokken in de levencyclus van de stoel. Zoals de bladeren in de herfst mogen vallen, zo mag ook deze zitschelp na verloop van tijd teruggegeven worden aan de natuur. 'If it gets damaged we just put it under the tree, where it disappears into the soil and fertilises a tree. Then we pick the fallen leaves once again, and make a new seat.'[13] Die nieuwe zitschelp kan dan opnieuw bevestigd worden aan het bestaande metalen kader.

Artichair (2013) is het resultaat van een samenwerking tussen ontwerper Spyros Kizis en het bedrijf Schaffenburg, specialist in het inrichten van

Artichair II (2018) is made from cardoon fibres converted into laminates, and reclaimed bird plywood from local factories. This chair is mass producible.

Designers also experiment with common eelgrass (Zostera marina), which is a sea grass that grows in brackish and salt water and thrives in the waters along the German coast between the estuaries of the rivers Weber and Elbe. When the leaves die, they are carried away by the waves and washed ashore. There the decomposition process continues until they form a natural fertile soil. On tourist beaches this process of decay is not really appreciated so the brown leaves are cleared. For Carolin Pertsch, who was familiar with sea grass as a child and who still associates it with certain smells, sounds and sensations, it is a challenge to work with this natural material. After a long period of experimenting she developed a fibre-reinforced ecoplastic using a bioresin as a matrix. Pertsch uses this composite material to make seats for simple stools. By selecting specific shades of brown in the material she can make the seats of the *Zostera Stool* (2015) in variations of brown.[15]

Carolin Pertsch, Zostera Stool (2015) © Carolin Pertsch

left Spyros Kizis, Artichair II (2018) © Spyros Kizis

To make their *Well Proven Chair* (2012) Marjan van Aubel and James Shaw mixed wood chips, production waste from the wood industry, with bioresin, water and paint at a specific temperature to create a chemical reaction until they get a foamy mass.[16] When this material is applied onto the curve of a seat mould with legs, the composite material starts to rise and eventually hardens into a strong but light seat. *Well Proven Chair* refers to classic precursors in plastic but with its foamy back and seat it evokes the image of an exuberant production process. A natural material that erupts and solidifies like magma: it is no surprise that there is also a *Well Proven Stromboli* edition, inspired by a trip to the Italian volcanic island. The *Well Proven Stool (Small, Medium, Large)* (2014) series was designed exclusively for Transnatural Label, an art and design label balancing between nature and technology, interested in alternative energy sources and new materials.[17] For one of the prototypes of the *Well Proven Chair* they made a life cycle analysis. The detailed calculation of the total impact on the environment throughout the chair's complete life cycle, from raw materials purchasing, production and transport to its intended use and waste disposal, was published by the American Hardwood Export Council and can be consulted online.[18]

The Finnish company Woodio, which developed a composite material based on locally grown aspen wood and bio-based polyester, defines its mission as 'reinventing wood'. The composite material is made 100% waterproof and used, among others, for the production of items such as washbasins.[19]

Beologic is a company that gives designers and manufacturing busi-

Spyros Kizis,
Artichair (2013)
© Spyros Kizis

kantoren en het produceren van kantoormeubilair. *Artichair* is gemaakt van vezels van de wilde kardoen (Cynara cardunculus), een distelachtige plant die verwant is aan de artisjok en in Griekenland volop groeit. In het composietmateriaal worden bestanddelen van de kardoen verwerkt die niet gebruikt worden in de biobrandstofindustrie. De vezels worden gemengd met biohars en in een mal geperst tot een moderne zitschelp die een ecologisch alternatief kan zijn voor de zitschelpen uit glasvezelcomposiet. In het materiaal worden ook bewust kardoenzaden vermengd, zodat bij teruggave aan de natuur de kans bestaat dat op die plek nieuwe kardoenplanten ontkiemen. *Artichair* maakt deel uit van het *Artichair Project* waarin prototypes van meerdere meubelstukken zijn gemaakt. KIZI Studio zoekt verder naar toepassingsmogelijkheden in productdesign.[14] De nieuwe *Artichair II* (2018) is gemaakt uit een laminaat van vezels van de wilde kardoen en uit multiplex van berkenhout dat gerecupereerd wordt bij lokale bedrijven. Deze stoel kan in massa geproduceerd worden.

Ook met groot zeegras (Zostera marina), dat groeit in brak en zout water en goed gedijt langs de kust tussen de Weber en de Elbe in Duitsland, wordt geëxperimenteerd. Wanneer de bladeren afsterven worden ze door de golven meegevoerd naar het strand. Daar vergaan ze verder en vormen ze een natuurlijke voedingsbodem. Op toeristische stranden wordt dit rottingsproces niet gewaardeerd en worden de bruin geworden bladeren geruimd. Voor Carolin Pertsch, die zeegras reeds als kind kent en het verbindt met geuren, geluiden en gevoelens, is het een uitdaging om met dit materiaal te werken. Na veel experimenteren heeft ze er een vezelversterkte eco-plastic mee ontwikkeld, met een biohars als matrix. Pertsch maakt met het composietmateriaal zitvlakken voor eenvoudige krukjes. Door te selecteren naar tinten bruin in het materiaal kan ze de zittingen van de *Zostera Stool* (2015) in variaties van deze kleur produceren.[15]

nesses the opportunity to compose their own composite materials. They can opt for a bio-based fibre reinforcement (short fibres) in materials such as flax, hemp, sisal, bamboo, coconut, rice plant leaves, grass, nutshells or sunflower seed hulls.[20] When a designer or company wishes to work with a different fibre, Beologic can examine in what manner the base material needs to be processed in order to obtain fibres with a length that ensures optimal functional efficiency. The French vineyard industry inquired about the possibilities of processing the grapevine prunings into a wine-related product. Beologic developed a process in which the dried vine prunings were ground and turned into a granulate, using polypropylene as a matrix for the vine fibre reinforced composite material. Applying an injection moulding technique, they produced a wine cooler (2016), a promotional gift for wine growers.[21]

Marjan van Aubel James Shaw, Well Proven Chair (201

MYCELIUM, SALT CRYSTALS Interdisciplinary openness, experimental research combined with a DIY mentality and a focus on sustainability are also characteristic for the *Mycelium Project* set up by Studio Klarenbeek and Dros (Eric Klarenbeek and Maartje Dros) in 2011 and which has yielded objects such as the *Mycelium Chair* (2013) and the *Veiled Lady* stool (2014). In collaboration with scientists from the Mushroom Research Group of the University of Wageningen (NL), the designer developed a composite material on the basis of mycelium, the threadlike structures of fungi, generally growing in the substratum. Using a homemade 3D printer, Eric Klarenbeek prints an extremely thin, hollow structure made of biodegradable plastic (PLA) filled with a mixture of chopped straw, water, living oyster mushroom spores and nutrients for the germinating spores. In an environment of 24 °C and 97% humidity, and in one week's time, the spores contained in the straw start to grow into long threads, which in combination with the fully dried straw constitute a strong and ecologic composite material. Its whimsical shape refers to the potential of the computer-controlled 3D printer and to the organic

Marjan van Aubel & James Shaw, Well Proven Chair (2012)

Voor *Well Proven Chair* (2012) vermengen Marjan van Aubel en James Shaw houtspaanders afkomstig van productieafval met biohars, water en verf en laten dit mengsel bij een bepaalde temperatuur chemische reageren tot een schuimige massa.[16] Wanneer het materiaal wordt aangebracht tegen de ronding van een zitmal met poten, begint het composietmateriaal te rijzen en hardt het uit tot een sterke en lichte zitting. *Well Proven Chair* verwijst naar de klassieke voorlopers in kunststof maar roept met zijn schuimige rug- en onderkant het beeld op van een exuberant vormingsproces. Een natuur die uitbarst en stolt als magma: het is niet vreemd dat er een *Well Proven Stromboli* editie is, geïnspireerd door een reis naar het Italiaanse vulkaaneiland. De reeks *Well Proven Stool (Small, Medium, Large)* (2014) is speciaal ontwikkeld voor het Transnatural Label, een kunst- en designlabel dat balanceert tussen natuur en technologie en aandacht heeft voor alternatieve energie en nieuwe materiaalbronnen.[17] Voor een van de prototypes van *Well Proven Chair* is een levenscyclusanalyse uitgevoerd. De gedetailleerde berekening van de totale milieubelasting van de stoel gedurende de hele levenscyclus, van het aanschaffen van de grondstoffen, de productie, het transport tot het gebruik en de afvalverwerking, is door de American Hardwood Export Council gepubliceerd en online te raadplegen.[18]

Het Finse bedrijf Woodio, dat een composietmateriaal ontwikkelde op basis van lokaal gegroeid espenhout en biogebaseerd polyester, omschrijft zijn missie als 'reinventing wood'.[19] Het composietmateriaal wordt 100% waterresistent gemaakt en onder meer gebruikt voor wastafels.

Het bedrijf Beologic biedt designers en productiebedrijven de mogelijkheid om zelf hun composietmateriaal samen te stellen. Voor de biogebaseerde vezelversterking (korte vezels) kan er gekozen worden uit bijvoorbeeld vlas, hennep, sisal, bamboe, kokosnoot, bladeren van de rijstplant, gras, omhulsels van noten of van zonnebloempitten.[20] Wanneer een designer of bedrijf met een andere vezel wil werken, kan Beologic onderzoeken hoe het basismateriaal verwerkt dient te worden om vezels te verkrijgen waarvan de lengte afgestemd is op functionele efficiëntie. Vanuit de Franse wijngaardindustrie werd de vraag gesteld of snoeihout van de wijngaarden verwerkt kon worden tot een wijngerelateerd product. Beologic ontwikkelde een proces om het gedroogde snoeihout te vermalen en er granulaat van te maken, met polypropyleen als matrix van het met wijnstokkenvezels versterkte composietmateriaal. Hiermee werd op basis van spuitgieten een wijnkoeler (2016) gemaakt, een promotiegeschenk voor wijnbouwtelers.[21]

living material, which in some places is allowed to grow through the PLA construction as an illustrative decoration. You could say that this is a composite material that reverses the roles of fibres and matrix: the mycelium strands act as bonding agents for the organic fibres.

The Krown-design start-up (www.krown-design.com), of which Klarenbeek is a constituent member, offers consumers the possibility to order products 'grown on demand' or to purchase a Grow-It-Yourself Mushroom Material kit from Ecovative, a New York-based company that develops mycelium applications, and create their own piece of furniture. Krown-design clearly endorses a commitment to reduce our environmental footprint as much as possible.[22]

This commitment is part of a broad social movement. The *Mycelium Chair* project was one of the items in the 'Linking Parts' (2013-2014) exhibition set up by Arjen Bangma of the above-mentioned Transnatural label in collaboration with Grand-Hornu Images. The curator's introduction to the exhibition was clear: 'In a world with some vulnerable systems and a shortage of fossil fuels, energy and food, it appears to be high time to take a different approach to things, on various levels. For too long we have looked upon our natural, organic and technological environment as separate entities, without even considering their complementariness. Nature has been exploited for

Studio Eric Klarenbeek, Mycelium Chair (2013)
© Studio Klarenbeek & Dros

Beologic, Wine cooler (2016)

left Woodio, Wash basin (2018)
© Woodio

MYCELIUM, ZOUTKRISTALLEN   Interdisciplinaire openheid, experimenteel onderzoek gekoppeld aan een DIY-mentaliteit en aandacht voor duurzaamheid typeren ook het *Mycelium Project* dat Studio Klarenbeek en Dros (Eric Klarenbeek en Maartje Dros) sinds 2011 hebben opgezet en onder meer heeft geresulteerd in *Mycelium Chair* (2013) en in de kruk *Veiled Lady* (2014). Uitgevoerd in samenwerking met wetenschappers van de Mushroom Research Group van de Universiteit van Wageningen (NL) ontwikkelde de ontwerper een composietmateriaal op basis van mycelium, het (meestal ondergronds groeiende) dradennetwerk van zwammen. Met een zelfgemaakte 3D-printer print Eric Klarenbeek een uiterst dunne, holle structuur uit biodegradeerbare kunststof (PLA) met binnenin een mengsel van vermalen stro, water, levende oesterzwamsporen en voedingsstoffen voor de ontkiemende sporen. In een omgeving van 24 °C en 97% luchtvochtigheid groeien de sporen in het stro in een week tijd uit tot lange draden die samen met het stro in gedroogde toestand een stevig en ecologisch composietmateriaal vormen. De grillige vormgeving verwijst naar de mogelijkheden van de computergestuurde 3D-printer en naar het organisch, levend materiaal dat op sommige plaatsen zelfs door de PLA-constructie mag doorgroeien als illustratieve decoratie. Men kan hier spreken van een composietmateriaal waarin de rollen van vezels en matrix zijn omgedraaid: de myceliumdraden werken als bindmiddel van de organische vezels.

De start-up Krown-design (www.krown-design.com), waaraan Klarenbeek mee aan de basis ligt, biedt gebruikers de mogelijkheid om producten 'grown on demand' te bestellen of om met een Grow-It-Yourself Mushroom Material kit van Ecovative, een in New York gevestigd bedrijf dat myceliumtoepassingen ontwikkelt, zelf aan de slag te gaan. Krown-design past in een duidelijk engagement om onze omgeving zo weinig mogelijk te belasten.[22]

Het engagement past binnen een brede maatschappelijke beweging. Het *Mycelium Chair* project was een van de items op de tentoonstelling 'Linking Parts' (2013-2014), samengesteld door Arjen Bangma van het vermelde label Transnatural, in samenwerking met Grand-Hornu Images. De inleiding van de curator bij de tentoonstelling was duidelijk: 'In een wereld met enkele kwetsbare systemen en tekorten aan fossiele brandstof, energie en voedsel, lijkt het meer dan tijd te zijn om de zaken anders aan te pakken op verschillende niveaus. We hebben onze natuurlijke, organische en technologische

too long like a walled garden we could draw upon to meet our ever-increasing needs. When we had enough, we dumped our waste in the very place we got our food and energy from. A couple of decades ago, however, we started to realize that these different aspects could be compatible. We only have to find new ways to make each other stronger and to establish a symbiosis. The 'Linking Parts' exhibition explores the 'links' that can clear the way for the exploration of new systems. What happens when we bring together the potential and characteristics of people, animals, plants and machines and look at them as potential components of new entities? What if we allow these new entities, without any regulations or preconceptions with regard to the place and function of new combinations, to form newly combined systems, a fusion of modern and classic components? They can be the result of a range of different applications for implementation. In contrast to traditional forms of collaboration, 'Linking Parts' suggests the possibility of a new kind of innocuous and even playful contribution of people, animals and machines which benefits all parties involved and does not cause any harm.'

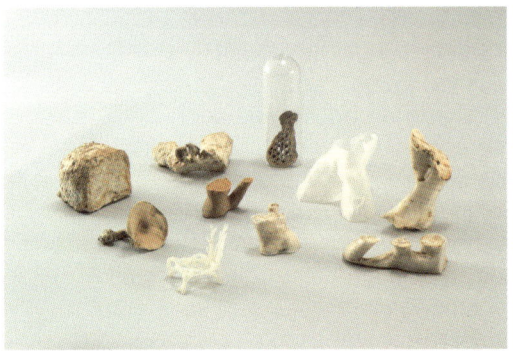

Studio Eric Klarenbeek, Mycelium Project
Photo: Benjamin Orgis © Studio Klarenbeek & Dro

Several artists, designers and scientists are experimenting with mycelium. Starting from an artistic project in which Philip Ross grew a series of furniture on a basis of mycelium composite (*Yamanaka Collection*, 2012), Ross, along with a few partners, started MycoWorks in 2013 (www.mycoworks.com).[23] The multidisciplinary team of MycoWorks believes that mycelium can be used for a whole range of different products and makes its views public through scientific channels like *Proceedings of the American Society for Composites*.[24] Sonia Travaglini, a researcher at the University of California, Berkeley (USA), who collaborates with Ross, gives a very imaginative description of what they do: 'Your room is mushroom' or 'The future is fun-gible'.[25]

The Growing Lab of Officina Corpuscoli, Maurizio Montalti's practice, has also been experimenting for years with mycelium as an alternative material and alternative production process. The new products made with this material are intentionally kept simple because Montalti does not wish to be prominently present as a designer. 'I am merely the choreographer. The fungus is the actual designer.'[26] It is not about experimenting with form but about the positive impact this research may have on industrial production as we know it today. Montalti compares the growth of mycelium with a slow version of 3D printing.[27] In Wim van Egmond's film *One Day/Four Seconds* (2016) this fungal growth is transformed into a poetic image.

The research project *Bio Ex-Machina*, in which Officina Corpuscoli and Co-de-iT (computational design) work together with other partners, wants

omgeving te lang beschouwd als afzonderlijke entiteiten, zonder rekening te houden met hun complementariteit. De natuur werd veel te lang geëxploiteerd als een ommuurde plek waar we uit putten om aan onze steeds grotere behoeften te voldoen. Zodra we genoeg hadden, ontdeden we ons van het afval op de plaats waar ons voedsel en onze energie vandaan kwamen. Enkele tientallen jaren geleden kwamen we echter tot het besef dat de verschillende aspecten verenigbaar kunnen zijn. We moeten alleen nieuwe manieren vinden om elkaar sterker te maken en een symbiose te vormen. De tentoonstelling 'Linking Parts' verkent de 'banden' die de weg kunnen vrijmaken voor het verkennen van nieuwe systemen. Wat gebeurt er als we de capaciteiten en kenmerken van mensen, dieren, planten en machines samenbrengen en bekijken als mogelijke onderdelen van nieuwe entiteiten? Wat als we deze nieuwe entiteiten zonder enige regels of vooroordelen over de plaats en functie van nieuwe combinaties hun eigen gang laten gaan om nieuwe gecombineerde systemen te vormen, gevormd door een samensmelting van moderne en klassieke componenten? Deze kunnen het resultaat zijn van verschillende toepassingen voor de implementatie. In tegenstelling tot traditionele vormen van samenwerking suggereert 'Linking Parts' de mogelijkheid voor een nieuwe soort van onschuldige en zelfs speelse bijdrage van mensen, dieren en machines die gunstig is voor alle partijen en geen schade veroorzaakt.'

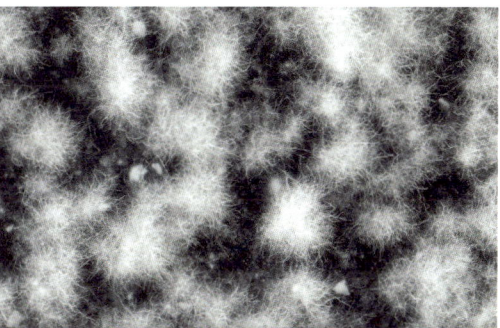

Wim van Egmond, One Day/Four Seconds (2016) © Wim van Egmond

left The Growing Lab - Mycelia © Officina Corpuscoli / Maurizio Montalti

Meerdere kunstenaars, ontwerpers en wetenschappers experimenteren met mycelium. Vanuit een artistiek project waarin Philip Ross een reeks meubilair liet groeien op basis van myceliumcomposiet (*Yamanaka Collection*, 2012), startte Ross in 2013 samen met enkele andere partners MycoWorks op (www.mycoworks.com).[23] Het multidisciplinaire team van MycoWorks gelooft dat mycelium inzetbaar is voor heel uiteenlopende producten en communiceert er ook over via wetenschappelijke kanalen zoals de *Proceedings of the American Society for Composites*.[24] Sonia Travaglini, een onderzoekster van de University of California, Berkeley (VSA), met wie Ross samenwerkt, kan het ook erg beeldend omschrijven: 'Your room is mushroom' of 'The future is fun-gible'.[25]

Ook *The Growing Lab* van Officina Corpuscoli, de praktijk van Maurizio Montalti, experimenteert reeds jaren met mycelium als alternatief materiaal en alternatief productieproces. De nieuwe producten die ermee worden gemaakt, zijn bewust eenvoudig gehouden, omdat Montalti niet nadrukkelijk aanwezig wil zijn als ontwerper. 'Ik ben slechts de choreograaf. De schimmel is de werkelijke ontwerper.'[26] Het gaat niet om experimenteren met vorm,

to have 3D-printed structures colonized by mycelium.[28] As this transforms the 3D-printed structure over time, this is a form of 4D printing. The shape of these structures can be changed easily by adapting the digital files that control the 3D printing process.

The research done within the framework of the *Bio Ex-Machina* project is also used in *Growing Fungi Structures in Space*, a project in which Officina Corpuscoli collaborates with the University of Utrecht and the European Space Agency.

Bio Ex-Machina
© Officina Corpuscoli & digifabTURINg

A recent project *Caskia/Growing a Marsboot* (2017), developed by OurOwnSkin/Liz Ciokajlo in close collaboration with Officina Corpuscoli/Maurizio Montalti, follows the same approach. *Caskia/Growing a Marsboot* was commissioned by The Museum of Modern Art (MoMA) for the exhibition entitled 'Items: Is Fashion Modern?' (2017-2018) set up by Paola Antonelli. The exhibition displays 111 items that have or have had a major impact on our world.[29] *Caskia/Growing a Marsboot* reflects upon the material culture of a generation that will travel to Mars, from a completely different perspective than that of the twentieth century: 'Growing a MarsBoot is a project rethinking and questioning, through a designer lens, our 21st century material culture, its values and the ongoing challenges and perspectives of living on Mars. The challenges and the restrictions characterising space travel and the need of optimising logistic needs, are addressed by minimising the quantity of needed matter (mycelium spores) loaded in the craft at launch and by later growing materials and tools during the journey towards Mars. In this scenario, astronaut's sweat is filtered and combined with fungal mycelium, partly feeding the fungal culture for the generation of grown materials, raising debate about how much of our own bodies can be utilised as material source for producing fashion items in space and on Mars. A combination of hi-tech and lo-tech processes are implemented to construct the footwear with mycelium variants, such as pure or composite (cotton/hemp + fungus) mycelium-based materials, characterised by different physical and technical qualities.

Culturally, the concept references to and addresses both the H.G. Wells dystopian view of Mars scarcity and the Alice Jones and Ella Merchant utopian view of Mars female liberation and harmony, as evident in science fiction when discussing the province of Caskia. While Tecnica's Original Moonboot (early 1970s) reflected the material culture characterising the 'Plastics Age',

maar om de positieve impact die dit onderzoek kan hebben op de industriële productie zoals wij die tot nu toe kennen. De groei van mycelium vergelijkt Montalti met een trage vorm van 3D-printing.[27] In de film *One Day/Four Seconds* (2016) van Wim van Egmond is deze groei een poëtisch beeld.

Het onderzoeksproject *Bio Ex-Machina*, waarin Officina Corpuscoli en Co-de-iT (computationeel design) samenwerken met andere partners, wil 3D-geprinte structuren laten koloniseren door mycelium.[28] Omdat de 3D-geprinte structuur hierbij transformeert in een tijdsverloop is dit een vorm van 4D-printing. De vorm van de structuren kan probleemloos veranderd worden door het digitale bestand dat het 3D-printen aanstuurt, aan te passen.

Het onderzoek dat gevoerd wordt in het kader van *Bio Ex-Machina* wordt ook ingezet in *Growing Fungi Structures in Space*, een project waarin Officina Corpuscoli samenwerkt met de Universiteit van Utrecht en met de Europese Ruimtevaartorganisatie.

Het recente project *Caskia/Growing a Marsboot* (2017), ontwikkeld door OurOwnSkin/Liz Ciokajlo in nauwe samenwerking met Officina Corpuscoli/Maurizio Montalti, sluit hierbij aan. *Caskia/Growing a Marsboot* is een opdracht van The Museum of Modern Art (MoMA) voor de tentoonstelling 'Items: Is Fashion Modern?' (2017-2018), samengesteld door Paola Antonelli. De tentoonstelling presenteert 111 items waarvan de impact op de wereld groot is of groot is geweest.[29] *Caskia/Growing a Marsboot* reflecteert over de materiële cultuur van de generatie die naar Mars zal reizen, vanuit een perspectief dat duidelijk verschilt van dat van de twintigste eeuw: 'Growing a MarsBoot is a project rethinking and questioning, through a designer lens, our 21st century material culture, its values and the ongoing challenges and perspectives of living on Mars. The challenges and the restrictions characterising space travel and the need of optimising logistic needs, are addressed by minimising the quantity of needed matter (mycelium spores) loaded in the craft at launch and by later growing materials and tools during the journey towards Mars. In this scenario, astronaut's sweat is filtered and combined with fungal mycelium, partly feeding the fungal culture for the generation of grown materials, raising debate about how much of our own bodies can be utilised as material source for producing fashion items in space and on Mars. A combination of hi-tech and lo-tech processes are implemented to construct the footwear with mycelium variants, such as pure or composite (cotton/hemp + fungus) mycelium-based materials, characterised by different physical and technical qualities.

Culturally, the concept references to and addresses both the H.G. Wells dystopian view of Mars scarcity and the Alice Jones and Ella Merchant utopian view of Mars female liberation and harmony, as evident in science fiction when discussing the province of Caskia. While Tecnica's Original Moonboot (early 1970s) reflected the material culture characterising the 'Plastics Age', with this project we aim to evolve the archetype towards a degradable, 'made in space', female MarsBoot, reflecting on our 21st century challenges and values, as well as on the responsibility towards the consequences deriving from the introduction of any material on any typology of ecosystem.'[30]

In het onderzoeksproject *Rethinking High Fashion Shoes* (2012-lopend, KASK School of Arts HoGent) probeert schoenontwerpster Kristel Peters met mycelium te werken voor schoenen die we voorlopig nog op aarde zullen dragen. Ze laat myceliumcomposietmateriaal groeien tot stevige hielen,

with this project we aim to evolve the archetype towards a degradable, 'made in space', female MarsBoot, reflecting on our 21st century challenges and values, as well as on the responsibility towards the consequences deriving from the introduction of any material on any typology of ecosystem.'[30]

In the research project *Rethinking High Fashion Shoes* (2012-in progress, KASK School of Arts HoGent) shoe designer Kristel Peters tries to use mycelium to create shoes we will be wearing on earth. She lets the mycelium composite material grow into solid heels, platforms and insoles. Peters' research may inspire the fashion industry to fundamentally change their use of materials. Her expertise in working with mycelium enables her to work with other researchers and designers, only recently with Jerry Galle who, in the context of a partnership between KASK Formlab and KASK Laboratorium, started the *Resurrected Object* (2018), an attempt to establish links between biotechnology and 3D printing.

Other research institutions are also focusing on the potential of mycelium. They are eager to share their scientific insights with a wide audience. In the open biolab ReaGent, for example, people can follow workshops on the use of mycelium materials. ReaGent shares the lab with Glimps, a design bureau specialized in biomanufacturing. In collaboration with Caroline Pultz who, in a cooperative association called PermaFungi, is developing innovative and biodegradable materials based on mushroom compost, Glimps designed the *Lumifungi* (2017) lampshade. The mycelium is growing on straw and coffee grounds. The coffee grounds are collected by bicycle, which adds an eco-friendly aspect to this kind of circular economy.

 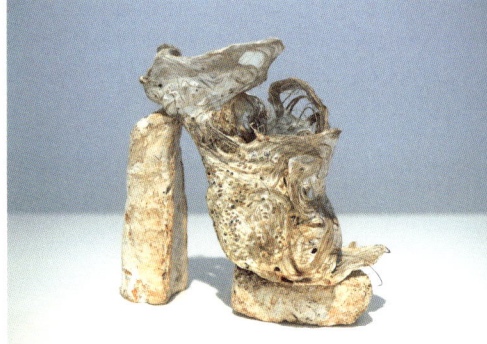

Kristel Peters, Fungal Footwear (2018)

Another method of letting organic (residual) materials grow into a composite material is to immerse branches in salt water until the salt has crystallized onto and in between these branches. *Desert Stool (Salts – Vegan Design)* (2017) designed by Erez Nevi Pana is composed of twigs and pieces of wood collected along a desert road in Israel. The wood was entwined and subsequently submerged in the Dead Sea for several months to let the briny water deposit salt crystals on the surface of this material. The final object is not meant to be used but is intended as a conceptual project aimed at transposing the concept of veganism to the design world.[31] 'The high salinity of the Dead Sea prevents aquatic organisms, such as fish and plants, to live and develop within it. These rare conditions have made the Dead Sea one of the most vegan spots on earth from which I benefit for the creation of a vegan design collection', says Nevi Pana.

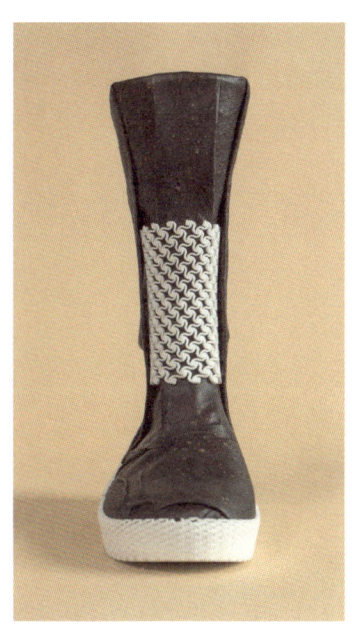

OurOwnSkin/Liz Ciokajlo & Officina Corpuscoli / Maurizio Montalti, Caskia/Growing a Marsboot (2017) © Photo: George Ellsworth

platforms en binnenzolen. Peters' onderzoek kan de modewereld aanzetten om fundamenteel anders om te gaan met materiaalgebruik. Haar ervaring met mycelium laat toe om samen te werken met andere onderzoekers en ontwerpers, recentelijk met Jerry Galle die in een samenwerking tussen KASK Formlab en KASK Laboratorium *Resurrected Object* opstartte (2018) waarmee hij links wil leggen tussen biotechnologie en 3D-printing.

Andere onderzoeksinstellingen richten hun aandacht eveneens op mycelium. De wetenschappelijke inzichten worden daarbij graag gedeeld met een breed publiek. In het open biolabo ReaGent kunnen bijvoorbeeld workshops gevolgd worden rond myceliummaterialen. ReaGent deelt het labo met Glimps, een ontwerpbureau in biofabricage. In samenwerking met Caroline Pultz, die in de coöperatieve vereniging PermaFungi innoverend en biologisch afbreekbaar materiaal op basis van champignonmest ontwikkelt, heeft Glimps de lampenkap *Lumifungi* (2017) ontworpen. Het myceliummateriaal groeit op stro en koffiegruis. Dit koffiegruis wordt met de fiets opgehaald, zodat deze vorm van circulaire economie ook in dit aspect milieuvriendelijk is.

Een andere methode om organisch (rest)materiaal te laten groeien tot een composietmateriaal is een geheel van takken gedurende geruime tijd in zoutrijk water onder te dompelen, tot het zout op en tussen dit materiaal is uitgekristalliseerd. *Desert Stool (Salts – Vegan Design)* (2017) van Erez Nevi Pana bestaat uit houten twijgen en stukken hout die gevonden zijn langs een Israëlische woestijnweg. Het hout is in elkaar verweven en daarna gedurende meerdere maanden ondergedompeld in de Dode Zee waar het zoutwater zoutkristallen heeft gevormd rond het materiaal. Het resultaat is niet bedoeld om een bruikbaar object te zijn, wel om als conceptueel project het bewustzijn rond veganisme te verruimen en het concept van veganisme over te brengen naar de designwereld.[31] 'The high salinity of the Dead Sea prevents aquatic organisms, such as fish and plants, to live and develop within it. These rare conditions have made the Dead Sea one of the most vegan spots on earth from which I benefit for the creation of a vegan design collection', aldus Nevi Pana.

RECYCLING   Also man-made materials can be recycled and processed into a composite material. The awareness that less raw material is needed and less waste is produced leads to projects aimed at recycling old materials for new applications. A recent example is *Odger Chair* (2016), designed by Form Us With Love in collaboration with IKEA. The chair is made of 30% recycled wood and 70% polypropylene, at least 55% of which was recycled. This material was developed by IKEA to make Europallets in order to replace the traditional wooden pallets, yet the end result was unsatisfactory. However, the expertise was used to find another application for this material. IKEA emphasizes that the composite material was the starting point for *Odger Chair*: 'Today it's still common to design something and then try to find a suitable material. Odger's journey, however, began with a material and from there, Form Us With Love and our team at Ikea conducted, what I would call, a high-class engineering investigation, in order to secure both seating experience and smart assembly.'[32] The reasonable price and the fact that the chair is easy to assemble are key features for making this design a commercial success with a wide audience.

Permafungi supported by Glimps, Lumifungi (2017)
© Permafungi

For quite some time now textile waste, sub-standard textile materials or recycled textiles are being experimented with for the production of composite materials. Solidwool processes the inferior quality wool from British Herdwick sheep into a composite material that can be used for the production of a wide range of products.[33] Shear Composites' product range includes a composite material based on recycled blue jeans, denim or cotton which designers have used to develop new items.[34]

One particular example in the design world is the Solid Textile Board introduced in 2017 by Really, a company founded in 2013 by Kvadrat and which specializes in reusing discarded textiles as a renewable raw material. End-of-life cotton and wool from fashion and textile industries, industrial laundries and households are recycled to make the composite board. The textiles are ground into tiny fibres and, using a special bonding agent (PP/PE bicomponent fibres), they are combined into a felt using a non-woven process, and subsequently pressed at a temperature at which the PE in the bicomponent fibres melts and realizes its bonding function. The core of the Solid Textile Board is based on white end-of-life cotton. Some of these boards have coloured outer layers for which end-of-life denim, cotton and wool were used. The publication and animation *A Single Sample. Really* (2017) created by Christien Meindertsma document this production process in a poetic way.

Really and Kvadrat have invited several designers to work with this material. One of them is Front, a design bureau that created *Textile Cupboard*

Erez Nevi Pana, Salts – Vegan Design (2017)

RECYCLEREN   Ook materialen die door de mens zijn gemaakt kunnen gerecycleerd en tot een composietmateriaal herwerkt worden. Het besef dat men minder grondstoffen dient te gebruiken en minder afval dient te creëren, leidt tot projecten waarin men op zoek gaat naar het recycleren van materiaal voor nieuwe toepassingen. Een recent voorbeeld is *Odger Chair* (2016), ontworpen door Form Us With Love in samenwerking met IKEA. De stoel bestaat uit 30% gerecycleerd hout en 70% polypropyleen, waarvan minstens 55% gerecycleerd. Het materiaal was door IKEA ontwikkeld om er Europallets mee te maken die de gebruikelijke houten exemplaren konden vervangen, maar het resultaat was niet bevredigend. Met de verworven kennis werd daarom naar een andere toepassing gezocht. IKEA benadrukt dat het composietmateriaal het vertrekpunt was voor *Odger Chair*: 'Today it's still common to design something and then try to find a suitable material. Odger's journey, however, began with a material and from there, Form Us With Love and our team at Ikea conducted, what I would call, a high-class engineering investigation, in order to secure both seating experience and smart assembly.'[32] De democratische prijs en het gemak waarmee de stoel kan worden geassembleerd zijn extra kwaliteiten om het design bij een breed publiek ingang te doen vinden.

Met textielafval, minderwaardige textiele grondstoffen of gerecycleerd textiel wordt reeds geruime tijd geëxperimenteerd om er composietmaterialen mee te maken. Solidwool verwerkt de minderwaardige wol van Britse Herdwick-schapen tot een composietmateriaal waarmee uiteenlopende producten kunnen worden geproduceerd.[33] Shear Composites heeft in zijn gamma onder meer composietmateriaal op basis van gerecycleerde blue jeans, denim of katoen waarmee ontwerpers aan de slag zijn geweest.[34]

   Een opvallend voorbeeld in de designwereld is de in 2017 geïntroduceerde Solid Textile Board van Really, een bedrijf dat in 2013 door Kvadrat is opgestart om afgedankt textiel opnieuw als grondstof te gebruiken. Voor de composietplaat worden end-of-life katoen en wol afkomstig van de mode- en textielindustrie, industriële wasserijen en huishoudelijk gebruik gerecycleerd. Het textiel wordt vermalen tot kleine vezels en met een speciale binder (PP/PE bicomponent vezels) op basis van een non-woven proces geperst. De kern van Solid Textile Board is gebaseerd op end-of-life wit katoen. Sommige platen hebben gekleurde buitenlagen waarvoor end-of-life denim, katoen en wol is gebruikt. De publicatie en animatie *A Single Sample. Really* (2017) van Christien Meindertsma brengen dit proces op een poëtische wijze in beeld.

   Really en Kvadrat hebben een aantal designers uitgenodigd om met het materiaal aan de slag te gaan. Onder hen het designbureau Front, dat het

(2018). They succeeded in giving the cured composite material the appearance of a soft waving textile. Raw-Edges Design Studio uses Solid Textile Board Cotton Blue for designing its *Fine Cut* (2018). By partly scraping away the blue top layer they have created a decorative pattern that exposes the layered structure of the material. Jane Withers, one of the curators of the Really exhibition at the Salone del Mobile 2018 in Milan, hopes that these initiatives will contribute to a transition to a circular economy: 'As well as providing compelling furnishing solutions, these pieces also quietly resonate as emblems of the complexity of our times and changing understandings of waste and environmental impact. The intention behind these Really projects is to show how beautiful things can be made out of the massive global problem of textile waste, and also to foreground the shift in perception, processes and logistics needed as we grapple with the issues of waste and begin the transition from a linear to a circular economy.'[35]

Christien Meindertsma, A Single Sample. Really for Really/Kvadrat (2017) Photo: Angela Moore

EXPERIMENTING WITH FORM   Just like glass fibre composites, carbon fibre composites have the connotation of being wonderful materials that allow designers to experiment with complex, organic, futuristic or sculptural forms. By applying new scientific insights and using computer programs, carbon fibre composites in particular have become a reference to a hyper-contemporary language in these forms of design. Without betraying its contemporary character, the typical black of carbon fibre composite evokes connotations ranging from sensuous and seductive to dark and mysterious, with a black as intense as graphite.

In a joint partnership between designer John Barnard and Formula 1 racecar designer Terence Woodgate the material is pushed to its limits in their design of a three-meter-long *Surface Table* (2008) as an ultra-thin table top on four legs, creating a quasi-infinite line.[36]

Carbon fibre composite is becoming 'heroic' in a furniture range designed by Martin Szekely, in which this material is used in combination with a honeycomb structure in aluminum. The neat and distinctive lines of *Heroic Carbon*

Form Us With Love & Ikea, Odger Chair (2016) Photo: Jonas Lindström

uitgeharde composietmateriaal in hun *Textile Cupboard* (2018) ogenschijnlijk opnieuw laat golven als zacht textiel. Raw-Edges Design Studio vertrekt voor *Fine Cut* (2018) van Solid Textiel Board Cotton Blue. Door de blauwe buitenlaag deels weg te schrapen ontstaat een decoratief patroon dat de gelaagdheid van het materiaal zichtbaar maakt. Jane Withers, een van de curatoren van de tentoonstelling van Really op de Salone del Mobile 2018 in Milaan, hoopt dat dit soort initiatieven kan bijdragen tot een transitie naar een circulaire economie: 'As well as providing compelling furnishing solutions, these pieces also quietly resonate as emblems of the complexity of our times and changing understandings of waste and environmental impact. The intention behind these Really projects is to show how beautiful things can be made out of the massive global problem of textile waste, and also to foreground the shift in perception, processes and logistics needed as we grapple with the issues of waste and begin the transition from a linear to a circular economy.'[35]

EXPERIMENTEREN MET VORM Zoals glasvezelcomposieten hebben koolstofvezelcomposieten de connotatie fantastische materialen te zijn die ontwerpers toelaten te experimenteren met complexe, organische, futuristische of sculpturale vormen. Door nieuwe wetenschappelijke inzichten en het gebruik van computerprogramma's refereert vooral koolstofcomposiet in deze designvormen aan een expliciet eigentijdse taal. Zonder dit eigentijdse karakter te verliezen kan het zwart van koolstofvezelcomposiet betekenissen oproepen die gaan van sensueel en verleidelijk tot duister en mysterieus, met een zwart zo intens als dat van grafiet.

Raw-Edges Design Studio, Fine Cut for Really/Kvadrat (2018) Photo: Casper Sejersen

left Front, Textile Cupboard for Really/Kvadrat (2018) Photo: Casper Sejersen

In de samenwerking tussen ontwerper John Barnard en Formule 1 racewagenontwerper Terence Woodgate wordt het materiaal tot het uiterste getest

Zaha Hadid & Patrik Schumacher, Zephyr Sofa (201.
© Photo: Jacopo Spilimbergo

left Terence Woodgate & John Barnard, Surface Table (2008)
© Peter Guenzel - Established&Sons

(2010) give shape to a variety of furniture. *Heroic Carbon* is the continuation of *Heroic Shelves* (2009) where an aluminum honeycomb structure materializes the essence of a supporting structure. On the occasion of Szekely's exhibition 'Draw no more' (2011) at the Centre Pompidou in Paris, Françoise Guichon, the exhibition's curator, wrote the following with regard to the intent to reduce pieces of furniture to their essence: 'This work of distancing and analysis enables him to reveal what lies beneath the surface of objects – the constancy of their objective function, whether carrying or containing, associated with more subjective, symbolic values related to uses and customs. The aim is then to bring these out through the use of contemporary materials and techniques.'[37]

The wafer-thin surfaces that can be made using carbon fibre composite material can be dynamically projected into space. Can Yalman's *Flying Carpet* (2008) has the capacity to evoke a flying carpet, but it also suggests the image of a speedy yacht gliding on the waves.

Recently, engineers working in the racecar industry have developed Hypetex, the first coloured carbon fibres that can also be used to reinforce composite materials. *Halo* (2014) designed by Michael Sodeau promoted Hypetex in the design industry.

Kuki.ONE (2016) by Zaha Hadid and Patrik Schumacher is another sculptural seating element in silver-tinted Hypetex. In *The Carbon Light* (2016), designed by UK-based Decode and product designer John Tree, Hypetex is kept extremely thin, letting the translucency of the fabric participate in the visual play of the surfaces. The coloured variant of the carbon fibres enhances the possibilities of using this material in interior designing, where black is not always the most appropriate choice of colour. Opting for colour is self-evident for design objects made of lacquered glass fibre composites. In this more traditional composite material colour and freedom of form are instrumental in creating a distinctive dynamic: functionality becomes part of 'form in motion'.

from left to right
Michael Sodeau, Halo (2014)
© Michael Sodeau Studio & Hypetex

Zaha Hadid & Patrik Schumacher, Kuki.ONE (2016)
© Photo: Luke Hayes

John Tree, Decode Carbon Lantern (2016) © Nicola Tree

om een *Surface Table* (2008) van drie meter lang te realiseren als een ultradun tafelblad op vier poten, een haast eindeloze lijn.[36]

Koolstofvezelcomposiet wordt 'heroïsch' in een reeks meubels van Martin Szekely, waar het materiaal gecombineerd wordt met een aluminium honingraatstructuur. De strakke lijnen van *Heroic Carbon* (2010) vormen diverse meubeltypes. *Heroic Carbon* volgt op *Heroic Shelves* (2009) waar een aluminium honingraatstructuur de essentie van een draagconstructie materialiseert. Naar aanleiding van Szekely's tentoonstelling 'Draw no more' (2011) in het Centre Pompidou in Parijs schreef Françoise Guichon, curator van de tentoonstelling, over deze houding om meubels te herleiden tot hun essentie: 'This work of distancing and analysis enables him to reveal what lies beneath the surface of objects – the constancy of their objective function, whether carrying or containing, associated with more subjective, symbolic values related to uses and customs. The aim is then to bring these out through the use of contemporary materials and techniques.'[37]

De flinterdunne vlakken die met koolstofvezelcomposiet mogelijk zijn kunnen dynamisch de ruimte in worden geprojecteerd. *Flying Carpet* (2008) van Can Yalman heeft alles om een vliegend tapijt te evoceren, maar roept eveneens het beeld op van een supersnel jacht dat over de golven glijdt.

Recentelijk hebben ingenieurs uit de racewagenindustrie Hypetex ontwikkeld, de eerste gekleurde koolstofvezels, die ook als versterking voor composietmateriaal kunnen worden gebruikt. Met *Halo* (2014) van ontwerper Michael Sodeau werd Hypetex in de designsector gepromoot.

Kuki.ONE (2016), een ontwerp van Zaha Hadid en Patrik Schumacher, is eveneens een sculpturaal zitelement, in zilverkleurige Hypetex. In *The Carbon Light* (2016), ontworpen door het Britse Decode en productontwerper John Tree, is Hypetex heel dun gehouden, zodat de translucentie van het dunne weefsel meespeelt in het visuele spel van de vlakken. De gekleurde variant van de koolstofvezels vergroot de mogelijkheden om het materiaal te gebruiken in ontwerpen voor het interieur, waar zwart niet altijd de meest aangewezen kleur is. De optie voor kleur sluit aan bij ontwerpen die worden uitgevoerd in gelakt glasvezelcomposietmateriaal. Bij dit meer traditionele composietmateriaal bieden vormvrijheid en kleur eveneens de mogelijkheid tot een opvallende dynamiek: functionaliteit wordt dan een onderdeel van 'vorm in beweging'.

1   www.christienmeindertsma.com/index.php?/projects/flax-project/; www.labelbreed.nl/collaborations/christien-meindertsma-enkev/flax-chair/

2   Recyclng flax fibre PLA composite is fairly easy because PLA is a thermoplastic polymer. Cutting and extruding this material produces a new raw material that can be used for making short-fibre reinforced, injection-moulded products.

3   www.jinkuramoto.com/project/jin-offecct/

4   www.aisslinger.de: 'Design history is driven by new technologies and material innovation. For us designers, the advent of these technologies has always been the starting point for new objects and typologies in design. [...] The hemp-chair is designed in the tradition of monobloc stackable chairs, which have often been made of reinforced plastics at the time they were launched. Shaping a complete chair structure from a thin layer of material is one of the most challenging ways to design and engineer a chair. The hemp-chair, with its soft curves and its bead structure, embodies a new approach to this complex type of chair.'

5   Barbara Glasner and Stephan Ott, *Wonder Wood. A Favorite Material for Design, Architecture and Art*, Basel: Birkhäuser, 2013, pp. 12-13, 148-149.

6   Joseph Starr, 'Innovative and Green: Aparte Studio's Katra Chair', *3rings*, 29 December 2011, media.designerpages.com/3rings/2011/12/29/innovative-and-green-aparte-studios-katra-chair/: 'The chair is long and lithe, with a lean profile and clean lines that reflect its plant based origins. Indeed, Katra is so thin that—seen from certain angles—it resembles a sheet of paper skillfully folded into some icon of 'chairness,' as if its maker were a master in the ancient art of Origami.'

7   www.studio-katra.com/en/realisations/chaise-katra/

8   www.studio-katra.com/realisations/chaise-katra/; see also www.blog-espritdesign.com/designers-2/studio-katra/katra-2-0-la-chaise-en-fibre-de-lin-22390

9   www.az-et-mut.fr/def_gb/danseuse.html.

10 www.homify.fr/projets/15003/lampe-de-bureau-l1: 'En lin les aller et retour de galatéa forme des zig zags textiles somptueux.'

11 www.tamaraorjola.com

12 Tamara Orjola quoted by Emma Tucker, 'Tamara Orjola makes furniture and textiles using pine needles', in dezeen, 7 November 2016, www.dezeen.com/2016/11/07/tamara-orjola-forest-wool-pine-needle-furniture-textiles-sustainable-dutch-design-week-2016/

13 Emma Tucker, 'Simon Kern makes chair from recycled fallen leaves', in *dezeen*, 26 February 2017, www.dezeen.com/2017/02/26/simon-kern-design-chair-recycled-fallen-leaves-bioplastic-chair-furniture/

14 www.themethodcase.com/spyros-kizis-artichair/; transmaterial.net/artichair/

15 carolinpertsch.com/über.html

16 The Well Proven Chair prototypes have been developed within the framework of a collaboration project between the Royal College of Art in London, at which Van Aubel and Shaw were studying at the time, and the American Hardwood Export Council.

17 www.transnaturallabel.com/about/: 'Transnatural explores ways how to (re-) design our living spaces so that humans, nature and technology can expand, enrich and feed each other.'

18 www.americanhardwood.org/fileadmin/docs/Chair_Reports/Well%20proven%20chair%20by%20Marjan%20van%20Aubel%20and%20James%20Shaw.pdf

19 www.woodio.fi

20 www.beologic.com/home

21 Information obtained from Beologic.

22 www.ericklarenbeek.com/

23 The Yamanaka Collection is named after the Japanese scientist Shigeru Yamanaka who described the natural bonding properties of mycelium, workshopresidence.com/collections/philip-ross/products/yamanaka-stool-1

24 See for instance Sonia Travaglini, J. Noble, Philip Ross and C. Dharan, 'Mycology Matrix Composites', in *Proceedings of the American Society of Composites*, 1, 2013, pp. 517-535; Sonia Travaglini, C.K.H. Dharan and Philip Ross, 'Manufacturing of Mycology Composites', in *Proceedings of the American Society for Composites*, 2016.

25 Sonia Travaglini, 'Fungible Fungi', in *Berkeley Science Review*, berkeleysciencereview.com/article/fungible-fungi-repurposing-natures-recyclers/

26 Maurizio Montalti quoted in 'The Growing Lab: schimmels in de strijd voor duurzaamheid', ('fungi in the struggle for sustainability') in *Duurzame student*, 22 December 2014, www.duurzamestudent.nl/2014/12/22/the-growing-lab-schimmels-in-de-strijd-voor-duurzaamheid/

27 Maurizio Montalti, 'The Future of Plastic', 2014, www.corpuscoli.com/wp-content/uploads/2014/07/press-release-The-Future-of-Plastic-Growing-Lab-Officina-Corpuscoli_Maurizio-Montalti.pdf

28 www.corpuscoli.com/projects/bio-ex-machina/

29 www.moma.org/calendar/exhibitions/1638

30 ourownskin.co.uk/portfolio/mars-boot-moma-commission/

31 Natashah Hitti, 'Erez Nevi Pana designs 'guilt-free' vegan furniture using salt and soil', in *dezeen*, 18 April 2018, www.dezeen.com/2018/04/18/erez-nevi-pana-vegan-furniture-milan-design-week/

32 Nicolay Pishiev, Deputy Engineer Quality and Requirements Manager at Ikea,
quoted by Form Us With Love, www.formuswithlove.se/work/ikea-odger/

33 www.solidwool.com/material

34 www.shearcomposites.com/textiles/

35 Quoted by Jane Withers in *Circular by design*, press release, March 2018.

36 www.studiowoodgate.com/work.html#header: 'The table design began as an experimental project to exploit the unique properties of carbon fibre. Our concept was to take the design of a normal table, one with legs at each extreme corner, and to push it to the absolute. A table may be defined as a horizontal supported surface and we thought we should make it just that, a surface and not much more. The tapered legs blend smoothly into the 2mm thick wafer thin edge. Uniquely, the structural unidirectional carbon fibre is seen on the top surface. Constructed from high modulus carbon fibre formed and cured under elevated pressure and temperature in an autoclave.' As part of the *Surface Collection* John Barnard and Terence Woodgate also designed a *Surface Chair* (2009) and a *Surface Table Round* (2011).

37 Françoise Guichon, *Martin Szekely. Ne plus dessiner*, B42 Publishing, 2011, www.martinszekely.com/niveau4-exposition-centre-pompidou.php

1 www.christienmeindertsma.com/index.php?/projects/flax-project/; www.labelbreed.nl/collaborations/christien-meindertsma-enkev/flax-chair/

2 Met het vlasvezel-PLA composiet gaat het recycleren vrij gemakkelijk, omdat PLA een thermoplastisch polymeer is. Door versnijden en extrusie kan een nieuwe grondstof gemaakt worden, waarmee kortevezelversterkte, spuitgegoten producten gemaakt kunnen worden.

3 www.jinkuramoto.com/project/jin-offecct/

4 www.aisslinger.de: 'Design history is driven by new technologies and material innovation. For us designers, the advent of these technologies has always been the starting point for new objects and typologies in design. [...] The hemp-chair is designed in the tradition of monobloc stackable chairs, which have often been made of reinforced plastics at the time they were launched. Shaping a complete chair structure from a thin layer of material is one of the most challenging ways to design and engineer a chair. The hemp-chair, with its soft curves and its bead structure, embodies a new approach to this complex type of chair.'

5 Barbara Glasner en Stephan Ott, *Wonder Wood. A Favorite Material for Design, Architecture and Art*, Bazel: Birkhäuser, 2013, pp. 12-13, 148-149.

6 Joseph Starr, 'Innovative and Green: Aparte Studio's Katra Chair', *3rings*, 29 december 2011, media.designerpages.com/3rings/2011/12/29/innovative-and-green-aparte-studios-katra-chair/: 'The chair is long and lithe, with a lean profile and clean lines that reflect its plant based origins. Indeed, Katra is so thin that—seen from certain angles—it resembles a sheet of paper skillfully folded into some icon of "chairness," as if its maker were a master in the ancient art of Origami.'

7 www.studio-katra.com/en/realisations/chaise-katra/

8 www.studio-katra.com/realisations/chaise-katra/; zie ook www.blog-espritdesign.com/designers-2/studio-katra/katra-2-0-la-chaise-en-fibre-de-lin-22390

9 www.az-et-mut.fr/def_gb/danseuse.html.

10 www.homify.fr/projets/15003/lampe-de-bureau-l1: 'En lin les aller et retour de galatéa forme des zig zags textiles somptueux.'

11 www.tamaraorjola.com

12 Tamara Orjola geciteerd door Emma Tucker, 'Tamara Orjola makes furniture and textiles using pine needles', in *dezeen*, 7 november 2016, www.dezeen.com/2016/11/07/tamara-orjola-forest-wool-pine-needle-furniture-textiles-sustainable-dutch-design-week-2016/

13 Emma Tucker, 'Simon Kern makes chair from recycled fallen leaves', in *dezeen*, 26 februari 2017, www.dezeen.com/2017/02/26/simon-kern-design-chair-recycled-fallen-leaves-bioplastic-chair-furniture/

14 www.themethodcase.com/spyros-kizis-artichair/; transmaterial.net/artichair/

15 carolinpertsch.com/über.html

16 De prototypes van Well Proven Chair zijn ontstaan in het kader van een samenwerkingsproject tussen de Royal College of Art in Londen, waar Van Aubel en Shaw op dat ogenblik studeerden, en de American Hardwood Export Council.

17 www.transnaturallabel.com/about/: "Transnatural explores ways how to (re-) design our living spaces so that humans, nature and technology can expand, enrich and feed each other."

18 www.americanhardwood.org/fileadmin/docs/Chair_Reports/Well%20proven%20chair%20by%20Marjan%20van%20Aubel%20and%20James%20Shaw.pdf

19 www.woodio.fi

20 www.beologic.com/home

21 Informatie verkregen van Beologic.

22 www.ericklarenbeek.com/

23 Yamanaka Collection is genoemd naar de Japanse wetenschapper Shigeru Yamanaka die de natuurlijke bindende werking van mycelium beschreef, workshopresidence.com/collections/philip-ross/products/yamanaka-stool-1

24 Zie bijvoorbeeld Sonia Travaglini, J. Noble, Philip Ross en C. Dharan, 'Mycology Matrix Composites', in *Proceedings of the American Society of Composites*, 1, 2013, pp. 517-535; Sonia Travaglini, C.K.H. Dharan en Philip Ross, 'Manufacturing of Mycology Composites', in *Proceedings of the American Society for Composites*, 2016.

25 Sonia Travaglini, 'Fungible Fungi', in *Berkeley Science Review*, berkeleysciencereview.com/article/fungible-fungi-repurposing-natures-recyclers/

26 Maurizio Montalti geciteerd in 'The Growing Lab: schimmels in de strijd voor duurzaamheid', in *Duurzame student*, 22 december 2014, www.duurzamestudent.nl/2014/12/22/the-growing-lab-schimmels-in-de-strijd-voor-duurzaamheid/

27 Maurizio Montalti, 'The Future of Plastic', 2014, www.corpuscoli.com/wp-content/uploads/2014/07/press-release-The-Future-of-Plastic-Growing-Lab-Officina-Corpuscoli_Maurizio-Montalti.pdf

28 www.corpuscoli.com/projects/bio-ex-machina/

29 www.moma.org/calendar/exhibitions/1638

30 ourownskin.co.uk/portfolio/mars-boot-moma-commission/

31 Natashah Hitti, 'Erez Nevi Pana designs "guilt-free" vegan furniture using salt and soil', in *dezeen*, 18 april 2018, www.dezeen.com/2018/04/18/erez-nevi-pana-vegan-furniture-milan-design-week/

32 Nicolay Pishiev, Deputy Engineer Quality and Requirements Manager at Ikea, geciteerd door Form Us With Love, www.formuswithlove.se/work/ikea-odger/

33 www.solidwool.com/material

34 www.shearcomposites.com/textiles/

35 Citaat van Jane Withers in *Circular by design*, persbericht, maart 2018.

36 www.studiowoodgate.com/work.html#header: 'The table design began as an experimental project to exploit the unique properties of carbon fibre. Our concept was to take the design of a normal table, one with legs at each extreme corner, and to push it to the absolute. A table may be defined as a horizontal supported surface and we thought we should make it just that, a surface and not much more. The tapered legs blend smoothly into the 2 mm thick wafer thin edge. Uniquely, the structural unidirectional carbon fibre is seen on the top surface. Constructed from high modulus carbon fibre formed and cured under elevated pressure and temperature in an autoclave.' Binnen de *Surface Collection* hebben John Barnard en Terence Woodgate ook een *Surface Chair* (2009) en een *Surface Table Round* (2011) ontworpen.

37 Françoise Guichon, *Martin Szekely. Ne plus dessiner*, B42 Publishing, 2011, www.martinszekely.com/niveau4-exposition-centre-pompidou.php

LIGHT LIGHT: KOOLSTOFVEZEL-COMPOSIET VOOR EEN LICHTGEWICHT STOEL

Lut Pil

'I think if the Eames were alive today, they would be playing with carbon fiber.'
  John Hamilton, Design Director Coalesse (2014)

Een van de uitdagingen bij het ontwerpen met composietmaterialen blijft het onderzoek naar een lichtgewicht stoel, in een designtraditie die teruggaat tot het Bauhaus, Gio Ponti en de uitvinding van plastic. De rol die composietmaterialen in die geschiedenis spelen, werd in 2002 gepresenteerd als onderdeel van de tentoonstelling en gelijknamige publicatie 'Van bakeliet tot composiet. Design met nieuwe materialen' (Design Museum Gent, 2002).[1] Mijlpalen in de ontwikkeling van een lichtgewicht stoel uit composietmateriaal zijn de glasvezelversterkte stoelen van Charles en Ray Eames (1948-jaren 1950) en de *Panton Chair* (1959-1960) van Verner Panton. Met de commercialisering van koolstofvezels in de jaren 1970 beginnen designers in de jaren 1980 met koolstofvezels te experimenteren. The *Light Light Armchair* (1987) van Alberto Meda, in een kleine reeks geproduceerd door Alias, is een mooi voorbeeld van hoe innovatieve technologie de designwereld van alledaagse objecten inspireert. Het ontwerp maakt gebruik van het sandwichconcept: een zeer lichte honingraatkern (Nomex) tussen uiterst stijve en sterke buitenlagen van koolstofvezelcomposiet, waarvan de vezelorientaties geoptimaliseerd zijn om de zware belasting van de persoon die op de stoel zit op te vangen. Het Museum of Modern Art in New York, dat *Light Light Armchair* in zijn verzameling heeft als een van de hoogtepunten sinds 1980, vat in een bondige beschrijving de essentie van het designontwerp samen: "Meda believes that 'the more complex the technology, the more it is suitable for the production of objects for simple use, with a unitary image, almost organic'. He demonstrated this idea with the *Light Light Armchair*, his first-carbon-fiber chair, manufactured in a small series. The chair, which weighs a mere four pounds, is a physical and psychological representation of lightness. User tests conducted with the first prototypes showed that the chair, although sturdy, was too lightweight and too high-tech in appearance for acceptance by a wide public."[2]

CO6 (1995) van Pol Quadens, een stoel waarvan het epoxyhars versterkt is met koolstof-, kevlar- en glasvezels, weegt net iets minder dan 1 kg en is wanneer hij in 1997 in productie gaat, de lichtste stoel ter wereld.

left Pol Quadens, CO6 (1995)
© Design Museum Gent

LIGHT LIGHT: CARBON FIBRE COMPOSITE FOR A LIGHTWEIGHT CHAIR

Lut Pil

'I think if the Eames were alive today, they would be playing with carbon fiber.'
John Hamilton, Design Director Coalesse (2014)

One of the challenges when designing with composite materials remains the search for a lightweight chair, in a design tradition that hearkens back to Bauhaus, Gio Ponti, and the invention of plastics. The role played by composite materials in this history was presented in 2002 as part of the exhibition and eponymous publication 'From bakelite to composite. Design with new materials' (Design Museum Gent, 2002).[1] Milestones in the development of a lightweight chair made out of composite materials are the glass fibre-reinforced chairs by Charles and Ray Eames (1948-1950s) and the *Panton Chair* (1959-1960) by Verner Panton. With the commercialization of carbon fibres in the 1970s, designers began experimenting with carbon fibre in the 1980s. The *Light Light Armchair* (1987) by Alberto Meda, which saw a small production run by Alias, is a fine example of how innovative technology inspires the design universe of everyday objects. The design makes use of the sandwich concept: an exceedingly light honeycomb core (Nomex) in between highly rigid and strong outer layers of carbon fibre composite, the fibres of which are optimally oriented to bear the heavy load of the person sitting in the chair. The Museum of Modern Art in New York, which has boasted *Light Light Armchair* as one of the highlights of its collection since 1980, succinctly sums up the essence of the design: Meda believes that 'the more complex the technology, the more it is suitable for the production of objects for simple use, with a unitary image, almost organic'. He demonstrated this idea with the *Light Light Armchair*, his first-carbon-fibre chair, manufactured in a small series. The chair, which weighs a mere four pounds, is a physical and psychological representation of lightness. User tests conducted with the first prototypes showed that the chair, although sturdy, was too lightweight and too high-tech in appearance for acceptance by a wide public.'[2]

C06 (1995) by Pol Quadens, a chair that features epoxy resin reinforced with carbon, Kevlar, and glass fibres, weighs 950 grams and is the lightest chair in the world at the time of initial production in 1997.

The possibilities of carbon fibre composite continue to inspire chair design into the 2000s. The reduction of the material weight and the use of

De mogelijkheden van koolstofvezelcomposieten intrigeren ook in de jaren 2000 designers voor het ontwerp van een stoel. Het verminderen van het materiaalgewicht en materiaalgebruik voor een sterke stoel komt in een aantal ontwerpen tegemoet aan reële noden. Andere projecten zijn eerder opgevat als experiment of onderzoek in het verlengde van de geschiedenis die met de lichtgewicht stoel is geschreven. Aan de hand van voorbeelden uit de periode 2003-2017 worden diverse aspecten van deze designevolutie besproken.

HOMMAGE AAN CHARLES EN RAY EAMES   In 2003 ontwerpt Bertjan Pot de lage *Random Chair* (2003). Hij vertrekt daarbij vanuit *Random Light* (1999), een lamp waarbij in hars gedrenkte glasvezeldraad at random rond een ballon is gewikkeld. Volgens hetzelfde principe wordt voor *Random Chair* koolstofvezeldraad rond een mal gespannen. In een onderzoek om dit maakproces ook toe te passen voor een hoge stoel, realiseert Bertjan Pot *Carbon Copy* (2003). De ontwerper vertaalt de iconische *DSR*-stoel met Eiffeltorenonderstel van Charles en Ray Eames (1948/50) naar een versie die volledig is uitgevoerd in koolstofvezelcomposiet. Met zwarte koolstofvezel gedrenkt in epoxyhars eert Pot hier de beroemde stoel van Eames.[3] Bij dit experimenteren worden twee prototypes gemaakt (2003) die het kopiëren met 'carbon' ook met een kwinkslag in de titel vermelden (een verwijzing naar het carbonpapier waarmee vroeger teksten of tekeningen werden gekopieerd). Zoals zoveel hedendaagse designers is Bertjan Pot geïnteresseerd in nieuwe materialen en productieprocessen. Koolstofvezelcomposiet intrigeert omwille van het hoogtechnologische karakter en de interessante combinatie van lichtheid en sterkte. Het laat toe bestaande ontwerpen te actualiseren of bepaalde principes te herdenken. *Carbon Copy* staat model voor de *Carbon Chair* (2004) die Bertjan Pot in samenwerking met Marcel Wanders in de collectie van Moooi op de markt brengt. De koolstofvezeldraden worden handmatig gewikkeld en houden in hun patroon rekening met de druk die wordt uitgeoefend tijdens het zitten.[4] Voor zijn innovatieve gebruik van hoogtechnologische vezels krijgt Bertjan Pot de Amsterdamse Profielprijs 2004, waarmee de Stichting Profiel 'haar waardering tot uitdrukking brengt voor een bijzondere bijdrage op het gebied van de textielvormgeving in de ruimste zin van het woord'.[5] De foto van de *Carbon Chair* door Erwin Olaf toont via contrast de lichtheid van het materiaal. Die lichtheid is haast onwezenlijk en wordt in een installatie voor de meubelbeurs van Milaan in 2005 een ijle droomhut, *Carbon Cloud*.

Bertjan Pot wist dat een Eames-ontwerp in metaaldraad niet zomaar kan vertaald worden in koolstofvezeldraad.[6] In de *Carbon Fiber Eames Sofa* (2014) van Matthew Strong is het koolstofvezellint niet in een continue beweging geweven, maar op een aantal plaatsen aan de rand van het meubel afgeknipt (met mogelijk scherpe uiteinden). De essentie van Strongs hommage aan Eames is echter ruimer opgevat dan een update van een meubel uit glasvezelcomposiet naar koolstofvezelcomposiet. Strong bestudeerde archieven van Eames bewaard in het Henry Ford Museum in Dearborn (Michigan), de Cranbrook Academy of Art in Michigan (waar Charles Eames student en docent is geweest) en het MoMA in New York. De archieven hebben betrekking op het designproces van een sofa van Eames die in de collectie van het Henry Ford Museum wordt bewaard als een gestoffeerd prototype uit 1969 naar een ontwerp van het einde van de jaren 1950. De

documenten maken duidelijk dat het model teveel glasvezel vereiste om de nodige draagkracht te hebben, waardoor de schelp te dik en het gewicht te hoog zouden zijn. De sofa is daarom niet in productie gegaan. Strongs *Carbon Fiber Eames Sofa* wil niet enkel een lichtgewicht versie zijn (koolstofvezels zijn ongeveer driemaal stijver en tweemaal sterker dan glasvezels, voor ongeveer twee derde van het gewicht) maar wil ook de vezels die voor de dragende structuur zorgen zichtbaar laten, zoals dit het geval is voor de glasvezels in de meubels van Eames. Want 'Eames prioritized the explicibility of his design. Not only what they were used for, but how they were built', aldus Strong.[7]

AMBACHTELIJKE TRADITIE   Het onderzoek naar een lichtgewicht stoel uit koolstofvezelcomposietmateriaal neemt ook andere tradities dan die van het metalen of kunststofmeubel als uitgangspunt. *Shindo Chair* (2009) van Michael Young is een herwerking van de houten *Coen Chair* (2008) waar Young innovatieve industriële technieken aanwendde voor een klassiek ogende houten stoel. Ook de *LessThanFive Chair* (2014), die Michael Young samen met Coalesse Design Group ontwerpt, is volledig in koolstofvezelcomposiet gemaakt en heeft een vertrouwde vormgeving. Zoals de naam aangeeft weegt de stapelbare stoel minder dan vijf pond (2,3 kg). Door de stevigheid van het materiaal kan de stoel 135 kg dragen. Het ontwerp speelt het koolstofvezelcomposietmateriaal visueel niet uit, want men wil in de eerste plaats een functioneel en ergonomisch meubel op de markt brengen. De stoel is stapelbaar en gemakkelijk in te zetten in ruimten waar mensen voor allerlei activiteiten samenkomen. De handmatig geschilderde afwerking laat toe andere materiaalassociaties op te roepen en de kleur af te stemmen op de wensen van de gebruiker.

De ontwerper zelf verwijst voor het productieproces naar een ambachtelijke traditie waarin Hans Wegner thuishoort.[8] Ook John Hamilton, Director Global Design bij het bedrijf Coalesse en betrokken in het ontwerpproces, spreekt van een hedendaagse vorm van ambachtelijkheid. 'When we started this project, we wanted to explore the boundaries of using cutting edge technology and materials to redefine craft in the new age of global manufacturing.'[9] Toepassingen in koolstofvezelcomposiet plaatst John Hamilton in een traditie waarin ontwerpers op innoverende wijze met materiaal experimenteren. In die traditie hebben Charles en Ray Eames ontegensprekelijk hun plaats verworven met het buigen van multiplex en het gebruik van glasvezelcomposiet. En Hamilton besluit: 'I think if the Eames were alive today, they would be playing with carbon fiber.'[10]

'HOUTEN' STOELEN   Hamilton verwijst in zijn uitleg onder meer naar de moderne traditie van het buigen van multiplex. Buigen van hout krijgt een grote spankracht in *Kyudo* (2014) van Konstantin Grcic. Kyudo is de naam voor een traditionele Japanse vorm van boogschieten en ook de stoel lijkt een gespannen boog, met beukenfineerhout versterkt door lagen koolstofvezelcomposiet. In de productie van moderne sportbogen is hout en koolstofvezelcomposiet een veel gebruikte combinatie.

Ook de *O.6 Chair* (prototype, 2017) van Joachim Froment bestaat uit koolstofvezelcomposiet bedekt met een laag houtfineer. Het paneel dat op deze wijze ontstaat is minder dan 6 mm dik. Met een minimum aan houtverbruik wordt hier toch een 'houten' stoel geproduceerd (een stoel die er uit ziet alsof hij uit hout is gemaakt). De stoel weegt minder dan 2 kg, kan ongeveer

from left to right, top to bottom
Verner Panton, Panton Chair (1959-1960) Photo: Studio Claerhout © Design Museum Gent

Bertjan Pot, Random Chair (2003) Photo: Studio Bertjan Pot

Bertjan Pot, Carbon Copy (2003) Photo: Studio Bertjan Pot

Bertjan Pot & Marcel Wanders, Carbon Chair (2004)
Photo: Moooi

Matthew Strong, Carbon Fiber Eames Sofa (2014) © Matthew Strong

Michael Young & Coalesse Design Group, LessThan-Five Chair (2016) Photo: Steelcase

materials for a strong chair meet real needs in a number of designs. Other projects are rather aimed at experimentation or research as a continuation of the history written on the topic of lightweight chairs. Various aspects of this design evolution are discussed using examples from the period 2003-2017.

<u>HOMAGE TO CHARLES AND RAY EAMES</u>   In 2003, Bertjan Pot designed the low *Random Chair* (2003). The basis he used was *Random Light* (1999), a lamp featuring resin-impregnated glass fibre thread wrapped around a balloon at random. Using the same principle, *Random Chair* was constructed of carbon fibre wrapped around a mould. In a quest to apply this production process to a high chair, Bertjan Pot created *Carbon Copy* (2003). The designer translates the iconic *DSR* chair with Eiffel tower legs by Charles and Ray Eames (1948/50) into a version made entirely out of carbon fibre composite. Pot renders homage to the famous Eames chair with epoxy resin-impregnated black carbon fibre.[3] Two prototypes are made during this experimentation (2003) that also playfully allude to 'carbon copying' in the title (a reference to the carbon paper used in the past to copy text or drawings). Like so many contemporary designers, Bertjan Pot is interested in new materials and production processes. Carbon fibre composite materials are intriguing due to their high-tech nature and the interesting combination of lightness and strength. They allow for updates of existing designs or the rethinking of certain principles. *Carbon Copy* inspired the *Carbon Chair* (2004) introduced onto the market by Bertjan Pot in collaboration with Marcel Wanders in the Moooi collection. The carbon fibre threads are manually wrapped into a pattern that accounts for the pressure exerted onto the material when sitting.[4] For his innovative use of high-tech fibres, Bertjan Pot received the Amsterdam Profielprijs 2004, with which the Profiel Foundation 'expresses its appreciation for a remarkable contribution in the field of textile design in the broadest sense of the word'.[5] The photograph of the *Carbon Chair* by Erwin Olaf uses contrast to show the lightness of the material. This lightness is almost unreal, and is turned into an ephemeral dream hut, *Carbon Cloud*, for the 2005 Milan furniture fair.

Bertjan Pot knew that an Eames design out of metal wire could not simply be translated into carbon fibre thread.[6] In the *Carbon Fiber Eames Sofa* (2014) by Matthew Strong, the carbon fibre ribbons are not woven in a continuous motion, but rather cut off in certain areas at the edges of the furniture (with potentially sharp ends). The essence of Strong's homage to Eames is conceptually broader than a mere update of a piece of furniture from glass fibre composite to carbon fibre composite. Strong studied Eames archives kept at the Henry Ford Museum in Dearborn (Michigan), the Cranbrook Academy of Art in Michigan (where Charles Eames was a student and teacher) and the New York MoMa. The archives pertain to the design process of an Eames sofa that is kept in the Henry Ford Museum collection as an upholstered prototype from 1969 according to a design from the late 1950s. The documents make it clear that the model required too much glass fibre to produce the necessary support, causing the shell to be too thick and the weight too high. Hence, the sofa never went into production. Strong's *Carbon Fiber Eames Sofa* not only aims to be a lightweight version (carbon fibres are roughly three times as rigid and twice as strong as glass fibres, at about two thirds the weight), but also intends to leave the fibres that make up the support-

Joachim Froment,
0.6 Chair (2017)
Photo: Joachim Froment

350 kg gewicht dragen en is stapelbaar. Joachim Froment wil niet enkel een verantwoordelijkheid opnemen in het verbruik van materiaal en energie voor de productie van een handige, 'robuuste' stoel (vandaar ook een weloverdacht ontwerp en gebruik van de mal), maar heeft ook nagedacht over de mogelijkheid om de levensduur van elk exemplaar te verlengen. 'This product is long lasting as the carbon fiber does not oxidize like steel, or age like plastic, or move like wood. But it lasts longer, also because the surface of the chair can easily be repaired or customized. Using a simple pattern that fits on the structure enables to scrap the surface and apply a new pattern. This pattern could be the same or another type of wood veneer but it could also be another material, like fabric, leather, cork or a thin metal sheet.'[11]

VERSCHILLENDE MATERIALEN, DIVERSE TRADITIES   Hout en koolstofvezelcomposiet kunnen ook bijeengebracht worden als geraamte en huid, zoals in *Bone x Skin* (2010) van Maezm. *Bone x Skin* materialiseert de designfilosofie van dit Koreaanse ontwerpbureau. Met beperkte uitdrukkingsmiddelen – twee materialen – wordt een harmonie gecommuniceerd waarin elk materiaal zijn eigenheid en kracht behoudt en samen, via visuele spanning en interactie, een nieuw gevoel creëren.[12] Ook de complementariteit tussen geraamte en huid speelt hierin mee.

In *Carbon Fibre Chair* (2009) bekleedt Shigeru Ban een aluminium structuur met koolstofvezelcomposiet. In de gelaagde en diverse designtraditie van het zoeken naar een lichtgewicht stoel is het nu Giò Ponti en zijn houten *Superleggera* (1957) die voor de uitdaging zorgen. 'I wanted to make a chair that is even lighter than Giò Ponti's *Superleggera* (1957)', aldus Shigeru Ban.[13] De stoel van Ban weegt 1,8 kg, die van Ponti 1,7 kg.[14]

De dragende structuur kan ook naar onverwachte maar reeds lang bestaande tradities verwijzen. Het koolstofvezelcomposietmateriaal in

ing structure visible, as is the case for the glass fibre in Eames furnishings. Because 'Eames prioritized the explicability of his design. Not only what they were used for, but how they were built', according to Strong.[7]

ARTISANAL TRADITION   The quest for a lightweight chair made out of carbon fibre composite materials also draws inspiration from traditions other than furniture made out of metal or synthetic materials. *Shindo Chair* (2009) by Michael Young is a redesign of the wooden *Coen Chair* (2008) whereby Young utilized innovative industrial techniques to produce a classically styled wooden chair. Likewise, *LessThanFive Chair* (2014), designed by Michael Young in conjunction with Coalesse Design Group, is entirely made out of carbon fibre composite and has a familiar design. As the name indicates, the chair weighs less than five pounds (2.3 kg). Due to the sturdiness of the material, the chair can support up to 135 kg. The design does not visually highlight the carbon fibre composite material, as it primarily seeks to market a functional and ergonomic furniture piece. The chair is stackable and easy to use in areas where people gather for a variety of activities. The hand-painted finish allows for different material associations to be invoked, and for the colour to be attuned to the user's wishes.

As for the production process, the designer refers to an artisanal tradition that includes Hans Wegner.[8] John Hamilton, Director Global Design for the Coalesse company and involved in the design process, also speaks of a contemporary form of artisanship. 'When we started this project, we wanted to explore the boundaries of using cutting edge technology and materials to redefine craft in the new age of global manufacturing.'[9] John Hamilton places the application of carbon fibre composite materials within a tradition whereby designers experiment with materials in an innovative way. Charles and Ray Eames have undoubtedly earned their place within this tradition with the bending of multiplex and the use of glass fibre composite materials. And Hamilton concludes: 'I think if the Eames were alive today, they would be playing with carbon fiber.'[10]

'WOODEN' CHAIRS   In his explanation, Hamilton among others refers to the modern tradition of bending multiplex. Bending wood reaches a new level of tautness in *Kyudo* (2014) by Konstantin Grcic. Kyudo is the name for a traditional Japanese form of archery, and the chair indeed looks like a flexed bow, with beech wood veneer reinforced by layers of carbon fibre composite. In the production of modern sporting bows, the combination of wood and carbon fibre composite is ubiquitous.

Likewise, the *0.6 Chair* (prototype, 2017) by Joachim Froment consists of a carbon fibre composite material covered with a layer of veneer wood. The panel created in this manner is less than 6 mm thick. A minimum of wood use still produces a 'wooden' chair (a chair that looks like it is made out of wood). The chair weighs less than 2 kg, can support about 350 kg in weight, and is stackable. Joachim Froment not only wishes to responsibly use materials and energy for the production of a handy, 'robust' chair (hence the carefully considered design and use of the mould), but has also reflected on the possibility of extending the lifespan of each individual item. 'This product is long lasting as the carbon fibre does not oxidize like steel, or age like plastic, or move like wood. But it lasts longer also because the surface of the chair can easily be repaired or customized. Using a simple pattern that fits on the structure enables to scrap the surface and apply a new pattern. This pattern

de *Gaudi Stool* (2009) en *Gaudi Chair* (2010) van Studio Bram Geenen is gecombineerd met een 3D-geprint onderstel uit nylon gevuld met glasvezel. De vorm van deze constructie is bepaald door kettinglijnen. De constructieberekening maakt gebruik van kettingen die worden opgehangen en onder invloed van de zwaartekracht een evenwicht zoeken. De kettingen nemen een logische vorm aan die de trekkrachten afleidt en de sterkste structuur impliceert. Wanneer de kettinglijnen worden omgedraaid geldt die sterkte ook voor drukkrachten. Architect Antoni Gaudí gebruikte het systeem onder meer in zijn berekeningen van bogen en gewelven voor de Sagrada Família in Barcelona. Voor de *Gaudi Chair* is de kromming van de rug bijkomend berekend. Bram Geenen werkte voor de huid in koolstofvezelcomposiet samen met een bedrijf dat gespecialiseerd is in het vervaardigen van composietonderdelen voor racewagens, maar staat erop in de naam van de stoel en in de beschrijving van het project het werken met natuurlijke basisprincipes te benadrukken: 'The project researches how new technology can be based on simple, logical concepts. In this case a concept which has proven its strength and beauty for over a hundred years.'[15] Het garandeert een logische en eerlijke vorm, in een tijd waarin computerprogramma's de meest eigenzinnige constructies kunnen berekenen en 3D-printers in staat zijn deze probleemloos te materialiseren.[16] Met *Gaudi Stool* en *Gaudi Chair* wil Bram Geenen vooruitstrevende technologie en kennis van wetenschappers en ambachtslui inzetten voor een duurzamer ontwerpen. Het is een onderzoek naar structurele systemen die lichtgewicht producten mogelijk maken.

Om ontwerpers en makers op een efficiënte manier in contact te brengen met technologie heeft Bram Geenen mee het webplatform Wevolver opgestart (www.wevolver.com). Het platform maakt gebruik van de open source beweging om niet alleen software maar ook informatie over productietechnologieën te delen: Open Source Hardware. Het initiatief kadert binnen de brede invulling die in de eenentwintigste eeuw aan design wordt gegeven en expliciteert de maatschappelijk-politieke verantwoordelijkheid die daarmee gepaard gaat. Wevolver stelt:

'The democratization of technology development puts the maker in control. It encourages greater innovation through collaboration. And empowers people to tackle social and sustainable issues that are not addressed by corporations or governments. The development of technology is increasingly becoming a bottom-up process. Access to making, buying and using technology is growing because low cost technologies are becoming more readily available. On a personal level, open source hardware allows you to access knowledge and improve skills. And on a wider level, it creates a pool of information useful for developing and understanding technology. This is a disruptive time for the development of technology.'[17]

Op het platform is informatie over diverse projecten beschikbaar, waaronder die van de *Gaudi Stool*.[18]

BAUHAUS IN DE EENENTWINTIGSTE EEUW   Tussen de modernistische iconen uit het begin van de twintigste eeuw integreerde de tentoonstelling *The Bauhaus #itsalldesign* (2015-2016, Vitra Design Museum) recente designontwerpen. Een ervan was de *R18 Ultra chair* (2012) van Clemens Weisshaar en Reed Kram, een stoel met een zitschaal in koolstofvezelcomposiet gemonteerd op poten in aluminium. *The Bauhaus #itsalldesign* legde daarmee een expliciet verband tussen de designattitude van de legendarische opleiding en designopvattingen van nu, bijna honderd jaar later. 'Van experiment tot

could be the same or another type of wood veneer but it could also be another material, like fabric, leather, cork or a thin metal sheet.'[11]

DIFFERENT MATERIALS, VARIOUS TRADITIONS   Wood and carbon fibre composite can also be joined together as skeleton and skin, as is the case in *Bone x Skin* (2010) by Maezm. *Bone x Skin* embodies the design philosophy of the Korean design office. Using limited means of expression – two materials – a harmony is communicated wherein each material maintains its uniqueness and strength, while together creating a new sensation through visual tension and interaction.[12] The complementariness between skeleton and skin also plays a part.

In *Carbon Fibre Chair* (2009) Shigeru Ban dresses an aluminum structure in carbon fibre composite. Within the layered and diverse design tradition that is the quest for a lightweight chair, Gio Ponti and his wooden *Superleggera* (1957) bring a new challenge to the table. 'I wanted to make a chair that is even lighter than Gio Ponti's *Superleggera* (1957)', says Shigeru Ban.[13] Ban's chair weighs 1.8 kg, Ponti's *Superleggera* 1.7 kg.[14]

The supporting structure may also refer to unexpected yet long-standing traditions. The carbon fibre composite materials in the *Gaudi Stool* (2009) and *Gaudi Chair* (2010) by Studio Bram Geenen are combined with a 3D-printed substructure made from nylon and filled with glass fibre. Chains determine the shape of this construction. The construction calculations made use of chains that are suspended and search for balance under the influence of gravity. The chains assume a logical shape that deduces tensile forces and implies the strongest structure. When the chains are turned upside down, this strength also applies to compressive forces. Architect Antoni Gaudí used the system among others in the calculations of arches and vaults for the Sagrada Familia in Barcelona. For the *Gaudi Chair*, the curvature of the back was additionally calculated. For the skin, Bram Geenen used carbon fibre composite in conjunction with a company that specializes in producing composite parts for racecars, but insists that the name of the chair and the description of the project emphasize the use of natural basic principles. 'The project researches how new technology can be based on simple, logical concepts. In this case a concept which has proven its strength and beauty for over a hundred years.'[15] This guarantees a logical and honest shape, at a time when computer programs are able to calculate the most idiosyncratic constructions and 3D printers are capable of effortlessly materializing them.[16] With *Gaudi Stool* and *Gaudi Chair*, Bram Geenen seeks to utilize cutting-edge technology and the knowledge of scientists and artisans for more sustainable design. Research into structural systems is what enables lightweight products.

In order to efficiently bridge the gap between designers and producers on the one hand, and technology on the other, Bram Geenen helped launch the internet platform Wevolver (www.wevolver.com). The platform uses the open-source movement not only to share software but also information on production technologies: Open Source Hardware. The initiative is part of the broader interpretation given to design in the twenty-first century, and externalizes the socio-political responsibility that goes along with it. Wevolver states:

'The democratization of technology development puts the maker in control. It encourages greater innovation through collaboration. And empowers

serieproductie' beschrijft immers niet alleen de evolutie die het Bauhaus doormaakte, maar definieert nog steeds in belangrijke mate de ontwerp- en productierealiteit. En ook de vragen die daarbij horen blijven een uitdaging voor designers.

'What all the objects had in common was that they attempted to connect the world of everyday objects with the search for a radical renewal of design.

Clemens Weisshaar & Reed Kram, R18 Ultra Chair for Audi (2012)
© Tom Vack

The aim was to discover the potential of new material and new methods of production and to use these two aspects to create a contemporary aesthetic. Today, designers are again confronted with the same challenge as digitization brings with it radical changes in production methods and industry structure. New synthetic and composite materials, computer- and internet-based methods of design, production and sales – all these changes prompt similar questions as those which were discussed at the Bauhaus. Which designs need which manufacturing process? Which aesthetic requires the use of which material? Where is the boundary between industry and craft? Where is the boundary between design and art? What is more important in a design – the individual designer or a functioning collective?'[19]

Deze vragen passen binnen een breed geïnterpreteerd designconcept zoals dat in de eenentwintigste eeuw opnieuw op de voorgrond treedt. Hoogtechnologische ontwikkelingen spelen hierbij een belangrijke rol en hebben een impact ook op de gewone gebruiker die door computergestuurde ontwerp- en productieprocessen kan participeren aan het designproces.[20] Weisshaar en Kram gaan in hun projecten voluit voor de innovatiemogelijkheden die de digitale revolutie creëert en introduceren industriële productietechnieken in de alledaagse wereld van de gewone gebruiker. In samenwerking met Audi's Lightweight Design Center integreren ze het technologisch sublieme van koolstofvezelcomposiettoepassingen uit de racewagen- en luchtvaartindustrie in het ontwerp en de productie van een stoel. Het publiek werd tijdens de Salone Internazionale del Mobile in Milaan in april 2012 betrokken bij een deel van het designonderzoek en kwam hierbij in direct contact met Audi's systeem van druksensoren. De talrijke testsessies waaraan het publiek meewerkte leverde uitgebreide informatie op over de druk bij het zitten op de stoel. Aan de hand van die gegevens werd via software een efficiënte constructie berekend, gekoppeld aan een optimaal materiaalgebruik. Het resultaat is een sterke stoel die slechts 2,2 kg weegt. Het onderzoek was er niet op uit een massaproduct te creëren. Wel wou het project een brug slaan tussen de materiaal- en productievernieuwing

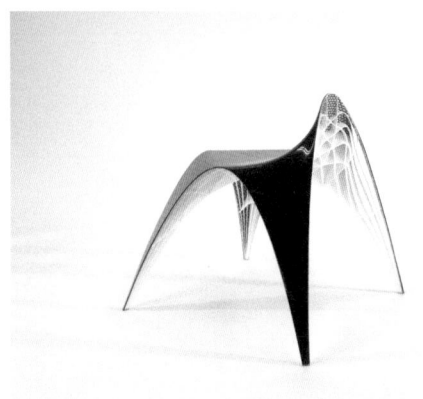 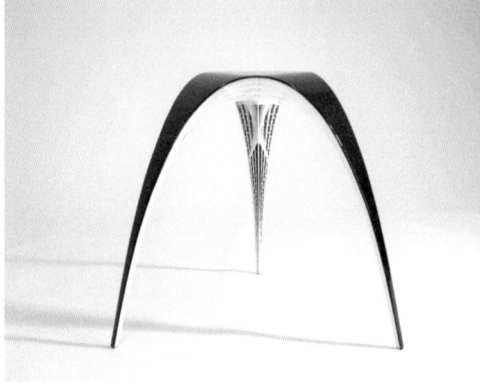

Studio Bram Geenen, Gaudi Stool (2009) © Studio Bram Geenen

left Studio Bram Geenen, Gaudi Chair (2010) © Studio Bram Geenen

people to tackle social and sustainable issues that are not addressed by corporations or governments. The development of technology is increasingly becoming a bottom-up process. Access to making, buying and using technology is growing because low cost technologies are becoming more readily available. On a personal level, open source hardware allows you to access knowledge and improve skills. And on a wider level, it creates a pool of information useful for developing and understanding technology. This is a disruptive time for the development of technology.'[17]

Information on various projects is available on the platform, including the *Gaudi Stool*.[18]

BAUHAUS IN THE TWENTY-FIRST CENTURY   In among the modernist icons from the early twentieth century, the exhibition *The Bauhaus #itsalldesign* (2015-2016, Vitra Design Museum) integrated more recent designs. One of them was the *R18 Ultra chair* (2012) by Clemens Weisshaar and Reed Kram, a chair with a seat shell made from carbon fibre composite materials mounted on aluminum legs. *The Bauhaus #itsalldesign* thereby explicitly made the connection between the design attitude of the legendary training and design concepts of today, nearly one hundred years later. Indeed, 'From experiment to serial production' describes not only the evolution Bauhaus has gone through, but still to a significant degree defines design and production reality. The related questions likewise remain a challenge for designers.

'What all the objects had in common was that they attempted to connect the world of everyday objects with the search for a radical renewal of design. The aim was to discover the potential of new material and new methods of production and to use these two aspects to create a contemporary aesthetic. Today, designers are again confronted with the same challenge as digitization brings with it radical changes in production methods and industry structure. New synthetic and composite materials, computer- and internet-based methods of design, production and sales – all these changes prompt similar questions as those that were discussed at the Bauhaus. Which designs need which manufacturing process? Which aesthetic requires the use of which material? Where is the boundary between industry and craft? Where is the boundary between design and art? What is more important in a design – the individual designer or a functioning collective?'[19]

These questions fit within a broadly interpreted design concept as it once again gains prominence within the twenty-first century. High-tech developments play a key role in this context, and also impact the ordinary user

uit hoogtechnologische sectoren en de alledaagse wereld van de gewone consument. Het ontlenen aan de niet evidente context wordt in het project samengevat in 'ultra': *R18* is een 'ultra chair' die mogelijk is door 'ultra technology'.[21]

LICHT ALS EEN BALLON   Kan een lichte stoel gemaakt worden volgens het principe van een ballon? Marcel Wanders beantwoordt de vraag met zijn *Carbon Balloon Chair. Personal Editions collection* (2013), een stoel die ongeveer 800 gram weegt. Met lucht gevulde ballonnen worden in een buisvormig vlechtsel geschoven, dat vervolgens met epoxyhars wordt geïmpregneerd. Gebogen en uitgehard worden de onderdelen tot een stoel geassembleerd. Voor de zitting wordt koolstofdraad in een rasterpatroon gespannen en met epoxyhars uitgehard. De productie is handwerk en beperkt in oplage.[22] Zoals Ingeborg de Roode aangeeft in een artikel over de *Carbon Balloon Chair*, mengt Wanders zich hier in het debat over het maken van de lichtste stoel, maar is het ontwerp misschien minder geschikt voor of zelfs niet gericht op een algemenere toepassing. 'Op industriële schaal heeft het produceren van steeds lichtere meubels voordelen als het leidt tot minder materiaalgebruik en daardoor minder afval, snellere productie en/of goedkoper transport. Of als het gaat om project-meubilair dat vaak moet worden geplaatst en verwijderd. Maar voor normaal gebruik in een woning is het nauwelijks van belang of een stoel 1 of 3 kilo weegt. Heel licht kan overigens ook gevaarlijk zijn, omdat de stoel dan gemakkelijk omvalt op het moment dat iemand erop gaat zitten. Het is een uitdaging voor ontwerpers om verbeteringen te realiseren die ook algemener toepasbaar zijn.'[23]

Marcel Wanders, Carbon Balloon Chair Personal Editions collection (2013) Courtesy Marcel Wanders

EXPERIMENTEREN   Of kan een superlichtgewicht stoel herleid worden tot een opgehangen scheepszeil? Greg Lynn, die naast architect ook zeiler is, heeft in samenwerking met technisch directeur Bill Pearson van zeilfabrikant North Sails de hoogtechnologische 3Di-zeiltechnologie aangewend voor een hangende kuip van 454 gram (1 pound) die minstens vijfhonderd maal dit gewicht kan dragen. Voorgeïmpregneerde koolstofvezeltapes zijn op een mal geplaatst en uitgehard. Onder het gewicht van een lichaam is de zitkuip voldoende flexibel om zich aan een lichaamsvorm aan te passen. De *3Di* is gemaakt voor de tentoonstelling 'Hyperlinks' (2010-2011, Art Institute of

who can participate in the design process through computer-aided design and production processes.[20] In their projects, Weisshaar and Kram fully commit to the innovation possibilities generated by the digital revolution, and introduce industrial production techniques within the everyday world of the ordinary user. In conjunction with Audi's Lightweight Design Center, they integrate the technologically sublime of carbon fibre composite applications from the racecar and aeronautics industry into the design and production of a chair. During the Salone Internazionale del Mobile in Milan in April of 2012, the public was involved in part of the design research, thereby directly coming into contact with Audi's pressure sensor system. The numerous testing sessions in which the public participated yielded extensive amounts of information on the pressures involved in sitting in a chair. Based on these data, an efficient construction was calculated using software, coupled to optimal use of materials. The result is a strong chair weighing only 2.2 kg. The research did not aim to create a mass product. The project did seek to bridge the gap between the material and production innovation from high-tech sectors and the everyday world of the ordinary consumer. The borrowing from the less-than-obvious context is summarized within the project in the word 'ultra': *R18* is an 'ultra chair' that is made possible by 'ultra technology'.[21]

LIGHT AS A BALLOON   Can a light chair be made using the principle of a balloon? Marcel Wanders answers the question with his *Carbon Balloon Chair. Personal Editions collection* (2013), a chair weighing about 800 grams. Balloons, filled with air, are inserted into a carbon fibre tubular braid, which is then impregnated with epoxy resin. Once bent and hardened, the parts are assembled into a chair. The seat is made from carbon thread wound into a grid pattern and hardened with epoxy resin. The production involves manual labor, and the production run is limited.[22] As Ingeborg de Roode indicates in an article on the *Carbon Balloon Chair*, Wanders is engaging in the debate on the creation of the lightest chair, but the design is perhaps less suitable for, or maybe even aimed away from a more general application. 'On an industrial scale, the production of increasingly light furnishings yields advantages when it leads to reduced use of materials and thus reduced waste, faster production, and/or cheaper transportation. Or when dealing with project furniture that often needs to be placed and removed. However, for normal

Clemens Weisshaar & Reed Kram, R18 Ultra Chair for Audi exhibition at Desig Miami (2012)
© Tom Vack

Chicago) waarin innovatieve samenwerkingen tussen design of architectuur en andere disciplines werden belicht:

'Our understanding of the world is based on connecting and interpreting ideas according to associations and the juxtaposition of information within a given context. Appropriating the ambidextrous term, hyperlinks, this exhibition of collaborative experimentation suggests a new paradigm shift that we see occurring across the fields of architecture and design based on a fluid exchange between disciplines. The linking or accumulation of data helps us form a complex picture of daily life leading to greater interaction, engagement, and understanding of our place in the world. By fostering rigorous, cross-disciplinary relations, architects and designers are carving out new avenues for experimentation that are helping shape insightful solutions to urgent issues such as our well-being and our health and safety, ultimately enhancing the quality of our daily lives. Not always intended as ends in themselves, however, multi-disciplinary practices can also be used as experiments into under-explored issues meant to motivate reflection on the values, mores, and practices that are often overlooked in society.'[24]

Het is dit multidisciplinair experimenteren en reflecteren dat ook het ontwerpen van een stoel in koolstofvezelcomposiet maatschappelijk relevant maakt.

Greg Lynn, 3Di (2010)

Het project 'Man & Machine' (2015) dat Marleen Kaptein heeft uitgewerkt op initiatief van Label Breed, illustreert dit expliciet. Label Breed staat achter het motto 'Twee talenten zichtbaar in elk product' en probeert vanuit de mogelijkheden van de industrie nieuwe opportuniteiten voor ontwerpers te creëren. In 'Man & Machine' wordt voor de *1.31 Fibre Placement Chair* de industriële techniek van geautomatiseerde plaatsing van composiettapes door een robot uit het Nationaal Lucht- en Ruimtevaartlaboratorium (NLR) gecombineerd met de creatieve inbreng van een designer die het industriële proces inzet voor producten waarin ook schoonheid belangrijk is. De medewerkers van het NLR staan open voor deze synergie: 'In de luchtvaart staat functionaliteit voorop. Hoe het ontwerp eruitziet, is daaraan ondergeschikt. Denk aan een vliegtuigvleugel, die moet vooral gestroomlijnd zijn. Het is voor mij en m'n collega's bijzonder om de composiettechnologie op een andere manier in te zetten, namelijk; maak een zo mooi mogelijke stoel. Voor de

usage within a residence, it hardly matters whether a chair weighs 1 or 3 kilos. Moreover, overly light items can be dangerous, as the chair will be more prone to falling when someone sits down. Designers face the challenge of accomplishing improvements that have more general applicability as well.'[23]

EXPERIMENTATION   Or can a super lightweight chair be reduced to a suspended ship's sail? Greg Lynn, who is an architect as well as a sailor, has used the high-tech 3Di sailing technology in conjunction with technical director Bill Pearson of sail producer North Sails to produce a suspended shell of 454 grams (1 pound) that can bear at least five hundred times this weight. Carbon fibre tapes (prepregs) are placed on a mould and hardened at high temperatures. Under the weight of a body, the seating shell is sufficiently flexible to adapt to a bodily shape. The *3Di* was created for the exhibition 'Hyperlinks' (2010-2011, Art Institute of Chicago) wherein innovative collaboration between design or architecture and other disciplines was examined: 'Our understanding of the world is based on connecting and interpreting ideas according to associations and the juxtaposition of information within a given context. Appropriating the ambidextrous term, hyperlinks, this exhibition of collaborative experimentation suggests a new paradigm shift that we see occurring across the fields of architecture and design based on a fluid exchange between disciplines. The linking or accumulation of data helps us form a complex picture of daily life leading to greater interaction, engagement, and understanding of our place in the world. By fostering rigorous, cross-disciplinary relations, architects and designers are carving out new avenues for experimentation that are helping shape insightful solutions to urgent issues such as our well-being and our health and safety, ultimately enhancing the quality of our daily lives. Not always intended as ends in themselves, however, multi-disciplinary practices can also be used as experiments into under-explored issues meant to motivate reflection on the values, mores, and practices that are often overlooked in society.'[24]

It is this multidisciplinary experimentation and reflection that also makes the designing of a chair from carbon fibre composite materials socially relevant.

The project 'Man & Machine' (2015) developed by Marleen Kaptein at the initiative of Label Breed, explicitly illustrates this. Label Breed stands behind the motto 'Two talents visible in every product' and attempts to create new opportunities for designers based on the industry's possibilities. In 'Man & Machine', for the *1.31 Fibre Placement Chair*, the industrial technique of automated application of composite tapes by a robot from the Netherlands Aerospace Centre (NLR) is combined with the creative input from a designer who utilizes the industrial process for products whereby beauty is also of importance. The associates of NLR are open to this synergy: 'In aerospace, functionality comes first. The looks of the design come second. Think of the wing of an airplane, it must first and foremost be streamlined. To me and my colleagues, it is extraordinary to implement composite technology in a different way, namely: make a chair that is as beautiful as possible. Perhaps the application thereof is lost on aerospace, but of course not on the NLR buildings and their furnishings.'[25] The research also led to the *2.31 Recycled Carbon Chair* (2015) whereby the carbon fibre materials were recycled from waste generated by the car and aerospace industries.[26]

FIBRE—FIXED

Marleen Kaptein, 1.31 Fibre Placement Chair (2015) © Label/Breed

Alvaro Uribe, Plum Stool Series 1 (2010) © Alvaro Uribe Design

Alvaro Uribe, Plum Stool Series 2 (2013) © Alvaro Uribe Design

Moorhead & Moorhead, Filament Wound Bench (2003 2006) © Moorhead & Moorhead

Moorhead & Moorhead, Filament Wound Stools (2011) © Moorhead & Moorhead

Marleen Kaptein, 2.31 Recycled Carbon Chair (2015) © Label/Breed

LIGHT LIGHT

183

Kontantin Grcic,
Chaise longue
Karbon (2008)
Limited edition
Galerie kreo
© Fabrice Gousset
Courtesy Galerie kreo

Granger Moorhead and Robert Moorhead of Moorhead & Moorhead also went out in search of greater expression in the winding of carbon fibre filaments or rovings, and have translated the filament winding process from the aerospace industry to the scale of interior design products. In their *Filament Wound Bench* (2003-2006), carbon fibre rovings are wound in a continuous motion around a simple mould of a round bench. Software can be used to guide and modify the winding process, allowing a single basic shape to yield various results. Once hardened, the collapsible mould is removed.[27] The three versions of *Filament Wound Stool* (2011) make use of the same mould, but have different winding patterns and vary from one version to the next, from a closed to a more open structure.[28]

GRAPHICS   Experimentation with materials also results in highly graphical designs. The *Plum Stool Series 1* (2010) and *Plum Stool Series 2* (2013) which netted Alvaro Uribe a Red Dot Award in 2013 and 2015, adhered to the efficiency of natural growth principles and are nearly as light as a feather ('Pluma' in Spanish), but are also presented as dancing bodies.[29] Uribe acknowledges that this freedom of form is made possible by technological innovation.[30]

Ergon Nomos Chair (2012), designed by Synperia, was created from a line of pencil on paper, indicating the back of a person. The seating shell made from carbon fibre composite is reinforced in those areas where sitting exerts the greatest pressure, but the ends remain limited to a minimal 'pencil stripe'.[31]

Also little more than a line is *Karbon* (2008) by Konstantin Grcic: 'I was interested in achieving an extreme aesthetic which could only be realized using composite materials. The slight deflexion in the large surface, suspended only by four very thin legs, creates a visual fragility which seems to defy any experience of gravity.'[32] The artisanal craftsmanship of the personnel creating the *Karbon* long chair – personnel specialized in making parts for the BMW Formula One Team – is described by Grcic as 'Karbon Craft'.

luchtvaart kunnen we dit misschien niet inzetten maar natuurlijk wel voor de NLR-gebouwen en de inrichting daarvan.'[25] Het onderzoek leidde ook tot de *2.31 Recycled Carbon Chair* (2015) waarbij het koolstofvezelmateriaal gerecycleerd is uit afval van de auto- en luchtvaartindustrie.[26]

Ook Granger Moorhead en Robert Moorhead van Moorhead & Moorhead zijn op zoek gegaan naar meer expressie in het wikkelen van koolstofvezeltape en hebben het wikkelproces van de luchtvaartindustrie vertaald naar de schaal van producten voor het interieur. In hun *Filament Wound Bench* (2003-2006) worden koolstofvezelbundels in een continue beweging gewikkeld rond een eenvoudige mal van een ronde bank. Met software kan het draaiproces worden gestuurd en gewijzigd, zodat eenzelfde basisvorm diverse resultaten oplevert. Na uitharden wordt de opvouwbare mal verwijderd.[27] De drie versies van *Filament Wound Stool* (2011) maken gebruik van eenzelfde mal, maar hebben andere wikkelpatronen en variëren onderling tussen een gesloten en meer open structuur.[28]

GRAFISCH Het experimenteren met het materiaal resulteert ook in erg grafische ontwerpen. De *Plum Stool Series 1* (2010) en *Plum Stool Series 2* (2013) waarmee Alvaro Uribe in 2013 en 2015 een Red Dot Award binnenhaalde, volgen dan wel de efficiëntie van groeiprincipes in de natuur en zijn bijna zo licht als een pluim ('Pluma' in het Spaans), maar presenteren zich ook als dansende lichamen.[29] Uribe erkent dat deze vormvrijheid mogelijk is door de technologische vernieuwing.[30]

Ergon Nomos Chair (2012), ontworpen door Synperia, is ontstaan vanuit een potloodlijn op papier waarmee de rug van een persoon wordt aangegeven. De zitschaal in koolstofvezelcomposiet is verstevigd op die plaatsen waar het zitten de grootste druk uitoefent, maar de uiteinden blijven een minimale 'potloodstreep'.[31]

Niet meer dan een lijn is ook *Karbon* (2008) van Konstantin Grcic: 'I was intersted in achieving an extreme aesthetic which could only be realized using composite materials. The slight deflexion in the large surface, suspended only by four very thin legs, creates a visual fragility which seems to defy any experience of gravity.'[32]

Het ambachtelijk handwerk van het personeel dat de ligbank *Karbon* realiseert – personeel gespecialiseerd in het maken van onderdelen voor het Formula One Team van BMW – omschrijft Grcic als 'Karbon Craft'.

TOEKOMST EN VER VERLEDEN Ook de drie meter lange *Onyx Sofa* (2014) van Peugeot Design Lab actualiseert het begrip ambacht, ditmaal op een erg expliciete manier. Bij de *Onyx Sofa* sluit een sofagedeelte uit koolstofvezelcomposiet perfect aan op een gedeelte uit 11.000 jaar oud vulkanisch gesteente uit de Auvergne. De geografische coördinaten van de plek waar de steen is gewonnen en waar het meubel is gemaakt zijn in de rug van de zitting aangebracht. *Onyx Sofa* was te zien op de tentoonstelling *Futur Archaïque* (2015-2016), georganiseerd door het Centre d'innovation et de design (Grand Hornu) en het Musée de design et d'arts appliqués contemporains (MUDAC, Zwitserland). *Futur Archaïque* vertrok vanuit de stelling dat waarden uit de toekomst en het verleden elkaar op een doordachte wijze moeten vinden. *Onyx Sofa* lijkt een object zowel uit de toekomst als uit het verleden. Een presentatietekening door designer Pierre Gimbergues visualiseert die dualiteit: het zetelgedeelte in koolstofvezelcomposietmateriaal lijkt een aerodynami-

Peugeot Design Lab, Onyx Sofa (2014) Courtesy Peugeot Design Lab

FUTURE AND PAST   The three-metre long *Onyx Sofa* (2014) by Peugeot Design Lab updates the term 'craft', this time in a highly explicit manner. In the *Onyx Sofa*, the sofa part made from carbon fibre composite perfectly connects with a section made from 11,000-year-old volcanic stone from the Auvergne region. The geographical coordinates of the place where the stone was quarried and where the piece was made are featured in the back of the seat. *Onyx Sofa* was on display at the exhibition *Futur Archaïque* (2015-2016), organized by the Centre d'innovation et de design (Grand Hornu) and the Musée de design et d'arts appliqués contemporains (MUDAC, Switzerland). *Futur Archaïque* was based on the notion that values from the future and the past have to align in a well-considered manner. *Onyx Sofa* appears to be an object both from the future and from the past. A presentation drawing by designer Pierre Gimbergues visualizes this duality: the seat part made from carbon fibre composite materials looks like an aerodynamic airplane wing fused to a rough chunk of rock exuding a brutish dynamic. This dynamic evokes an 'unyielding' nature, and also implies emotion when the shape of a seat is hewn from the rock.[33] The concept of the *Onyx Sofa* is based on the contrast and the joining of materials and techniques: futuristic-looking high-tech side by side with nature in all of its primordial materiality, industrial production against traditional craftsmanship, highly controlled structures and textures in opposition to organically formed mass, lightness versus heft (the sofa weighs over 400 kg), motion versus immobility.

MOOD OF OUR TIME   The essence of our time can be described in another manner. Ross Lovegrove defines it as 'organic essentialism': 'The notion of organic essentialism in simple terms is the intelligent evolutionary economy of form in unison with what you need – nothing more. I am not interested in trying to push anything further than what is ultimately essential. I believe that if I spend the time to study the earth, evolution and time, it will give me something that is organic, biological and where form grows where you need it. That's what nature does and that's how I design.'[34]

This organic essentialism is at the basis of the chair *MOOT* (2013). The name of the chair is composed of the first letters of 'mood of our time'. *MOOT* consists of a dynamic movement wherein the image of modern self-supporting seating shells and cantilever chairs coalesce in an unexpected way. Die Neue Sammlung Museum in München, which owns a copy of *MOOT*, photographed the chair in 2015 along with designs by Luigi Colani, known for his organic biodesign of more futuristically styled, aerodynamic airplanes

sche vliegtuigvleugel die versmelt met een ruw rotsblok vol brute dynamiek. Die dynamiek staat niet los van 'onverzettelijkheid' en impliceert ook emotie wanneer uit de rots een zitvorm wordt gekapt.[33] Het concept van de *Onyx Sofa* is gebaseerd op het contrast én het bijeenbrengen van materialen en technieken: futuristisch ogende hightech naast een natuur in haar oeroude materialiteit, industriële productie tegenover traditionele ambachtelijkheid, uiterst gecontroleerde structuren en texturen als tegenpool van organisch gevormde massa, lichtheid versus zwaarte (de sofa weegt meer dan 400 kg), beweging versus immobiliteit.

Ross Lovegrove, MOOT (2013) © John Ross

MOOD OF OUR TIME   De essentie van onze tijd kan ook op een andere manier worden omschreven. Ross Lovegrove definieert het als 'organisch essentialisme': 'The notion of organic essentialism in simple terms is the intelligent evolutionary economy of form in unison with what you need – nothing more. I am not interested in trying to push anything further than what is ultimately essential. I believe that if I spend the time to study the earth, evolution and time, it will give me something that is organic, biological and where form grows where you need it. That's what nature does and that's how I design.'[34]

Dit organisch essentialisme ligt aan de basis van de stoel *MOOT* (2013). De naam van de stoel is gevormd door de beginletters van 'mood of our time'. *MOOT* bestaat uit een dynamische beweging waarin het beeld van de moderne zelfdragende zitschaal en van de achterpootloze stoel op een onverwachte wijze versmelten. Die Neue Sammlung Museum in München, dat een exemplaar van *MOOT* bezit, heeft in 2015 de stoel gefotografeerd samen met ontwerpen van Luigi Colani, gekend om zijn organisch biodesign van onder meer futuristisch ogende, aerodynamische vliegtuigen en racewagens.[35] Ross Lovegrove heeft deze link zelf aangegeven in een van zijn ontwerpen (*Colani*, 2003-2005). Ook *Ridon* (2005) lijkt een ode aan Luigi Colani. De sculptuur van koolstofvezelcomposiet op rigide schuim verbeeldt een motor in volle beweging, waarbij de bestuurder niet anders kan dan met de vloeiende vormen versmelten. Hetzelfde geldt voor *Frog* (1973) van Luigi Colani, een futuristische studie voor een gestroomlijnde motor die tegelijkertijd het lichaam van een kikker oproept. In *Solar Skin* (2008) trekt Ross Lovegrove dit door naar het concept van een fiets. Het gebruik van koolstofvezelcomposiet in *MOOT* staat dus niet op zichzelf in het denken

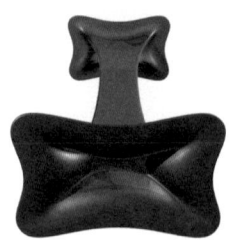

Ross Lovegrove, Gingko Carbon Table (2006) © John Ross

Ross Lovegrove, Ridon (2005) © John Ross

Ross Lovegrove, Liquid Carbon Bench (2005) © John Ross

and racecars.[35] Ross Lovegrove has himself highlighted this link in one of his designs (*Colani*, 2003-2005). *Ridon* (2005) also seems to be an ode to Luigi Colani. The sculpture made from carbon fibre composite on rigid foam depicts a motor in motion, whereby the operator has no choice but to fuse with the flowing shapes. The same applies to *Frog* (1973) by Luigi Colani, a futuristic study of a streamlined motor that simultaneously evokes the body of a frog. In *Solar Skin* (2008), Ross Lovegrove extends this to the concept of a bicycle. Thus, the use of carbon fibre composite in *MOOT* is not a singular event in the thinking of Ross Lovegrove. The designer often dreams up his visionary designs in carbon fibre composite materials, such as the *Cranbrook Arts Pavilion*, New York (2003-2009), the *Netification Tower* (2005-2006), or the concept cars *Kyoto* (2004) and *Segwey Z* (2008). Likewise, in the products intended for the market, such as the *Biolove* bicycle (2003-2011) with a monocoque frame made from carbon fibre composite, and the travel suitcase *GT110* (2006-2008), designed on the occasion of the 110th birthday of British company Globe-Trotter, minimal materials and weight are applied to achieve maximum rigidity.[36]

Carbon fibre composite materials allow some of his designs to appear to float in space. The *Gingko Carbon Table* (2006) by Ross Lovegrove in the installation 'Endurance' (2007, Galleries Phillips de Pury & Company, New York) hardly carries more weight than its shadow. The composite materials are used to create a table construction consisting of a flowing, organic motion, like leaves and stems growing in nature.[37] Carbon fibre composite materials not only achieve the computer-calculated formal logic of this organic essentialism – the table itself was produced by an aeronautics company – but its black colour and texture also evoke the poetic profundity of living nature.

'The physical presence of The Gingko brings out our deep primordial subconscious memory of FLORA and the beauty of leaf like structures reinforced by the carbon black, its depth and resonance of the base substance of life.'[38]

The three-metre long *Liquid Carbon Bench* (2005) heralds as much. The bench hesitates between a fixed and a flowing form, and between furniture and natural element. It could be a fragment of a monumental skeleton, a skeleton that assumes a double-helix structure in Ross Lovegrove's *DNA Staircase*, designed in 2003, with steps made from glass fibre and carbon fibre composite, and a handrail made from carbon fibre composite.

Ross Lovegrove, DNA Staircase (2003) © John Ross

van Ross Lovegrove. De ontwerper denkt zijn visionaire ontwerpen vaak in koolstofvezelcomposiet, zoals onder meer het *Cranbrook Arts Pavilion*, New York (2003-2009), de *Netification Tower* (2005-2006) of de conceptwagens *Kyoto* (2004) en *Segwey Z* (2008). Ook in producten voor de markt, zoals de *Biolove* fiets (2003-2011) met een kader in één stuk uit koolstofvezelcomposiet, en ook in de reiskoffer *GT110* (2006-2008), ontworpen ter gelegenheid van de 110de verjaardag van het Britse bedrijf Globe-Trotter, wordt minimaal materiaal en gewicht aangewend voor maximale stevigheid.[36]

Het koolstofvezelcomposietmateriaal laat sommige van zijn designontwerpen ogenschijnlijk zweven in de ruimte. De *Gingko Carbon Table* (2006) van Ross Lovegrove heeft in de installatie 'Endurance' (2007, Galleries Phillips de Pury & Company, New York) nauwelijks meer gewicht dan zijn schaduw. Het composietmateriaal is gebruikt voor een tafelconstructie die bestaat uit een vloeiende, organische beweging, zoals bladeren en stengels groeien in de natuur.[37] Koolstofvezelcomposiet realiseert niet enkel de door de computer berekende vormlogica van dit organisch essentialisme – de tafel zelf is gemaakt door een luchtvaartbedrijf – maar evoceert met zijn zwarte kleur en textuur ook de poëtische diepgang van een levende natuur.

'The physical presence of The Gingko brings out our deep primordial subconscious memory of FLORA and the beauty of leaf like structures reinforced by the carbon black, its depth and resonance of the base substance of life.'[38]

De drie meter lange *Liquid Carbon Bench* (2005) kondigt dit reeds aan. De bank aarzelt tussen een vaste en vloeiende vorm en tussen een meubel en een natuurelement. Het zou een fragment kunnen zijn van een monumentaal skelet, een skelet dat in Ross Lovegroves *DNA Staircase*, ontworpen in 2003, met treden in glasvezel- en koolstofvezelcomposiet en een leuning in koolstofvezelcomposiet, een dubbele-helixstructuur aanneemt.

1   *From bakelite to composite. Design with new materials*, Oostkamp-Ghent: Stichting Kunstboek-Design Museum Gent, 2002.
2   *Highlights since 1980*, New York: The Museum of Modern Art, 2007, p. 61.
3   Bertjan Pot, 'Carbon Copy / 2003', www.bertjanpot.nl
4   In connection with the use of carbon fibre and the copying of the Eames model, see the statement by Bertjan Pot from 2014: 'Once in a while I still think about doing something because I still have all those materials in my studio and carbon fiber is really quite scarce now. It's actually a very nice and simple technique but on the other hand I wouldn't start with composites in that way again because of their environmental impact. For the chairs there are already out there it's fine and I hope people never throw them out but I don't know that I would accept a commission in carbon fiber or fiberglass these days because it's non-recyclable. But in regards to those early products of mine, I did them myself because I didn't have factories that wanted to work with me at that stage and so now I'm more likely to use bio resins and do things with a producer. When I was exploring carbon fiber in the early 2000's, I had designed the 'Random chair' - a low lounge chair - then I wanted to see whether it would work as a dining chair on a high base, so rather than design something myself, I just copied the Eames 'Eiffel' tower base as a test. There were only two of those chairs ever made. I think I just liked the opportunity to give it a funny name - 'Carbon copy'. They were bought by a museum and I have never had any complaints from the Eames family. After I knew it would work in this form I designed a new base and that chair was put into production by Moooi.' 'Bertjan Pot interview. Dutch design can be fun', in *Design.daily*, 5 May 2014, www.designdaily.com.au/blog/2014/5/bertjan-pot-interview-dutch-design-can-be-fun
5   www.stichtingprofiel.eu/Home
6   Bertjan Pot: 'You can't actually copy metal in carbon fiber anyway as the material needs to use different methods of connection and it ends up a different shape - you can't cut and weld, you have to have a continuous flow of the material.' 'Bertjan Pot interview. Dutch design can be fun', in *Design.daily*, 5 May 2014, www.designdaily.com.au/blog/2014/5/bertjan-pot-interview-dutch-design-can-be-fun
7   Rebecca Bates, 'A Modern Take on an Iconic Eames Design', in Architectural Digest, 31 July 2014, www.architecturaldigest.com/story/matthew-strong-eames-sofa
8   Jenny Brewer, 'Michael Young: the Hans Wegner of carbon fibre', in *onOffice Magazine*, 6 August 2015, www.onofficemagazine.com/people/item/4301-michael-young-stacking-chairs-to-toys-plenty-in-between: 'You couldn't make this in plastic. This is hand made and there's a lot of craftsmanship. It's more akin to how Hans Wegner worked in wood.'
9   John Hamilton quoted in 'Coalesse at Salone Internazionale del Mobile 2014', www.michael-young.com/wp-content/uploads/2015/02/Coalesse_EN1-copy.pdf
10 Core JR, 'John Hamilton, Design Director of Coalesse, on the New Carbon Fiber Chair by Michael Young', in Core77, 1 May 2014, www.core77.com/posts/26862/John-Hamilton-Design-Director-of-Coalesse-on-the-New-Carbon-Fiber-Chair-by-Michael-Young
11 www.joachimfroment.com/work-in-progress/
12 *MAEZM Book*, Seoul, 2013, pp. 7, 51, www.maezm.com/
13 Shigeru Ban: 'I wanted to make a chair that is even lighter than the Gio Ponti's superleggera - a chair so light that a child could pick it up with just his little finger. Carbon fiber provide greater tensile strength than all other materials, but it loses out on compressive strength, and carbon fibers are very slender. Carbon fiber is also much more expensive than other materials and difficult to work. We tried to use only the material's advantages and avoid its disadvantages, so we stuck a 0,25 mm carbon fiber layer onto each side of thin aluminium panels...' Massimo Mini, 'Sigeru Ban: Carbon Fiber Chair for Tokyo Fiber 09 Senseware', in designboom, 13 May 2009, www.designboom.com/design/shigeru-ban-carbon-fiber-chair-for-tokyo-fiber-09-senseware/
14 Keiichiro Fujisaki, 'Did artificial fibers succeed in awakening unknown senses? Report on Tokyo Fiber '09 in Milan', Design Museum Holon, www.dmh.org.il/pages/default.aspx?pageId=94&catId=5
15 'The Gaudi Chair by Bram Geenen', in *Contemporist*, 10 June 2010, www.contemporist.com/2010/06/10/the-gaudi-chair-by-bram-geenen/
16 Bram Geenen: 'With todays high-end techniques it is possible to create almost every shape that you imagine. Therefore it is necessary to be careful and honest about what to make. I let the shapes of my products to be defined by material characteristics and the physics that act on the product. To be efficient and logical, you have to use strong, natural and often organic forms. Beauty will come natural.' www.behance.net/studiogeenen
17 www.3dprintingbusiness.directory/company/wevolver/
18 v1.wevolver.com/bram.geenen/gaudi-stool/model/file
19 Mateo Kries and Jolanthe Kugler (eds), *The Bauhaus #itsalldesign*, Weil am Rhein: Vitra Design Museum, 2015, p. 166.
20 Mateo Kries and Jolanthe Kugler (eds), *The Bauhaus #itsalldesign*, Weil am Rhein: Vitra Design Museum, 2015, pp. 11-12.
21 r18ultrachair.com
22 For a discussion of the production process, see for instance Johanna Hoogendam, 'The Making of the Carbon Balloon Chair', in *EH&I*, February 2014, pp. 96-103.
23 Ingeborg de Roode, 'The Carbon Balloon Chair held up against the light, in Ingeborg de Roode (ed.), *Marcel Wanders: Pinned Up. 25 years of design*, Amsterdam: Stedelijk Museum, 2014, p. 167.
24 www.artic.edu/aic/collections/exhibitions/Hyperlinks/index
25 Chris Groenendijk, quoted by Leeuwangh, 'Aerospace technology applied to a design chair, *NLR News*, 14 April 2015, wp.nlr.nl/tag/fiber-placement-machine/
26 www.labelbreed.nl/collaborations/marleen-kaptein-nlr/recycled-carbon-chair/
27 archleague.org/2008/04/granger-moorhead-and-robert-moorhead/
28 Weaving patterns is also a starting point from which they, along with their father Richard Moorhead, manually built a mobile contemplation area in 2006 for the 'Roberts Street Chaplet Project' by artist Marjorie Schlossman. The pavilion on wheels consisted of 'a looped structure of carbon-coated fiberglass rods that sway in the wind like prairie grasses'. Tim McKeough, 'Little Chapels on the Prairie', in *Metropolis Magazine*, July 2007, www.metropolismag.com/July-2007/Little-Chapels-on-the-Prairie/
29 Alvaro Uribe: 'The stool is designed to have

1 *Van bakeliet tot composiet. Design met nieuwe materialen*, Oostkamp-Gent: Stichting Kunstboek-Design Museum Gent, 2002.
2 *Highlights since 1980*, New York: The Museum of Modern Art, 2007, p. 61.
3 Bertjan Pot, 'Carbon Copy / 2003', www.bertjanpot.nl
4 In verband met het gebruik van koolstofvezel en het kopiëren van het model van Eames zie de uitspraak van Bertjan Pot in 2014: 'Once in a while I still think about doing something because I still have all those materials in my studio and carbon fiber is really quite scarce now. It's actually a very nice and simple technique but on the other hand I wouldn't start with composites in that way again because of their environmental impact. For the chairs that are already out there it's fine and I hope people never throw them out but I don't know that I would accept a commission in carbon fiber or fiberglass these days because it's non-recyclable. But in regards to those early products of mine, I did them myself because I didn't have factories that wanted to work with me at that stage and so now I'm more likely to use bio resins and do things with a producer. When I was exploring carbon fiber in the early 2000's, I had designed the 'Random chair' - a low lounge chair - then I wanted to see whether it would work as a dining chair on a high base, so rather than design something myself, I just copied the Eames 'Eiffel' tower base as a test. There were only two of those chairs ever made. I think I just liked the opportunity to give it a funny name - 'Carbon copy'. They were bought by a museum and I have never had any complaints from the Eames family. After I knew it would work in this form I designed a new base and the chair was put into production by Moooi.' 'Bertjan Pot interview. Dutch design can be fun', in *Design.daily*, 5 mei 2014, www.designdaily.com.au/blog/2014/5/bertjan-pot-interview-dutch-design-can-be-fun
5 www.stichtingprofiel.eu/Home
6 Bertjan Pot: 'You can't actually copy metal in carbon fiber anyway as the material needs to use different methods of connection and it ends up a different shape - you can't cut and weld, you have to have a continuous flow of the material.' 'Bertjan Pot interview. Dutch design can be fun', in *Design.daily*, 5 mei 2014, www.designdaily.com.au/blog/2014/5/bertjan-pot-interview-dutch-design-can-be-fun
7 Rebecca Bates, 'A Modern Take on an Iconic Eames Design', in *Architectural Digest*, 31 juli 2014, www.architecturaldigest.com/story/matthew-strong-eames-sofa
8 Jenny Brewer, 'Michael Young: the Hans Wegner of carbon fibre', in *onOffice Magazine*, 6 augustus 2015, www.onofficemagazine.com/people/item/4301-michael-young-stacking-chairs-to-toys-plenty-in-between: 'You couldn't make this in plastic. This is hand made and there's a lot of craftsmanship. It's more akin to how Hans Wegner worked in wood.'
9 John Hamilton geciteerd in 'Coalesse at Salone Internazionale del Mobile 2014', www.michael-young.com/wp-content/uploads/2015/02/Coalesse_EN1-copy.pdf
10 Core JR, 'John Hamilton, Design Director of Coalesse, on the New Carbon Fiber Chair by Michael Young', in *Core77*, 1 mei 2014, www.core77.com/posts/26862/John-Hamilton-Design-Director-of-Coalesse-on-the-New-Carbon-Fiber-Chair-by-Michael-Young
11 www.joachimfroment.com/work-in-progress/
12 *MAEZM Book*, Seoul, 2013, pp. 7, 51, www.maezm.com/
13 Shigeru Ban: 'I wanted to make a chair that is even lighter than the Gio Ponti's superleggera - a chair so light that a child could pick it up with just his little finger. Carbon fiber provide greater tensile strength than all other materials, but it loses out on compressive strength, and carbon fibers are very slender. Carbon fiber is also much more expensive than other materials and difficult to work. We tried to use only the material's advantages and avoid its disadvantages, so we stuck a 0,25 mm carbon fiber layer onto each side of thin aluminium panels…' Massimo Mini, 'Sigeru Ban: Carbon Fiber Chair for Tokyo Fiber 09 Senseware', in *designboom*, 13 mei 2009, www.designboom.com/design/shigeru-ban-carbon-fiber-chair-for-tokyo-fiber-09-senseware/
14 Keiichiro Fujisaki, 'Did artificial fibers succeed in awakening unknown senses? Report on Tokyo Fiber '09 in Milan', Design Museum Holon, www.dmh.org.il/pages/default.aspx?pageId=94&catId=5
15 'The Gaudi Chair by Bram Geenen', in *Contemporist*, 10 juni 2010, www.contemporist.com/2010/06/10/the-gaudi-chair-by-bram-geenen/
16 Bram Geenen: 'With todays high-end techniques it is possible to create almost every shape that you imagine. Therefore it is necessary to be careful and honest about what to make. I let the shapes of my products to be defined by material characteristics and the physics that act on the product. To be efficient and logical, you have to use strong, natural and often organic forms. Beauty will come natural.' www.behance.net/studiogeenen
17 www.3dprintingbusiness.directory/company/wevolver/
18 v1.wevolver.com/bram.geenen/gaudi-stool/model/file
19 Mateo Kries en Jolanthe Kugler (eds), *The Bauhaus #itsalldesign*, Weil am Rhein: Vitra Design Museum, 2015, p. 166.
20 Mateo Kries en Jolanthe Kugler (eds), *The Bauhaus #itsalldesign*, Weil am Rhein: Vitra Design Museum, 2015, pp. 11-12.
21 r18ultrachair.com
22 Voor een bespreking van het productieproces zie bijvoorbeeld Johanna Hoogendam, 'The Making of the Carbon Balloon Chair', in *EH&I*, februari 2014, pp. 96-103.
23 Ingeborg de Roode, 'De Carbon Balloon Chair tegen het licht gehouden', in Ingeborg de Roode (ed.), *Marcel Wanders: Pinned Up. 25 jaar vormgeving*, Amsterdam: Stedelijk Museum, 2014, p. 167.
24 www.artic.edu/aic/collections/exhibitions/Hyperlinks/index
25 Chris Groenendijk, geciteerd door Leeuwangh, 'Luchtvaarttechnologie ingezet voor designstoel', *NLR News*, 14 april 2015, wp.nlr.nl/tag/fiber-placement-machine/
26 www.labelbreed.nl/collaborations/marleen-kaptein-nlr/recycled-carbon-chair/
27 archleague.org/2008/04/granger-moorhead-and-robert-moorhead/
28 Weven in patronen is ook het uitgangspunt waarmee ze, samen met hun vader Richard Moorhead, in 2006 handmatig een mobiele contemplatieruimte bouwden voor het 'Roberts Street Chaplet Project' van kunstenaar Marjorie Schlossman. Het paviljoen op wielen bestond uit 'a looped structure of carbon-coated fiberglass rods that sway in the wind like prairie grasses'. Tim McKeough, 'Little Chapels on the Prairie', in *Metropolis Magazine*, juli 2007, www.metropolismag.com/July-2007/Little-Chapels-on-the-Prairie/
29 Alvaro Uribe: 'The stool is designed to have

strategic ribs where pressure and weight will be applied. By building ribs with the material folds, the stool's structure is able to accomplish superior strength and lightness. Similar to the shaft of a leaf these ribs give additional resistance to pressure and compression. The overall gesture is designed to resemble that of a dancer, exposing the flexibility of the body and the skin.' alvarouribedesign.com/web/2013/06/11/plum-stool-series-1/

The efficiency principle was also acknowledged by BMW, who included the *Plum Stool* by Alvaro Uribe in the presentation at the launch of the BMWi8 electric sports car at the 2014 Beijing motor show.

30 Alvaro Uribe: 'Advances in materials and manufacturing technologies are giving us a new freedom to create not from strict geometries, but from usability needs and sculptural approach.' alvarouribedesign.com/web/2013/08/05/plum-stool-series-2/

31 Synperia: 'The shape began as a trace of a persons back, in charcoal on a 6' piece of butcher's paper. The structural loads on the chair dictated the thickest section at the curve between the seat and the back, tapering to the thinnest possible section at the ends. The form of the carbon fiber shell emerged as the resultant of these first principals.' www.synperia.com/ergon-nomos-chair.html

32 konstantin-grcic.com/projects/karbon/

33 www.peugeot.com/en/products-services/peugeot-design-lab/sofa-onyx

34 Interview with Ross Lovegrove, 2007, design.designmuseum.org/design/ross-lovegrove

35 www.rosslovegrove.com/index.php/die-neue-sammlung-museum-in-munich-presents-the-moot-chair/

36 Only a few prototypes of the Biolove bicycle were created for Biomega.

37 Ross Lovegrove quoted by Lotta Jonson, 'Car design today = maximising intelligence', in *Swedish Design Research Journal*, 1, 2013, p. 57: 'The use of composites and recycled materials opens up new opportunities to combine textures and new skin expressions. Mechanical 'hard' aesthetics are making way for the biological principles of 'soft' aesthetics.'

38 Ross Lovegrove, de.phaidon.com/agenda/design/picture-galleries/2010/july/23/ross-lovegroves-gingko-carbon-table/

strategic ribs where pressure and weight will be applied. By building ribs with the material folds, the stool's structure is able to accomplish superior strength and lightness. Similar to the shaft of a leaf these ribs give additional resistance to pressure and compression. The overall gesture is designed to resemble that of a dancer, exposing the flexibility of the body and the skin.' alvarouribedesign.com/web/2013/06/11/plum-stool-series-1/

Het efficiëntieprincipe werd ook herkend door BMW die bij de lancering van de elektrische sportwagen BMWi8 in de motor show in Beijing in 2014 de *Plum Stool* van Alvaro Uribe mee opnam in de presentatie.

30 Alvaro Uribe: 'Advances in materials and manufacturing technologies are giving us a new freedom to create not from strict geometries, but from usability needs and sculptural approach.' alvarouribedesign.com/web/2013/08/05/plum-stool-series-2/

31 Synperia: 'The shape began as a trace of a persons back, in charcoal on a 6' piece of butcher's paper. The structural loads on the chair dictated the thickest section at the curve between the seat and the back, tapering to the thinnest possible section at the ends. The form of the carbon fiber shell emerged as the resultant of these first principals.' www.synperia.com/ergon-nomos-chair.html

32 konstantin-grcic.com/projects/karbon/

33 www.peugeot.com/en/products-services/peugeot-design-lab/sofa-onyx

34 Interview met Ross Lovegrove, 2007, design.designmuseum.org/design/ross-lovegrove

35 www.rosslovegrove.com/index.php/die-neue-sammlung-museum-in-munich-presents-the-moot-chair/

36 Van de *Biolove* fiets voor Biomega werden slechts enkele prototypes gerealiseerd.

37 Ross Lovegrove geciteerd door Lotta Jonson, 'Car design today = maximising intelligence', in *Swedish Design Research Journal*, 1, 2013, p. 57: 'The use of composites and recycled materials opens up new opportunities to combine textures and new skin expressions. Mechanical 'hard' aesthetics are making way for the biological principles of 'soft' aesthetics.'

38 Ross Lovegrove, de.phaidon.com/agenda/design/picture-galleries/2010/july/23/ross-lovegroves-gingko-carbon-table/

CO-CREATION: THE DIALOGUE BETWEEN ARGUMENTATION AND IMAGINATION

The design sector is increasingly speculating on forming alliances with the world of science. In an increasing number of countries the ideal of a symbiotic exchange between both domains has become the foundation of their innovation policy. The underlying assumption is that knowledge and imagination will reinforce each other. The intuitive research in design is fuelled by methodically obtained scientific insights. Conversely, designers translate potentially groundbreaking pioneering work from libraries and laboratories and expose it to the public. At least, that's the theory.

But in practical terms, what happens when representatives of various branches of science enter into a dialogue with designers? What happens when they work together on the subject of composite materials, setting up an exhibition and compiling a book? Does the museum play a mediating role in this process? Or does this dialogue lead us to question the museum's task? And how is this process influenced by the cultures in which the various parties are rooted?

Account of two interviews – with material expert Ignaas Verpoest and museum curator Evelien Bracke, and with designer Sanne Schuurman and architect Tomas Dirrix – on the creation of the exhibition entitled *Fibre-Fixed. Composites in Design* at the Design Museum Gent.

Gert Staal

Steeds vaker speculeert de designsector op een bondgenootschap met de wetenschappelijke wereld. Het ideaalbeeld van een symbiotische uitwisseling tussen beide domeinen is in een toenemend aantal landen zelfs de grondslag voor innovatiebeleid. Kennis en verbeelding, zo luidt de onderliggende aanname, zullen elkaar versterken. Het intuïtieve onderzoek in design krijgt voeding vanuit methodisch verkregen wetenschappelijke inzichten. En andersom wordt potentieel baanbrekend pionierswerk uit bibliotheken en laboratoria via de vertaling van ontwerpers voor de buitenwereld zichtbaar gemaakt. Tot zover de theorie.

Maar hoe werkt het in de praktijk wanneer vertegenwoordigers van verschillende wetenschappelijke disciplines het gesprek aangaan met ontwerpers? Wat gebeurt er wanneer zij rond het thema composietmaterialen samenwerken aan een tentoonstelling en een boek? Speelt het museum daarbij vooral een bemiddelende rol? Of stimuleert de dialoog juist tot het ondervragen van de museale taak? En hoe wordt het proces beïnvloed door de culturen waarin de verschillende partijen zijn geworteld?

Verslag van twee gesprekken – met materiaalkundige Ignaas Verpoest en museumcurator Evelien Bracke, en met ontwerper Sanne Schuurman en architect Tomas Dirrix – over de totstandkoming van de tentoonstelling *Fibre-Fixed. Composites in Design* in Design Museum Gent.

Gert Staal

CO-CREATIE: DE DIALOOG TUSSEN BEWIJSVOERING EN VERBEELDING

FIBRE–FIXED

The development of composites appeared on the agenda of Design Museum Gent as early as 2002. *From bakelite to composite. Design in new materials,* was the title of an exhibition and accompanying publication. At the time, just like in the *Fibre-Fixed. Composites in Design* project sixteen years later, material expert Ignaas Verpoest and art historian Lut Pil were closely involved in the preparation and realization of the project. At the time the book and exposition explored a century during which steel was gradually being replaced by plastic as the principal construction material and how, by the end of the century, this resulted in the production of materials in which several substances were combined in such a way that a single composite material is formed in which the best properties of the constituent components are consolidated. Around the turn of the millennium, for instance, the sectors of aviation, aerospace, sports and transport – industries in which, not coincidentally, pushing boundaries plays a key role and capital is readily available to experiment with innovative concepts – were the most appropriate for integrating these strong and lightweight composite materials which can be moulded into the most complex of shapes during their production process. Weight reduction saves energy. A streamlined design increases speed. Enhanced damping properties help to absorb vibrations. It was evident that for a number of applications composites could largely outperform traditional materials such as steel or aluminum.

CO-CREATION

At the start of the 21st century all signs pointed towards an increased integration of composites in the products we use every day. Aircraft manufacturers Airbus and Boeing investigated how composites could be used. In Leuven, the research team exploded. The prospect of actually designing applications specifically based on the unique properties of composites was taking shape.

While around 2002 social discontent about the traditional, petroleum-based plastic industry was growing, composites were regarded with the same optimism that had typified the early years of the first plastic century.

Ignaas Verpoest's academic career at the Katholieke Universiteit Leuven is, in a way, a reflection of the change in perception about materials. His research has contributed to a development that embraces the use of composite materials. While Verpoest obtained his PhD in *metallurgy* with a doctoral thesis on 'old school' steel wire, he became fascinated in the early 1980s with the carbon composites tennis racket manufacturers such as Belgian companies Donnay and Snauwaert had been experimenting with. As a scientist he recognized early on the ecological potential of these new synthetic materials. 'You can call us naively green if you want, but back then we were already talking about soft technology.' Under his impetus the department's area of study was expanded. In addition to metals, other materials were increasingly investigated. Three years ago, the denomination Metallurgy was abandoned and now it is called the Department of Materials Engineering.

In the course of time Ignaas Verpoest has contributed to various projects in which composites were developed and their characteristics were tested. This continued after his retirement. The professor emeritus has always assigned himself an important role in spreading the 'good news', the scientific vulgarization of the academic discourse. Within this context he was the spiritual father of a major event – *Composites on Tour* – of which the Ghent exposition of 2002 was only a cog in a larger machine. A truck entirely made of composite materials travelled through Europe for several months: from the Imperial College in London to Spain and then back to the Technical University of Delft. With only one mis-

De ontwikkeling van composieten stond al in 2002 op de agenda van Design Museum Gent. *Van bakeliet tot composiet. Design met nieuwe materialen* was de titel van een tentoonstelling en een begeleidende publicatie. Ook toen, net als in het project *Fibre-Fixed. Composites in Design* zestien jaar later, waren materiaalkundige Ignaas Verpoest en kunsthistorica Lut Pil nauw bij de voorbereiding en uitvoering van het project betrokken. Boek en expositie verkenden destijds een eeuw waarin staal als belangrijkste constructiemateriaal plaats begon te maken voor plastics, en hoe dat tegen het einde van de eeuw leidde tot de productie van materialen waarin meerdere stoffen op zodanige wijze zijn gecombineerd, dat er één composietmateriaal ontstaat waarin de beste eigenschappen van de samenstellende delen worden gebundeld. Rond de millenniumwissel waren bijvoorbeeld lucht- en ruimtevaart, sport en transport – sectoren waar niet bij toeval het verleggen van grenzen een prominente rol speelt en veelal het kapitaal beschikbaar is om met innovatieve concepten te experimenteren – het meest geëigend voor de toepassing van de veelal lichte en sterke composieten die tijdens het productieproces goed te verwerken zijn in complexe vormen. Gewichtsreductie zorgt voor energiebesparing. Stroomlijning maakt sneller. Een toegenomen demping helpt bij opvangen van trillingen. En zo bewezen composieten al snel dat ze reguliere materialen als staal of aluminium in bepaalde toepassingen ruimschoots konden overtreffen.

Alle signalen wezen aan het begin van de eenentwintigste eeuw op een verdere integratie van composieten in de producten die we dagelijks gebruiken. Vliegtuigbouwers Airbus en Boeing onderzochten het gebruik van composieten. In Leuven explodeerde de onderzoeksgroep. Steeds duidelijker tekende zich de mogelijkheid af om daadwerkelijk te gaan ontwerpen aan toepassingen die uitsluitend vanuit de unieke kwaliteiten van composieten kunnen ontstaan. Terwijl rond 2002 de maatschappelijke onvrede over de klassieke, op aardolie afgestemde plasticindustrie groeide, manifesteert zich rond composieten juist het optimisme dat ook de vroegste jaren van de eerste plastic eeuw had gekenmerkt.

De academische carrière van Ignaas Verpoest aan de KU Leuven weerspiegelt in feite de omslag in het denken over materialen. En met zijn onderzoek heeft hij de ontwikkeling richting composieten mee vormgegeven. Terwijl Verpoest als *metaalkundige* doctoreerde op 'old school' staaldraad, raakte hij begin jaren 1980 verleid door de koolstofcomposieten waarmee bijvoorbeeld de fabrikanten van tennisrackets, in België met name Donnay en Snauwaert, al enige tijd experimenteerden. De wetenschapper herkende al vroeg het ecologische potentieel van deze nieuwe synthetische materialen. 'Noem ons groene naïevelingen, maar we spraken toen reeds van een zachte technologie.' Onder zijn impuls verbreedde zich het werkgebied van het departement. Naast metalen werden er steeds vaker andere materialen bestudeerd. Drie jaar geleden werd definitief afscheid genomen van het begrip Metaalkunde en heet het departement nu Materiaalkunde.

In de loop der tijd werkte Ignaas Verpoest mee aan tal van projecten waarin composieten werden ontwikkeld en op hun kwaliteiten getest. Na zijn emeritaat lijkt dat nauwelijks veranderd. Daarnaast heeft de hoogleraar zichzelf steeds een belangrijke rol toegekend bij het verspreiden van het 'blijde nieuws', de populairwetenschappelijke vertaling van het academisch discours. Zo was hij de geestelijk vader van een groot evenement – *Composites on Tour* – waarvan de Gentse tentoonstelling van 2002 slechts een radertje was. Een volledig uit composieten opgebouwde vrachtwagen trok maandenlang door

sion: to spread the scientific story of composites to a wide audience.

Verpoest emphasizes that, at the time, the *Composites on Tour* project intentionally created a link with design. By focusing on designers who had been experimenting with carbon fibre reinforced materials since the nineties, but especially by showing products in which designers incorporated scientific innovations. Formulating it somewhat disrespectfully: in *Composites on Tour* they served as 'illustrations' to stories written by laboratories.

And yet, a scientific approach of materials is only one of many perspectives. Since they collaborated in the *From bakelite to composite* project, Ignaas Verpoest has been exchanging ideas with art historian Lut Pil, coordinator of research group *Matter & Image* at LUCA School of Arts in Ghent and guest lecturer at the Katholieke Universiteit Leuven. Their shared interest in materials has resulted in a unison of two different perspectives and a merging of two academic cultures – cultures which for a long time were regarded as having very little in common. 'In the course of our many contacts we have had to develop a common language,' Ignaas Verpoest adds after some insisting. 'It wasn't there from the start. Gradually we developed an understanding of each other's position. Obviously, as materials experts we have a different perspective and therefore speak a different language than a fellow scientist looking at applications for materials with a cultural-historical interest in design.'

But suggesting that materials experts have no feeling for the cultural significance of their work would be a gross exaggeration. Verpoest recalls a lecture he gave before an audience of designers in 2006. After the lecture, goldsmith Nedda El-Asmar approached him and asked whether it would be possible to make a composite with silk fibres. 'She surprised us because we had never considered that option, but it turned out to be an interesting basis for research and it was later patented by Hermès. They were looking for an entirely bio-based composite, the matrix of which is consequently a bio-plastic. It turned out, however, that the properties of this material started to degrade when they were exposed to a combination of moisture and UV light. So we had to go back to the laboratory where further research is still being conducted.'

Such an example underlines that in the past fifteen years the design world has become very optimistic in developing new materials, which has occasionally resulted in some wonderful ideas. Verpoest points out that the design sector doesn't feel restricted by a lack of knowledge. 'Designers come up with an idea and often they get to work without measuring or calculating first. We, as scientists, have a different view on reality: sometimes years of research and testing are still no guarantee that an idea can be put into practice. Of course, it is essential to try out things that are not the focus of our field of research. Like, for example, experimenting with mycelium. In such cases the designers are indeed the driving force behind this process. However, as scientists we ask ourselves: how can we ever control the moisture sensitivity level of such a network of hyphae? We look at the actual requirements for introducing a material to the world. Unfortunately, somewhere along the lengthy path of development and testing, things often go wrong. To my mind, designers are too optimistic, too quick in their research efforts. A brilliant idea is just a start. But I also wish to emphasize that every competent designer is passionate about materials.'

Sanne Schuurman has been leading the envisions collective since 2016. Several designers with a keen interest in experimental (materials) research have dedicated part of their time, under the umbrella of envisions, to a number of

Europa: van het Imperial College London naar Spanje en vandaar weer naar de Technische Universiteit Delft. Met slechts één missie: het wetenschappelijk verhaal rond composieten onder een breed publiek verspreiden.

Het project *Composites on Tour*, beklemtoont Verpoest, legde destijds heel bewust een link met design. Enerzijds door aandacht te besteden aan ontwerpers die al sinds de jaren negentig experimenteerden met koolstofvezelversterkte materialen, maar vooral door producten te tonen waarin de vondsten van de wetenschap door designers waren toegepast. Ietwat oneerbiedig geformuleerd: ze fungeerden in *Composites on Tour* als 'illustraties' van de verhalen uit het laboratorium.

Toch is een natuurwetenschappelijke benadering van materialen slechts één van de perspectieven. Sinds hun samenwerking rond *Van bakeliet tot composiet* heeft Ignaas Verpoest vaker de uitwisseling gezocht met kunsthistorica Lut Pil, coördinator van de onderzoeksgroep Matter & Image aan LUCA School of Arts in Gent en gastdocent aan de KU Leuven. In hun gedeelde belangstelling voor materialen komen twee beschouwingswijzen samen en worden bovendien twee academische culturen met elkaar verbonden – culturen waarvan lang werd verondersteld dat ze elkaar weinig te vertellen hadden. Een gedeelde taal, zo overweegt Ignaas Verpoest na enig aandringen, heeft zich in de loop van hun jarenlange contacten moeten ontwikkelen. 'Die was er niet onmiddellijk. Begrip voor elkaars posities ontstaat gedurende de uitwisseling. Het is evident dat wij vanuit Materiaalkunde een ander perspectief en dus ook een andere taal hanteren dan een collega-wetenschapper die vanuit een cultuurhistorische belangstelling voor design naar de toepassing van materialen kijkt.'

Maar om nu te veronderstellen dat materiaalkundigen geen enkele gevoeligheid zouden hebben voor de culturele betekenis van hun werk, zou een grove overdrijving zijn. Verpoest herinnert zich een lezing voor ontwerpers in 2006. Na afloop meldde zich edelsmid Nedda El-Asmar die zich naar aanleiding van de presentatie afvroeg of het mogelijk zou zijn een composiet te maken met zijdevezels. 'Haar vraag was bij ons nooit opgekomen, maar bleek een heel interessante basis voor onderzoek dat later nog door Hermès werd gepatenteerd. Daar zocht men naar een volledig biogebaseerd composiet, waarvan de matrix dus een bioplastic is. Uiteindelijk bleken de eigenschappen van het materiaal te degraderen wanneer ze werden blootgesteld aan een combinatie van vocht en UV-licht. Terug naar het laboratorium dus waar nog altijd vervolg onderzoek wordt gedaan.'

Hij noemt het voorbeeld om te onderstrepen dat in de designwereld de afgelopen vijftien jaar met groot optimisme aan materiaalontwikkeling wordt gewerkt, waaruit soms prachtige ideeën lijken voort te komen. Maar Verpoest wil ook gezegd hebben dat de ontwerpsector zich daarbij zelden door een gebrek aan kennis laat hinderen. 'Ontwerpers hebben een idee en veelal gaan ze aan de slag zonder vooraf te rekenen en te meten. Als wetenschappers hebben wij een ander idee over de realiteit: zonder jaren van onderzoek en testen is een idee nog niet bruikbaar. Natuurlijk is het belangrijk dat er dingen worden uitgeprobeerd die misschien in ons milieu niet aan bod komen. Denk bijvoorbeeld aan de proeven met mycelium. Daar zijn het de ontwerpers die het proces aanjagen. Maar als wetenschappers vragen wij: hoe krijg je de vochtgevoeligheid van zo'n netwerk van schimmeldraden ooit onder controle? Wij kijken naar de werkelijke vereisten om een materiaal in de wereld te zetten. Ergens in dat lange traject van ontwikkelen en testen gaat het jammer genoeg vaak mis. In mijn ogen zijn ontwerpers in hun onderzoeken te optimistisch, te snel. Met een goed idee ben je er nog niet. En tegelijk wil ik beklemtonen: iedere

projects in which research is largely focused on redeveloping the industrial process. For envisions the realization of end products is not the main objective of their collaboration with companies; what they are really interested in is the development process. Breaking down the entrenched working methods and ideas about materials is a crucial element of what the Eindhoven-based collective really has to offer to the manufacturing industry. In this context envisions has been working together these past few years with Spanish timber producer Finsa, and more recently also with Belgian Limburg-based ECO-oh!, a company specialized in recycling and processing household plastic waste.

Katrien Laporte and Evelien Bracke, respectively director and curator of Design Museum Gent, made first contact with envisions during the 2017 Dutch Design Week. The intended exhibition project on composites – at the suggestion of the two scientists following their 2002 exhibition – had been in preparation for more than a year then. In December 2017, Schuurman travelled to Ghent to meet the people involved. She recalls the atmosphere in these first sessions as that of a 'diplomatic meeting', courteous for sure, but also a bit hesitant on both sides. Uncertainty surrounding the division of roles between the partners was definitely an issue: at the start it was unclear on what mandate the designers were introduced to the team. Schuurman: 'I had to explain how we at envisions operate, what our approach is. Sometimes I felt like I was forced to defend my position and, inevitably, later in the process there were some animated debates. It is striking to see how easily parties in a debate feel threatened by the arguments of their interlocutors.'

All partners admit that this sense of vulnerability is not unusual. Co-creation demands a mutual respect for each other's specialisms and interests – particularly in the early stages of the process. Above all it requires a transparent assignment of responsibilities. Starting from such a solid basis, curiosity for the other partner's perspective can grow and be put to productive use. The fact that this transparent point of departure was lacking in the beginning is typified by Verpoest as 'a misfortunate setback', although he doesn't want to overemphasize its impact. Sanne Schuurman refers to the design world's interest in exchanging ideas and experiences with scientists and the fact that many designers still feel insecure and ill at ease in crossing this bridge. 'What is really needed to collaborate at this level? And, as a designer, what environment can you expect in a museum? For example, to what extent should you anticipate that your role in such a project appears to be defined in advance?' The collaboration in the *Fibre-Fixed* project has made it clear to all parties how complicated the practical side of co-creation sometimes is but also how valuable the interaction proves to be in the end.

Sanne Schuurman is a professional designer herself. To an increasing extent, the success of her still quite new designer collective prompts her to adopt a coordinating role in the projects undertaken by envisions. She mediates between the conditions of the assignment, the wishes of the designers involved, the interests of the partners, and the need to get the results required for the further development of envisions. This was also the case in Ghent. It was a learning curve, she admits. 'It was very special to enter a world that was new to me: science, and maybe even to a certain extent the museum. When we present our work at fairs – like at the Dutch Design Week or the Salone del Mobile in Milan – we know exactly what is expected of us. On these occasions we need to make an instant impact. Furthermore, in such environments we are used to being in total control. Here, at the museum you can focus more on content, but the

goede ontwerper is gebeten door het materiaalvirus.'

Sanne Schuurman geeft sinds 2016 leiding aan het collectief envisions. Enkele tientallen ontwerpers met een uitgesproken belangstelling voor experimenteel (materiaal)onderzoek besteden onder de paraplu van envisions een deel van hun tijd aan projecten waarin zij vooral de vernieuwing van het industriële proces onderzoeken. De realisatie van eindproducten is voor envisions in de samenwerking met bedrijven niet het hoofddoel; het ontwikkelingsproces des te meer. Juist het doorbreken van vastgeroeste werkwijzen en materiaalpercepties vormt een cruciaal onderdeel van wat het in Eindhoven gevestigde collectief de productiesector te bieden heeft. Zo werkte envisions de laatste jaren samen met de Spaanse houtfabrikant Finsa en recenter ook met het Belgisch-Limburgse bedrijf ECO-oh! dat huishoudelijke afvalplastics recycleert en verwerkt.

Tijdens Dutch Design Week 2017 legden Katrien Laporte en Evelien Bracke, respectievelijk directeur en curator van Design Museum Gent, het eerste contact met envisions. Het voorgenomen tentoonstellingsproject over composieten – aangedragen door de twee wetenschappers als vervolg op hun expositie uit 2002 – was toen al meer dan een jaar in voorbereiding. Schuurman trok in december 2017 voor een kennismaking naar Gent. De sfeer van de eerste bijeenkomsten herinnert ze zich als die van een 'diplomatiek onderhoud'. Hoffelijk vooral, en ook een beetje huiverachtig, van beide kanten. Onduidelijkheid over de beoogde rollen van de verschillende gespreksgenoten is daar zeker debet aan geweest: ook voor de curatoren was het niet onmiddellijk helder met welk mandaat de ontwerpers aan het team waren toegevoegd. Schuurman: 'Ik moest uitleggen hoe wij vanuit envisions werken. Welke insteek we kiezen. Soms leek het of ik vooral gedwongen was die positie te verdedigen, en later in het proces kwamen natuurlijk de onvermijdelijke heftige gesprekken. Wat je merkt, is hoe makkelijk partijen zich door de inbreng van de ander bedreigd kunnen voelen.'

Vreemd is de kwetsbaarheid allerminst, zo stellen alle gespreksgenoten vast. Co-creatie vraagt – zeker in de aanvangsfase – respect voor de wederzijdse specialismen en belangen, maar bovenal een heldere toewijzing van verantwoordelijkheden. Vanuit een dergelijke solide basis kan de nieuwsgierigheid naar het perspectief van de ander zich ontwikkelen en productief worden gemaakt. Dat dit heldere uitgangspunt in eerste instantie ontbrak, typeert Verpoest achteraf als een *accident de parcours*, maar veel nadruk wenst hij er niet op te leggen. Sanne Schuurman spreekt over de interesse die de designwereld heeft voor een uitwisseling met de wetenschappen en signaleert tegelijk de onwennigheid die ontwerpers hier parten speelt. 'Wat is er nodig om echt op dit niveau samen te werken? En welke ruimte mag je als ontwerper binnen een museum verwachten? In hoeverre moet je bijvoorbeeld anticiperen op de verwachting dat jouw rol in zo'n project al bij voorbaat vast lijkt te liggen?' De samenwerking rond *Fibre-Fixed* heeft alle partijen getoond hoe lastig de praktijk van co-creatie kan zijn, maar ook hoe waardevol de interactie uiteindelijk is.

Sanne Schuurman is zelf ontwerper. Het succes van haar nog jonge collectief maakt dat zij steeds vaker in een coördinerende rol bij de projecten van envisions betrokken moet zijn. Bemiddelend tussen de condities van de opdracht, de wensen van de betrokken ontwerpers, de belangen van de partners, en de noodzaak resultaten te boeken die de verdere ontwikkeling van envisions mogelijk maken. Ook in Gent was dat het geval. Het was een vormende ervaring. 'Het was heel bijzonder om binnen te komen in een wereld die voor ons eigenlijk nieuw is:

curators are the ones who decide which objects are selected and in which context they are displayed. We were forced to play a serving role, which is not really what envisions is about. I am sure the museum still recalls that on some occasions I wasn't sure how to deal with the complexities of such a situation.'

Better not to dismiss these first stages of co-creation as an attempt at equalization. A certain tension in the mutual exchange of specialisms is much too important for the quality of the process of co-operation. New insights are gained where argumentation and imagination meet. What could be the expectations of scientists on the medium of the exhibition? What's the art historian's perspective? Is there a natural concordance between designers and museum curators on how to display design objects? Evelien Bracke, for whom *Fibre-Fixed* was one of her first large-scale projects at Design Museum Ghent since she arrived in February 2018, calls for patience. 'Any co-creation process requires time. Possibly more time than we were given under the circumstances. When I started this project I was absolutely certain about its topic. At the same time I wondered how a designer would view the approach provided by science. That is when I immediately made a link with envisions and their process-oriented interest in materials. What has struck me throughout this period is the willingness of a new generation of designers to open up to an interaction with scientists, with an institution like the museum or with education. We have experienced what it means to work in this manner, and how important it is to learn to trust each other along the way.'

Ignaas Verpoest points to the ambition behind the exposition. Two stories had to take precedence: the first story was centred around the social issues for which composites could offer (part of) the solution; and the second was focused on the way in which designers apply these materials. Long before the initiators contacted the museum, the first storyline was rooted firmly in his mind. In the meantime Lut Pil was compiling a substantial database of design projects in which composites had been used in an interesting way. But how did he expect envisions to contribute to the concept? Verpoest: 'We wondered if the twofold point of departure would be sufficiently respected. It was certainly reassuring that envisions was already working with ECO-oh!. Designers intuitively sense certain qualities, for example when combining high-quality fibres with low-grade material within the same composite, which is what envisions is currently doing with plastic waste at ECO-oh!. The result is a particularly interesting sheet material that – as measurements in our own lab have demonstrated – still needs to be improved in many ways. We felt that this material had not yet been developed extensively enough to be used for the set-up of the exposition: that is where we, scientists, have drawn the line.'

As the dialogue between the parties evolved, trust was growing. 'The initial friction,' says Evelien Bracke, 'arose between the designers' focusing on possible solutions and the scientists' inclination to reflect a more rational reality.' The input provided by Tomas Dirrix – an architect from the envisions collective – has been crucial. With his plan involving the introduction of scenography he gave focus to the curatorial framework. Bracke: 'Tomas literally asked us how we could represent the sense of amazement about composites and at the same time create an interest in the story behind these materials.' Ignaas Verpoest recognized this question immediately. 'That was exactly why we had suggested to the museum to organize this exposition and why I started *Composites on Tour* in 2002! We were pleased that Tomas managed to translate this ambition into a beautiful and relevant concept.'

de wetenschap, en misschien tot op zekere hoogte zelfs het museum. Wanneer ons werk onderdeel is van beurspresentaties – zoals tijdens de Design Week of de Salone del Mobile in Milaan – weten we precies wat er wordt verwacht. Dan moet je instant impact veroorzaken. Daar zijn we bovendien gewend zelf de regie te voeren. Hier in het museum kun je veel inhoudelijker zijn, maar bepaalden de curatoren welke objecten een plaats kregen in de expositie, en hoe het kader is waarin ze worden getoond. Voor ons lag er een meer dienende rol, terwijl dat niet is waar envisions voor wil staan. Het museum is vast niet vergeten dat ik op verschillende momenten niet goed wist hoe wij met de complexiteit van de situatie om moesten gaan.'

Doe het niet zomaar af als een gewenningsproces. Daarvoor is een zekere spanning in de uitwisseling tussen de verschillende specialismen te fundamenteel voor de kwaliteit van het samenwerkingsproces. Waar bewijsvoering en verbeelding elkaar treffen, ontstaan nieuwe inzichten. Met welk verwachtingspatroon kijkt een beoefenaar van de natuurwetenschap naar een tentoonstelling? En welk perspectief kiest een kunsthistoricus? Hebben ontwerpers en museummensen een natuurlijke overeenstemming in hun denken over het tonen van design? Evelien Bracke, voor wie *Fibre-Fixed* sinds haar aantreden in februari 2018 een van haar eerste grote projecten in Design Museum Gent was, vraagt om geduld. 'Ieder proces van co-creatie vraagt tijd. Meer tijd misschien dan ons in dit geval gegund was. Toen ik aan het project begon was ik overtuigd van de thematiek. Tegelijk vroeg ik me af wat de blik van de ontwerper is op het materiaal dat de wetenschap levert. Zo ontstond direct de associatie met envisions en hun procesmatige belangstelling voor materialen. Wat mij de afgelopen periode is opgevallen, is de bereidheid van de huidige generatie ontwerpers om zich open te stellen voor de interactie met de wetenschap, met een instelling als het museum of met educatie. We hebben ervaren wat het betekent om zo te werken, en hoe belangrijk het is om elkaar onderweg te leren vertrouwen.'

Ignaas Verpoest verwijst naar de ambitie achter de expositie. Er moesten twee verhalen leidend zijn: het eerste concentreerde zich op de maatschappelijke vraagstukken waarvoor composieten (een deel van) het antwoord kunnen bieden; en het tweede was gericht op de manier waarop ontwerpers deze materialen toepassen. De eerste verhaallijn stond hem helder voor ogen, zelfs al geruime tijd voor de initiatiefnemers zich bij het museum meldden. Lut Pil werkte inmiddels aan een flinke database van designprojecten waarin composieten op een interessante wijze waren toegepast. Welke bijdrage kon envisions eigenlijk nog leveren? Verpoest: 'Zou het tweeledige uitgangspunt voldoende gerespecteerd worden? Enerzijds stelde het me gerust dat envisions al met ECO-oh! aan het werk was. Ontwerpers voelen intuïtief bepaalde kwaliteiten aan, bijvoorbeeld bij het combineren van hoogwaardige vezels met een laagwaardig materiaal in dezelfde composiet, zoals envisions dat nu doet met het plastic afval bij ECO-oh!. Het levert een bijzonder interessant plaatmateriaal op, waar overigens na wat metingen in ons eigen lab nog wel het nodige aan te verbeteren is. Voor gebruik in de inrichting van de tentoonstelling was het materiaal in onze optiek nog lang niet ver genoeg ontwikkeld: daar hebben wij als wetenschappers onze grens getrokken.'

Naarmate het gesprek tussen de partijen vorderde, groeide ook het vertrouwen. 'De aanvankelijke frictie,' observeert Evelien Bracke, 'zat tussen het denken in mogelijkheden dat door de ontwerpers werd ingebracht en de wetenschappelijke drang om een rationele realiteit te representeren.'

The answer lay within something that can be typified as 'a spatial three-stage rocket'. The initial intent is for the visitor to get a feel, by means of a few examples, of what happens when two flexible elements are brought together to form a rigid structure. The next stage puts him right in the centre of a panorama, a macro view of composites we come across inadvertently in everyday life. In a third stage the audience enters the laboratory. There the perspective shifts to the 'what' and 'why' of composites: how are they developed and what is their significance for the way in which we (aim to) organize our lives? What, for example, does a sustainable form of urban mobility look like, and how can composites contribute to this concept?

Verpoest slowly rewinds his personal recollection. 'It was certainly not the case that the content had been laid down in advance so that it could be handed over to the scenographer. No, we had already abandoned that concept when Tomas joined the team. But his suggestion to conceive the exhibition galleries as an urban landscape with an integrated laboratory space in which the audience can become acquainted with the social impact of these materials, provided an interesting platform for underlining the broader embedment of composites in our society. He lifted the plan beyond the level of an educational exposition, which is what I might have centred on without this expert input. What I had in mind was to provide a sustainable, popular scientific rendition of the subject matter. Tomas' design enabled us to give the public a view behind the scenes of material development and to show what is involved in the thought process.'

Tomas Dirrix gives an almost identical description of his role. 'In our scenography we have exploited the opportunity to visually reinforce the central theme. By arguing for a more associative arrangement within the available space, we transcended the educational approach and found a model that was embraced by the curators. I consider this our most important contribution to the process: we have added our imagination to what the curators had envisioned. At least, that's how I perceive it.' His colleague, Sanne Schuurman, can only agree with that: 'During the process we have become aware of the importance of clear visual representations to avoid misconceptions. For me, the demand for 'realism' has always been the most difficult task to deal with. Our approach was to look for a free translation of the role of fibres within a composite.'

In many respects the process of fusing several flexible materials into a single rigid material can be viewed as a fitting metaphor for the collaboration between the parties. And perhaps the most interesting aspect is that, here too, the flexibility of the constituent elements appears to be a prerequisite for a solid construction. He who is not willing to bend will break somewhere along the way. Tomas Dirrix is even prepared to take it a step further: 'Sometimes we had to resort to provocation in order to get things moving. Always within the limits of our cooperation, of course, but on several occasions we have purposely explored the boundaries. To our mind, that was why the museum had requested our participation in the first place. We wanted to open the dialogue about the instruments needed to tell an abstract story. To present the objects on display as storytellers: but how do you do that? Not by displaying them as collection pieces, but rather by presenting them as elements of a society, of the city. In those instances intuition is always an important compass for a designer. When I think about the fundamental research that is being done in the Leuven lab, I want to roll up my sleeves. I would have liked to pick up the entire laboratory, with all the researchers in it, and bring it to Ghent.'

His design is perhaps as much about unfilled space as it is about

Juist de inbreng van Tomas Dirrix – architect uit het envisions collectief – is cruciaal geweest. Met zijn plan voor scenografie heeft hij de inhoudelijke benadering van de curatoren op scherp gezet. Bracke: 'Tomas vroeg ons letterlijk hoe we de verwondering rond composieten konden verbeelden, en tegelijkertijd belangstelling wekken voor het achterliggende verhaal.' Ignaas Verpoest herkende die vraag onmiddellijk. 'Dat was precies waarom we de tentoonstelling aan het museum hadden voorgesteld en waarom ik in 2002 met *Composites on Tour* startte! We waren heel blij dat Tomas deze ambitie wist te verbeelden in een mooi en relevant concept.'

Het antwoord lag in wat getypeerd kan worden als een 'ruimtelijke drietrapsraket'. Om te beginnen moet de bezoeker van de tentoonstelling aan de hand van enkele voorbeelden fysiek ervaren wat er gebeurt wanneer twee soepele elementen worden samengebracht en daaruit een stijve constructie ontstaat. De volgende fase plaatst hem te midden van een panorama, een macro-overzicht van composieten zoals we die vaak onopgemerkt in het dagelijks leven tegenkomen. In de derde stap wordt het publiek meegenomen naar het laboratorium. Daar verschuift het perspectief naar het wat en waarom van composieten: hoe worden ze ontwikkeld en welke betekenis hebben ze voor de manier waarop wij ons leven (willen) inrichten? Hoe ziet bijvoorbeeld een verantwoorde vorm van urbane mobiliteit eruit, en wat kunnen composieten daarin bijdragen?

Verpoest rolt de film nog eens langzaam terug. 'Het was zeker niet zo dat de inhoud eerst helemaal bepaald was om die vervolgens aan de scenograaf over te dragen. Nee, dat model hadden we al laten varen toen Tomas bij ons aanschoof. Maar door zijn voorstel om de tentoonstellingszalen op te vatten als een stedelijk landschap met daarin een laboratoriumruimte waar het publiek de maatschappelijke impact van de materialen leert kennen, gaf hij op een heel interessante manier urgentie aan het idee om de bredere inbedding van composieten te belichten. Het tilde het plan uit boven het niveau van de didactische tentoonstelling waar ik zonder zijn expertise misschien aan zou hebben gewerkt. Wat mij voor de geest stond was een verantwoorde, populair-wetenschappelijke vertaling van het onderwerp. Met zijn ontwerp gaf Tomas ons de kans om ook de achtergronden van materiaalontwikkeling te laten zien en de inhoud van het denkproces te tonen.'

Daarnaar gevraagd, benoemt Tomas Dirrix het op een vrijwel identieke manier. 'In de scenografie hebben we de gelegenheid benut om het thema te laden. Door een losse rangschikking in de ruimte te bepleiten, doorbraken we de didactische benadering en vonden we een model dat door de curatoren werd omarmd. Dat zie ik als onze belangrijkste bijdrage aan het proces: wij hebben verbeelding toegevoegd aan de afbeelding die de curatoren voor ogen stond. Dat is althans mijn perceptie.' Zijn collega Sanne Schuurman kan het slechts beamen: 'We hebben in het proces gemerkt hoe belangrijk duidelijke visualisaties zijn om misverstanden te vermijden. De vraag om 'realisme' heb ik telkens als de lastigste klip ervaren. Onze insteek lag in het zoeken naar een vrije vertaling van wat vezels in een composiet zijn.'

In meerdere opzichten lijkt het fusieproces waardoor meerdere soepele materialen samen een enkelvoudig stijf materiaal vormen een passende metafoor voor de samenwerking tussen de partijen. En het interessantst is misschien wel dat de flexibiliteit van de samenstellende delen ook hier een voorwaarde voor een solide constructie lijkt te zijn. Wie niet bereid is te buigen, zal ergens onderweg barsten. Tomas Dirrix wil desnoods nog wel een stapje verder gaan: 'Wij hebben soms stevig moeten provoceren om beweging te

objects and themes. It's the empty spaces in between, the blank parts of the page, that create free zones that do not provide pre-scripted clues to the audience. They can make their own associations or dream away, crossing the fifteen-meter-long bridge (obviously made of composite materials) or spotting an experimental airplane in the distance. 'This blank space provides a perspective which, we feel, has been somewhat neglected in the exhibition's current approach.' One reason for this, according to Dirrix, is that the designers only stepped into the project at an advanced stage. 'Nevertheless, we were given plenty of freedom. But if you allow me to dream out loud, I would like to see a much stronger relationship between the exhibition's layout and its scenography, more of a shared curatorship. Maybe the museum can play a more prominent mediating role in a future co-created project.'

Sanne Schuurman believes that the value of the collaboration can be found in many different aspects. The most important one, she says, was without any doubt the awareness that the future of her collective depends on the ability to talk about content; with any party that crosses the path of envisions. 'It is something we must learn, and we need to secure the space for it. Each time we find that territory is a key element. That is true in a project such as this, but also in other collaborative projects. All too quickly the impression may be created that we – designers – are only concerned with *frivolities*. No! That is definitely not the case. I have come to realize that envisions is about a lot more than just material development. We are here to explore minor and major changes and in some occasions to be the first to come up with a solution. It is precisely this complex role that defines the collective's raison d'être.'

As the interview with the Dutch designers is coming to a close – Tomas Dirrix has to catch a train to attend a meeting at the Design Museum Ghent – the conversation with the Dutch interviewer shifts to an aspect, which in this context is quite clearly *the elephant in the room*: the difference in culture between Flanders and the northern part of the Netherlands. Without coming to any spectacular conclusions, the partners in this discussion realize that the contrast between both countries also leaves its marks on a bilateral collaboration process such as this one. Literally, the collaboration unveiled the different use of what is basically the same language spoken in the two countries, but also the distinctive forms of social interaction inside and outside the academic realm, the position of museums and their sponsors, the design cultures, the tendency towards courtesy in one country opposed to the seemingly inextinguishable desire to 'tell it like it is' in the other. Whoever initiates such a transboundary process of co-creation will have to take this complicating factor into consideration.

Dirrix: 'I am convinced that this dialogue will become easier in the future, partly thanks to this experience. The parties will recognize each other's strengths more readily. And there is still a lot to be gained if we continue to collaborate with the world of science and museums. As a designer, this project has definitely set me thinking, and I am sure the same will happen to the audience visiting the exhibition.'

The Flemish partners in this discussion have also underlined the need for permanent interaction. It is necessary to develop better products and to obtain a better society. With Evelien Bracke's approval, Ignaas Verpoest assigns to the designer the role of 'conscience'. 'Beyond the techie practicalities, a designer should consider the underlying questions, for example about the effects of materials. Only a decade ago a shockingly naïve view of the ecological impact of materials and products still prevailed. The design sector definitely has an

veroorzaken. Binnen de grenzen van de samenwerking natuurlijk, maar we hebben meerdere keren heel bewust de uitersten opgezocht. Dat was – zo redeneerden wij – waarom het museum ons had gevraagd. Wij wilden het gesprek voeren over de middelen waarmee je een abstract verhaal kunt vertellen. De objecten als vertellers inzetten, maar hoe doe je dat? Niet door ze als museale stukken te presenteren, maar eerder door ze te tonen als onderdelen van een samenleving, van de stad. Dan is intuïtie voor een ontwerper altijd een belangrijk kompas. Als ik denk aan het fundamentele onderzoek dat in het lab in Leuven wordt gedaan, jeuken mijn handen. Het liefst had ik die complete ruimte opgepakt en naar Gent gebracht, met alle onderzoekers erin.'

In zijn ontwerp gaat het intussen misschien wel evenzeer over de oningevulde ruimte als over de objecten en de thema's. Juist in de tussenruimtes, in het wit van de pagina, ontstaan vrije zones waarin de bezoeker geen aanwijzingen krijgt. Die kan daar zelf verbanden leggen, of wegdromen terwijl hij over een vijftien meter lange, verende (natuurlijk uit composietmateriaal gemaakte) brug loopt of in de verte een experimenteel vliegtuig ziet. 'Voor ons ligt daar een perspectief dat in de huidige benadering van de tentoonstelling mogelijk wat onderbelicht blijft.' Een reden daarvoor, denkt Dirrix, kan zijn dat de ontwerpers pas laat zijn ingestapt. 'Desondanks hebben we veel ruimte gekregen. Maar als ik hardop mag dromen, dan zou ik in een volgend project een sterkere binding willen zien tussen de inrichting van de tentoonstelling en de scenografie. Een meer gedeeld curatorschap. Wellicht kan het museum daar bij een volgend project steviger in bemiddelen.'

Voor Sanne Schuurman schuilt de waarde van het project in meerdere aspecten. Het belangrijkste, zegt zij, was zonder twijfel het besef dat de toekomst van haar collectief afhangt van het vermogen om over inhoud te spreken; met elke partij die het pad van envisions kruist. 'Dat moeten we leren, en we moeten er ook de ruimte voor zien te krijgen. Want telkens merk je dat het over territoria gaat. In een project als dit, net als in andere samenwerkingen. Te snel kan het beeld ontstaan dat wat wij doen de *Spielerei* van designers is. Nee! Dat is het niet. Zo heb ik me hier heel goed gerealiseerd dat envisions over veel meer gaat dan alleen materiaalontwikkeling. Wij zijn er om kleine en grote veranderingen te verkennen en die soms als eerste tot een oplossing te brengen. Het is deze complexe rol die voor mij de bestaansgrond van het collectief definieert.'

Als het gesprek met de Nederlandse ontwerpers bijna dient te worden beëindigd – Tomas Dirrix moet elk moment een trein halen om in het Design Museum Gent een bespreking bij te wonen – verschuift het gesprek met de Nederlandse interviewer naar wat in dit verband gerust *the elephant in the room* mag heten. Het verschil tussen de Vlaamse en de Noord-Nederlandse cultuur. Zonder tot spectaculaire conclusies te komen realiseren de tafelgenoten zich dat het contrast tussen de twee landen ook zijn sporen nalaat bij een bilaterale samenwerking als deze. Letterlijk door het verschillende gebruik van vrijwel dezelfde taal, maar ook in de omgangsvormen binnen en buiten de academische wereld, de rol van musea en hun geldschieters, de ontwerpculturen, de neiging tot voorkomendheid tegenover de schijnbaar onuitroeibare wens om te zeggen 'waar het op staat'. Wie zo'n grensoverschrijdend traject van co-creatie initieert, zal deze complicerende factor moeten meewegen.

Dirrix: 'Ik ben er zeker van dat we het gesprek in de toekomst makkelijker kunnen voeren; mede dankzij deze ervaring. De partijen zullen eerder van elkaar herkennen waar hun kracht ligt. En er is nog heel veel te winnen als we de samenwerking met de wetenschap en de museumwereld continueren.

important role to play in this respect.'

But can that role also be assigned to a museum, or more precisely: the design museum?

Evelien Bracke: 'The design sector is aware that they have to work together with science and society. Hence, this model will steer a museum like ours in a different direction. It compels us to innovate. A process of co-creation, like the *Fibre-Fixed* project, has prompted us to ask new questions about the meaning of a contemporary design exhibition. If the collaboration with other partners is indeed of such fundamental importance to our field today, future exhibitions will have to reflect this.'

Het project heeft mij als ontwerper wel degelijk aan het denken gezet, en ik twijfel er niet aan dat hetzelfde bij de bezoekers zal gebeuren.'

De noodzaak van permanente interactie onderkenden eerder ook al de Vlaamse gespreksgenoten. Die is nodig om tot betere producten en dus tot een betere samenleving te komen. De rol die Ignaas Verpoest, met instemming van Evelien Bracke, aan de ontwerper toekent is die van 'geweten'. 'Voorbij de pragmatiek van de techneut dient de ontwerper de achterliggende vragen te stellen. Bijvoorbeeld over de effecten van materialen. Een decennium geleden werd er nog stuitend naïef gekeken naar de ecologische impact van materialen en producten. Daar ligt zeker een heel belangrijke taak voor de designsector.'

Maar is die taak dan ook weggelegd voor het museum, of preciezer: het designmuseum?

Evelien Bracke: 'De ontwerpsector ziet wel in dat er met wetenschap én met de samenleving gewerkt moet worden. Dat model zal dus ook een museum als het onze in een andere richting duwen. Het dwingt ons tot vernieuwing. Een proces van co-creatie als rond *Fibre-Fixed* zorgt ervoor dat wij ons nieuwe vragen zijn gaan stellen over de betekenis van een hedendaagse designtentoonstelling. Als de samenwerking met andere partijen inderdaad zo cruciaal is voor het vakgebied vandaag, dan zullen toekomstige tentoonstellingen dat moeten reflecteren.'

ENVISIONS & ECO-OH! HET VERBORGEN POTENTIEEL

Dewi Kruijk

In een wereld waar verandering de enige constante is en nieuwe ontwikkelingen elkaar in sneltempo opvolgen, zijn de begrippen 'design' en 'productie' onderhevig aan voortdurende beweging. Dit vraagt om een nieuwe verstandhouding tussen ontwerper en industrie – één waarin heroverweging en heruitvinding de instrumenten vormen van de nieuwe generatie ontwerpers en de industrie een kanaal opent voor de toestroom van nieuwe ideeën.

Tegelijkertijd moet er in een tijd waarin de klassieke winning van grondstoffen langzaam verdwijnt, gekeken worden naar nieuw en innovatief hergebruik van materialen. Het Nederlandse ontwerpcollectief envisions en het Belgische plastic recyclagebedrijf ECO-oh! demonstreren welke invloed een experimentele en nauwe samenwerking tussen ontwerper en industrie heeft op de ontwikkeling van materialen en welke rol het kan spelen in de toekomst van gerecycleerd plastic.

ENVISIONS Met het uitgesproken besef dat men samen sterker staat, werkt het ontwerpcollectief envisions sinds 2016 aan projecten waarbij experimenteel ontwerpend onderzoek wordt ingezet om vastgeroeste processen en ideeën in de industrie in beweging te krijgen. De groep, die bestaat uit multidisciplinaire ontwerpers, deelt een fascinatie voor de verborgen mogelijkheden die schuilen in experimenteel onderzoek en zet individuele kwaliteiten in om deze gezamenlijk aan het licht te brengen.

De boodschap die envisions met deze eigenzinnige werkmethodiek propageert, is dat het openstellen van het (ontwerp)proces de beste strategie is om verandering te realiseren, omdat het eindresultaat – of eindinzicht – daardoor een rijke samenkomst symboliseert van keuzes binnen een onderzoek. Er is geen ruimte voor egotripperij. Een open houding voor feedback en zinvolle input wordt vereist om tot de gewenste impact te komen.

In de industrie ontstaat er langzaamaan steeds meer ruimte voor het toepassen van een dergelijke visie. Door deze bewegingsvrijheid groeit bij envisions ook de ambitie om dit speelveld te vullen met interessante cross-overs, waarbinnen niet alleen industrie en ontwerper een plek krijgen, maar bijvoorbeeld ook wetenschap en museum. Maar welke invloed heeft het samenbrengen van deze partijen? En is een samenwerking, tussen mensen die in hun denken zo fundamenteel verschillen, überhaupt mogelijk? Om tot het antwoord te komen zette envisions koers naar een samenwerking met ECO-oh!, een bedrijf dat zich bezighoudt met de recyclage van plastic en hoge ogen gooit met een revolutionaire innovatie waarbij gemengde huishou-

ENVISIONS & ECO-OH! THE HIDDEN POTENTIAL

Dewi Kruijk

In a world in which change is the only constant, and new developments follow each other in quick succession, notions such as 'design' and 'production' are constantly evolving. It requires a new relationship between designer and industry – one in which re-thinking and re-inventing have become the instruments of a new generation of designers and in which the industry opens new channels for the influx of new ideas.

At the same time, in an era where the traditional exploitation of natural resources is gradually disappearing, we have to look for new and innovative ways of re-using these materials. Envisions, a Dutch designer collective and ECO-oh!, a Belgian plastics recycling company, demonstrate how an experimental and intimate collaboration between designer and industry affects the development of materials and what role it can play in the future of recycled plastics.

ENVISIONS Convinced that together you stand stronger, designer collective envisions has, since 2016, engaged in projects in which experimental design research is used to resuscitate unchanging patterns and ideas within the industry. The group that consists of designers from multiple disciplines shares a fascination for the hidden possibilities of experimental research and, together, they are devoting their individual qualities to bring these possibilities to light.

The message envisions wishes to put across with their unconventional working methods is that opening up the (design) process is the best strategy for bringing about change because the final result – or final realization – symbolizes a fruitful coming together of choices made within the scope of research. There is no room for ego-tripping. An open mind for feedback and relevant input is essential to achieve the desired impact.

Industry is gradually opening up to implementing these views. At envisions, this freedom of movement has fuelled their ambition to fill this playing field with interesting cross-overs, not only providing a role for industry and designers, but also for science and museums. But what is the effect of bringing all these parties together? And is a collaboration between people whose approach is so fundamentally different possible to begin with? To find an answer to these questions, envisions sought to collaborate with ECO-oh!, a company specialized in recycling plastics and standing out for its revolutionary innovative method of processing mixed household plastics into a semi-finished product for composite materials.

delijke plastics verwerkt worden tot een halffabrikaat voor composietmateriaal.

ECO-OH! Plastic is een fascinerend materiaal waar, heden ten dage, binnen uiteenlopende sectoren controversiële standpunten over bestaan. In de creatieve designsector is plastic een geliefd en geroemd materiaal dat omwille van zijn veelzijdige kwaliteiten frequent wordt ingezet. Het veelvuldige gebruik van het materiaal heeft ook consequenties. Door de schoonheid, de flexibele en goedkope inzetbaarheid, en de onverschillige houding die tegenover de lange levensduur van het materiaal werd aangenomen, is de huidige generatie bezwaard met de kwalijke gevolgen van de overproductie en het overgebruik van plastic. Ontwerpers en producenten dienen daarom het gebruik van nieuw geproduceerde plastics drastisch te reduceren. Daarnaast is het nodig om ook het plastic afval dat uit die overproductie is ontstaan in het ontwerpend onderzoek op te nemen.

Parallel hieraan zet het bedrijf ECO-oh! zich in om aan te tonen dat het gebruik en leven van plastic niet lineair is maar een cyclus vormt. Daarbij dient voor alle soorten plastic een herbestemming te komen – met de nadruk op alle soorten. ECO-oh! verwerkt met name gemengd huishoudelijk restplastic tot nieuwe grondstoffen, die ze vervolgens verkopen of in eigen beheer bewerken tot producten voor in de tuin, publieke ruimtes of voor verkeerstoepassingen. Wat ECO-oh! echter onderscheidt – al vanaf de start van het bedrijf in 1989 – is dat het zich bezighoudt met de recyclage van de meest complexe en gemengde plasticverpakkingen die door de burgers thuis worden gesorteerd.

"Waar veel bedrijven hun zinnen gezet hebben op petflessen, een monoplastic die bottle to bottle gerecycleerd kan worden, is een belangrijk en representatief gegeven van de fabriek van ECO-oh! dat er niet enkel makkelijk te recycleren soorten plastics verwerkt worden, maar ook aandacht besteed wordt aan moeilijke plastics. Dit zijn de zogezegd koppige types, die door hun reputatie als sterk vervuild en complex ten onrechte als 'niet recycleerbaar' beschouwd worden," zegt Stefan Wauters, marketeer bij ECO-oh!.

ECO-OH! Plastics are a fascinating material that is currently a controversial topic within many different sectors of industry. In the creative design industry, plastics are much loved and praised, and frequently used because of the versatility of the material's applications. However, its extensive use has not remained without consequences. Due to the beauty, flexible nature and cost-effectiveness of this material, as well as the indifferent attitude towards this material's long life, the current generation has to deal with the detrimental effects of overproduction and the extensive use of plastics. Designers and manufacturers are therefore encouraged to reduce the use of newly manufactured plastics. It is also necessary to include plastic waste from overproduction in design research.

At the same time, ECO-oh! wants to demonstrate that the use and life of plastics is not a linear but a cyclical process. Therefore it is essential that we find a new use for all types of plastic – with an emphasis on all types. ECO-oh! processes mixed household plastic waste into new raw materials which are then sold as such or reprocessed to make products for gardens, public facilities or road traffic applications. What makes ECO-oh! stand out – ever since the company was set up in 1989 – is that it recycles the most complex mix of plastic packaging waste sorted by households.

Stefan Wauters, marketeer at ECO-oh! says: "Whereas many companies have specialized in recycling PET bottles, a mono-plastic that can be recycled 'bottle to bottle', an important distinguishing feature of the ECO-oh! plant is that it not only processes the easily recyclable types of plastic, but also focuses on the more complex types of plastic. These are the so-called stubborn types, which, because of their notoriously pollutive and complex nature, are unjustly regarded as 'non-recyclable'."

ENVISIONS AND ECO-OH! The collaboration between envisions and ECO-oh! is based precisely on these stubborn types. Owing to the new EU recycling objectives, more and more households are collecting and sorting post-consumption plastic packaging. These increasing volumes will result in a growing need for finding solutions for recycling these 'complex plastics', which is a challenging prospect for both ECO-oh! and envisions to create a meaningful impact.

The mechanical recycling process produces three plastic flows, the floating fraction, consisting of PE/PP – subdivided into a soft film fraction and a hard plastic fraction – and the sinking fraction – sinking plastics consisting of a mix of PET, PS, PVC and other types of heavy plastics. 'Of the three fractions in the plastic recycling process the sinking fraction is the most difficult to process. The floating fractions can be processed into flakes, granules or mill material to be used in intrusion, extrusion or injection molding processes. Because of its heterogeneity and higher melting temperatures, the sinking fraction requires a more innovative approach', Wauters explains. In a broad search for innovative applications for these mixed plastics it was discovered that the soft film fraction (from the floating fraction) could also be used for developing a new type of composite material.

After all, composites are materials that basically consist of two components, fibres and plastic. A composite is essentially a fibre-reinforced plastic. It is a versatile material that can be used in the production of yachts, airplanes and lock gates as well as bicycles, chairs and plain gutters. Recently, ECO-oh! developed a 'mat' on a basis of washed plastic flakes mixed with polyester fibres. This technique is similar to the old textile processing technique used for making felts and non-wovens.

ECO-oh!'s production process consists in superposing consecutive layers of plastic flakes on the one hand and polyester fibres on the other, resulting in a mat-shaped semi-finished product. By heating this mat at a temperature higher than the melting temperature of plastic film but lower than that of the fibres, the resulting product is incredibly strong due to the fact that the fibres act as reinforcement in the molten plastic. The end result is a composite board made of recycled plastic packaging, featuring unique properties. The ECO-oh! mat has been subjected

development of unprecedented new applications,' says Wauters. Not the fact that it is made of recycled material, but the uniqueness of its properties is the decisive element.

The beauty of working with a new material is that within the scope of the final development of the mat there is still room for creative and technical improvement. It has also become clear that the focus on heterogeneous but versatile aesthetics can make a substantial contribution to the creation of a range of sustainable and widely

to extensive testing (amongst others by SLC, the Sirris-Leuven Composites Application Lab) and has had an enthusiastic response both within the company and outside – although its development is still at an early stage. 'This innovation opens many doors, because the material is light, strong, flexible and waterproof. The mats are the result of a sustained process of experimenting, the current result of which has exceeded even the boldest expectations with regard to strength, flexibility and bending resistance. This material is unique in its kind and will allow for the

employable products. In order to obtain innovative results, we have to lend a fresh perspective to the production processes of the ECO-oh! mat, and in this respect the designer collective of envisions has taken the first step. By making the production processes more transparent, it is possible to explore new ways of applying new visual and technically structural elements during the production of the mat. The final objective is to find innovative applications with an aesthetic and intrinsic appeal that can be processed on an industrial scale.

ENVISIONS EN ECO-OH! Het zijn juist deze koppige types waarop de samenwerking tussen envisions en ECO-oh! gebaseerd is. Dankzij nieuwe recyclage-objectieven van de Europese Unie, zullen steeds meer burgers thuis plastic verpakkingen sorteren en inzamelen. Deze toenemende volumes leiden tot een toenemende behoefte om oplossingen te creëren voor de 'complexe plastics' die hierdoor een uitdagend draagvlak bieden voor zowel ECO-oh! als envisions in het creëren van betekenisvolle impact.

meer innovativiteit bij toepassingen,' zo verduidelijkt Wauters. In een brede zoektocht naar innovatieve toepassingen voor deze gemengde plastics, kwam men er achter dat de foliefractie (van de drijvende fractie) ook bewust ingezet kan worden binnen de vervaardiging van een nieuw soort composietmateriaal.

Composieten zijn namelijk materialen die, in de basis, opgebouwd worden uit twee componenten – vezels en kunststof. Een composiet kan daarom omschreven worden als een vezelversterkte kunststof. Het is een veelzijdig

Bij het mechanische recyclageproces ontstaan drie plasticstromen, de drijvende fractie, bestaande uit PE/PP en verdeeld in een foliefractie en een harde fractie, en de zinkfractie – iets zwaardere en dus tijdens het scheidingsproces zinkende plastics die bestaan uit een mengeling van PET, PS, PVC en andere zware plastics.

'De drijvende fracties kunnen tot flakes, granulaat of maalgoed verwerkt worden, geschikt voor toepassingen als intrusie, extrusie of spuitgieten. De zinkfractie vraagt door haar heterogeniteit en hogere smelttemperaturen

materiaal dat zowel voor jachten, vliegtuigen en sluisdeuren als voor fietsen, stoelen en eenvoudige dakgoten gebruikt wordt. Recent heeft ECO-oh! een 'mat' ontwikkeld op basis van gewassen plasticflakes gemengd met polyestervezels. Dit is een techniek die vergelijkbaar is met de oude textieltechniek voor het maken van vilt en non-wovens. In het proces van ECO-oh! wordt door het op elkaar leggen van opeenvolgende lagen van enerzijds plastic flakes en anderzijds polyestervezels een halffabricaat gecreëerd in de vorm van een mat. Door deze mat

te verwarmen, bij een temperatuur die hoger ligt dan de smelttemperatuur van de folies maar lager dan die van de vezels, krijgt het geheel een ijzersterk karakter waarbij de vezels fungeren als wapening in de gesmolten kunststof. Zo ontstaat een composietplaat uit gerecyclede plasticverpakkingen, met unieke eigenschappen.

De mat van ECO-oh! is reeds veelvuldig getest (onder andere door SLC, het Sirris-Leuven Composites Application Lab) en creëert intern en extern veel enthousiasme – ook al staat de ontwikkeling nog in de kinderschoenen. 'Deze innovatie opent vele deuren omdat het materiaal onder andere licht, sterk, flexibel en waterbestendig is. De matten zijn ontstaan uit een volgehouden proces van experimenten waarbij het huidige resultaat vervolgens ieders stoutste verwachtingen overtrof zowel in sterkte, stijfheid als buigweerstand. Het is een materiaal dat nieuwe toepassingsmogelijkheden opent binnen de al bestaande mogelijkheden van het gerecyclede huishoudafval', zegt Wauters.

Het mooie van werken met een nieuw materiaal is dat binnen de finale ontwikkeling van de mat nog veel ruimte is voor creatieve en technische verbeteringen. Daarnaast is ook duidelijk geworden dat aandacht voor uiteenlopende maar veelzijdige esthetiek een grote bijdrage kan leveren aan het creëren van een gamma duurzame en multi-inzetbare producten. Om tot vernieuwende resultaten te komen moet met een frisse blik naar de productieprocessen van de mat van ECO-oh! gekeken worden. De groep ontwerpers van envisions hebben daartoe een eerste stap gezet. Door het inzichtelijk maken van de productieprocessen kan er gezocht worden naar nog onbegane paden om nieuwe visuele en technisch structurele ingrepen toe te passen tijdens de productie van de mat. Het uiteindelijke doel is om innovatieve toepassingen te vinden die esthetisch en inhoudelijk interessant zijn en op industriële schaal verwerkt kunnen worden.

ENVISIONS – OP ZOEK NAAR HET VERBORGEN POTENTIEEL   Vanuit het envisions collectief zijn negen ontwerpers (Adrianus Kundert, Elvis Wesley, Emma Wessel, Fred Erik, Jeroen van de Gruiter, Jessica den Hartog, Robin Pleun Maas, Studio Plott en Tijs Gilde) samengebracht vanwege hun sterk gevoel voor de ontwikkeling van materialen en onderscheidende handschrift. Door de mat van ECO-oh! vanuit verschillende perspectieven te benaderen en per component te analyseren, konden de ontwerpers van envisions bijzondere eigenschappen ontdekken die leiden tot nieuwe mogelijkheden en ideeën voor het materiaal.

Het basisidee van de mat bleef binnen dit onderzoek onveranderd: een mat van gerecyclede plasticfolies versterkt met polyestervezels die na verhitting resulteert in een duurzaam composietmateriaal. De interventies van de envisionaires richtten zich op vervorming, visuele verandering of het minimaal toevoegen van materiaal, om de mat vanuit zijn karakteristieke eigenschappen bruikbaar te maken voor een verscheidenheid aan toepassingen in de context van interieur en exterieur.

VERVORMING   Het huidige stadium in de ontwikkeling van de mat van ECO-oh! is de solide plaat die na het gecontroleerd verwarmen van de mat ontstaat. Echter, door ingrepen te doen in het proces van verwarming of door de vorm van de plaat te manipuleren, kunnen constructieve en ruimtelijke toepassingen hun intrede maken.

Elvis Wesley   Elvis Wesley benaderde het materiaal van ECO-oh! op constructieve wijze, door twee platen te verbinden met een honingraatstructuur. Hiermee verrijkt hij het materiaal met een extra dimensie en creëert hij de

ENVISIONS—SEARCHING FOR THE HIDDEN POTENTIAL   Within the framework of the e collective, nine designers (Adrianus Kundert, Elvis Wesley, Emma Wessel, Fred Erik, Jeroen van de Gruiter, Jessica den Hartog, Robin Pleun Maas, Studio Plott and Tijs Gilde) were brought together on the basis of their desire to develop new materials and because of their unique distinctive mark. By looking at the ECO-oh! mat from many different perspectives and by analyzing each single component, the envisions designers were able to distinguish distinctive properties that would lead to new applications and ideas for this material.

Within the scope of this research, the basic concept of the mat remained unchanged: a fabric made of recycled plastic film reinforced with polyester fibres which, after heating, yields a durable composite material. The 'envisionaires' interventions focused on malleability, visual change or the minimal inclusion of material, to make the mat suitable - given its characteristic properties - for a wide range of new applications in an interior and exterior context.

MALLEABILITY   The current stage in the development of the ECO-oh! mat is the solid board that is the result of the controlled heating of the mat. However, by intervening in the heating process or by manipulating the shape of the board, constructive and spatial applications can be found.

Elvis Wesley   Elvis Wesley approached the ECO-oh! material in a constructive way by connecting two boards using a unique honeycomb structure. This way, he gives an extra dimension to the material and opens the way for the development of a board material that is lightweight, has volume and can be used as a supporting structure.

Jeroen van de Gruiter   With a spatial application in mind, Jeroen van de Gruiter was looking for a way of giving the composite board hinging properties. By heating some sections of the mat and others not, he created hard board modules with the unheated mat sections functioning as bendable, connecting elements. This gives the 'bendable boards' a number of different radiuses and allows them to adopt a wide range of different forms - for example, as cladding and finishing material of pillars and curvatures in building constructions.

Tijs Gilde   By simply altering the shape, Tijs Gilde – using a vacuum membrane – transforms the ECO-oh! board material into a modular building block. The boards are heated in an oven before they are placed in an MDF mold. Using a silicone membrane, the boards are subsequently vacuum formed in the MDF mold. This process gives the material additional bearing strength, which, in addition to its durability and water-resistant properties, makes it suitable to be used in an architectural context for applications such as modular façades or roof panel systems.

SURFACE   The application of a material is to a large extent determined by the coarseness or smoothness of its surface. Subjecting the surface to a range of different treatment techniques – giving the whole structure an even appearance – makes ECO-oh!'s composite board ideally suited for a range of functional interior design applications, bestowing decorative value to a purposely created structure.

Adrianus Kundert   By sandblasting the ECO-oh! board, designer Adrianus Kundert gives it a whole new identity – not by adding material but by removing a tiny part of the board's surface. By transforming the texture, the designer reveals an aesthetic feature that evokes aspects of stone and concrete and unfolds its decorative potential for interior design and architecture.

mogelijkheid voor een plaatmateriaal dat licht in gewicht is, volume kent en voor dragende functies ingezet kan worden.

Jeroen van de Gruiter   Met een ruimtelijke toepassing in het achterhoofd zocht Jeroen van de Gruiter naar een manier om de composietplaat scharnierende kwaliteiten toe te kennen. Door de mat op sommige delen wel en op andere delen niet te verhitten, ontstaan harde plaatmodules waartussen de onverhitte matdelen fungeren als buigbare, verbindende elementen. De 'buigbare platen' kennen hierdoor verschillende radiussen en kunnen uiteenlopende vormen aannemen, bijvoorbeeld als bekleding en afwerking van kolommen en rondingen in bouwwerken.

Tijs Gilde   Door een simpele ingreep te doen in vorm, transformeert Tijs Gilde met behulp van een vacuümmembraan het plaatmateriaal van ECO-oh! tot een modulaire bouwsteen. De platen worden volgens deze techniek eerst in een oven verwarmd alvorens ze op een MDF mal geplaatst worden. Vervolgens worden de platen met behulp van een siliconenmembraan vacuüm gevormd op de MDF-mal. Nadat deze bewerking ervoor zorgt dat het materiaal een sterke draagkracht krijgt, geven de duurzame en waterbestendige eigenschappen ook aanleiding tot een architecturale context door de module in te zetten voor toepassingen als modulaire façades of dakplaatsystemen.

OPPERVLAK   De grilligheid of egaliteit van het oppervlak van een materiaal bepaalt voor een groot deel de toepasbaarheid van het materiaal. Door het oppervlak met verschillende technieken te behandelen tot egaal geheel, kan de

composietplaat van ECO-oh! functioneel ingezet worden in interieurontwerp, waar een bewust gecreëerde structuur dan weer een decoratieve waarde kan hebben.

Adrianus Kundert   Door het plaatmateriaal van ECO-oh! te zandstralen, vervaardigt ontwerper Adrianus Kundert een nieuwe hoedanigheid voor de plaat – niet door materiaal toe te voegen, maar juist een miniem deel van het oppervlak weg te nemen. Door deze transformatie van textuur onthult de ontwerper een esthetiek die doet

Emma Wessel   Emma Wessel experimented with ways of filling the irregularities in the board's surface, using various methods of applying a coat of paint. While the coat of paint smoothens one side of the board's surface – as if it were coated with filler – and makes it suited for applications that require even surfaces, the uneven discolouration also creates decorative nuances in the coating.

NON-WOVEN   Typical for the process in which the ECO-oh! mats are heated, pressed and transformed into panels, is its non-woven top layer that secures the polyester fibres and plastic flakes during the production process and becomes transparent after heating. By manipulating the top layer, the visual identity of the material can be modified.

Studio Plott   Studio Plott investigated a method of controlling the colouring of the ECO-oh! boards, subjecting them to a minimum of processing. Research revealed that the non-woven top layer could be replaced by an equivalent material that is available in a multitude of virtually opaque colours and that is suited for applying screen print dyes. This allows the twosome to apply prints to the material and to develop a wide variety of patterned boards.

Robin Pleun Maas   Prior to transforming the mat into a board by heating, Robin Pleun Maas subjects the exterior non-woven fabric to a number of different folding techniques. The accumulation of the folding operations reveals a variety of subtle patterns and colour shades that veil the exterior surface of the boards. This is how Maas applies an efficient method of constructing a decorative panel.

RECYCLED TOP LAYER   A typical feature of the ECO-oh! boards is the whimsical mix of colours created by a blend of shrink wraps, plastic bags, carrier bags and other types of plastic film. Because of the prominence of the resulting flaky pattern, it is possible to extend the scope of potential applications of the material by breaking this pattern.

Fred Erik   Fred Erik developed a series of graphical top layers for the ECO-oh! boards. By covering certain parts of the composite board, he engaged in an aesthetic exploration of the tension between geometrically unfolded patterns and the erratic flaky pattern of the composite board. By adding a specific colour filter, different colour variations emerge from the flaky mixture.

Jessica den Hartog   In *Recolored*, one of Jessica den Hartog's earlier works, she conducted extensive research into the separation of colours and the aesthetic applications of plastic waste. By covering the top layer of the ECO-oh! boards with a granular layer sorted by colour, she creates a pleasurable play with colour, depth and layering on the recycled boards.

Photography by Ronald Smits (envisions)

denken aan steen en beton en ontvouwt hiermee decoratieve mogelijkheden voor interieur en architectuur.

Emma Wessel   Emma Wessel onderzocht een manier om oneffenheden in de plaat op te vullen door met uiteenlopende methodes een verfcoating op de plaat aan te brengen. Terwijl de verfcoating de plaat aan de ene kant – als ware het een plamuur – afvlakt en geschikt maakt voor toepassingen met een egaal oppervlak, zorgt de oneffen verschijning in kleur voor decoratieve nuances in de coating.

NON-WOVEN   Voor het proces waarin de matten van ECO-oh! verwarmd, geperst en getransformeerd worden tot plaat is een non-woven toplaag nodig. Die toplaag houdt de polyestervezels en plasticvlokken bijeen tijdens het productieproces, en na verhitting wordt ze transparant. Door een ingreep te doen in deze toplaag, kan de visuele identiteit van het materiaal op een efficiënte manier bewerkt worden.

Studio Plott   Studio Plott onderzocht een manier om, met minimale ingrepen, de kleuren in het plaatmateriaal van ECO-oh! te sturen. Na bestudering bleek het mogelijk om de non-woven toplaag te vervangen door een gelijkwaardig materiaal dat in meerdere, zo goed als dekkende kleuren beschikbaar is en zich leent voor het aanbrengen van zeefdrukinkten. Hiermee opent het duo van Studio Plott de mogelijkheid om prints op het materiaal aan te brengen, wat zich kan ontwikkelen tot een grote variëteit aan gedessineerde platen.

Robin Pleun Maas   Alvorens de mat door verwarming tot plaat wordt omgezet, heeft Robin Pleun Maas de buitenste non-woven in de mat met verschillende vouwtechnieken behandeld. Door de opstapeling – die ontstaat door de verschillende vouwtechnieken – verschijnen subtiele patronen en kleurnuances die een sluier leggen op het bestaande uiterlijk van de platen. Zo creëert Maas een efficiënte manier voor het construeren van decoratief plaatmateriaal.

GERECYCLEERDE TOPLAAG   De platen van ECO-oh! worden gekenmerkt door de willekeurige kleurmenging afkomstig van krimpfolies, plastic zakjes, boodschappentassen en andere plasticfolies. Omdat het gevlokte patroon dat hieruit ontstaat prominent aanwezig is, kan de reikwijdte van toepassingen van het materiaal vergroot worden door dit patroon te doorbreken.

Fred Erik   Fred Erik ontwikkelde voor de platen van ECO-oh! een serie grafische toplagen. Door delen van de composietplaat af te dekken, zocht hij op esthetische wijze de spanning op tussen geometrisch opengewerkte patronen en het grillig gevlokte patroon van de composietplaat. Door het toevoegen van een dergelijke kleurfilter komen telkens andere kleuren uit de vlokmenging naar voren.

Jessica den Hartog   In haar eerdere werk *Recolored* heeft Jessica den Hartog uitgebreid onderzoek gedaan naar het scheiden van kleuren en de esthetische toepassing van plastic afval. Door de bovenste laag van de platen van ECO-oh! te bedekken met een op kleur gesorteerde granulaatlaag, creëert ze een aangenaam spel van kleur, diepte en gelaagdheid op de gerecycleerde platen.

Fotografie door Ronald Smits (envisions)

THE SCIENCE BEHIND COMPOSITES
IGNAAS VERPOEST

The first material properties that a designer has to contend with are usually the mechanical properties, and in particular stiffness and strength. Stiffness and strength are not synonymous, and are in fact not related to one another at all: the fact that a material is stiff does not automatically make it strong, and vice versa.

The term 'stiffness' refers to the way a material reacts to a mechanical stress, a force or a tension: the material starts to deform. If this deformation disappears again once the stress has been removed, it is 'elastic'. However, if the deformation remains, it is 'plastic'. The boundary between the two is the limit of elasticity or the yield point.

With a stiff material, a strong force is needed to achieve a given (elastic) deformation.

Strength is not just about breaking, but has often also to do with resistance to permanent deformation. Confusingly, in most construction materials stiffness and strength have little or nothing to do with one another. All types of steel are equally stiff, but their strength can vary enormously.

Metals and ceramic materials are held together by intense affinities between the atoms (primary bonds[1]) and are hence usually stiff materials. However, things become interesting when a material has both primary, stiff bonds and secondary, loose bonds present in it. This is the case with polymers, which are made up of long strands (chains) of atoms linked by primary bonds. Loose, secondary bonds in turn connect these chains to one another.[2] So will the material be stiff or weak? In the case of ordinary polymers, the weakest link – the secondary bonds – will be decisive: polymers are flexible materials, compared with metals. This is true of the 'artificial' polymers or synthetic materials (also called 'plastics') such as polypropylene, nylon, Plexiglas and so on, but also of natural polymers such as wood, cotton or spaghetti. The difference in stiffness from metals is fairly great: around ten to a hundred times less.

WHY IS WEIGHT IMPORTANT?

To be able to compare materials with one another, we use the weight (or to be more precise, the mass) per volume-unit, also called the specific mass, or often, for the sake of convenience, the specific weight or density (kg/litre or kg/dm^3). Metals such as steel, copper and aluminum are heavy, while polymers are light.

Weight is important, for an obvious reason inspired by ecological considerations. Lighter structures consume less energy, especially in the case of moving objects. This is obvious for anything that seeks or needs to defy gravity by its own strength. In aircraft, the lightest construction material, aluminum, has been the one most used so far, and the search for even lighter materials is very intensive.

But objects that need to be accelerated or slowed down also benefit from having the lowest possible mass: cars, bicycles, tennis rackets and so on. And finally, of course, anything that has to be lifted needs to be as light as possible: chairs, irons, lift cables and so on.

STRONG, STIFF AND LIGHT

A designer who wishes to design light products clearly faces a dilemma. He can opt for a light, but usually flexible material (polymers or plastics), or for a heavier but stiffer metal. To which property should he attach the most importance? On the basis of mechanics, it can be demonstrated that if one wants as light a product as possible, the stiffness (E) divided by the specific weight (ρ) must be maximised. The quotient E/ρ (also called the specific stiffness) needs to be as high as possible. This can be achieved by choosing a material with a high stiffness E, or with a low specific weight ρ. Interestingly, the two material characteristics turn out to offset one another to some extent[3]: iron (or steel), aluminum, titanium and so on all have a specific stiffness of approximately 26 GPa/kg/dm^3. Plastics, however, achieve just a tenth of this value, and are thus no rival to metals for stiffness-critical applications.

Fortunately, the difference is not so great with regard to specific strength (derived using the same method: σ/ρ).

FIBRES, ANOTHER DARWIN PRODUCT

Can nature help us in our search for materials that are simultaneously stiff and light? On closer examination, the secret lies in the interplay between the two types of bonds in polymers: if you can succeed in orienting all the stiff (primary) bonds in a single direction, the polymer becomes very stiff in that direction (and more flexible in all other directions). Evolution has come up with plants in which the molecular structure is adapted so that they are very stiff in one direction. Flax stalks need to stay upright in all weathers, and keep the linseed dry above the ground. The very slender flax stalk is therefore constructed from closely aligned cellulose chains. As a result, flax has the same stiffness as aluminum, yet is twice as light. The result is a specific stiffness that is twice as great as that of aluminum. An analogous phenomenon is found in all tall, slender plants, such as hemp or bamboo. Where the need to withstand bending no longer applies, the closely aligned bond structure disappears too: cotton fibres come from the flower rather than the stem, and their job is to protect the seeds. The need for pronounced stiffness disappears, and so too does the pronounced alignment of the cellulose chains. Accordingly, cotton fibres are far less stiff than flax or hemp fibres.

Can nature be copied? It was not until the mid-1970s that the first man-made polymers (or 'synthetic materials') with a closely aligned molecular structure were produced. When polyphenylene-terephthalamide, better known under its brand name Kevlar®, is spun in a particular way, so that its molecular structure is oriented, this is leading to a stiffness of up to 140GPa, nearly twice as stiff as flax or aluminum. A few years later, this was repeated for polyethylene.

However, the ultimate in stiffness is found in carbon fibres. Like a lead pencil, they consist of graphite, a layered bond structure

DE WETENSCHAP ACHTER COMPOSIETEN
IGNAAS VERPOEST

MATERIALEN EN FUNCTIONALITEIT

De eerste materiaaleigenschappen waarmee een ontwerper te maken krijgt, zijn dikwijls de mechanische eigenschappen en dan in het bijzonder stijfheid en sterkte. Stijfheid en sterkte zijn geen synoniem van elkaar en zijn zelfs helemaal niet met elkaar verbonden: omdat een materiaal stijf is, is het daarom nog niet sterk, en vice versa.

De term 'stijfheid' drukt de reactie van een materiaal uit op een mechanische belasting, een kracht of een spanning: het materiaal gaat vervormen. Als die vervorming, bij het wegnemen van de belasting, opnieuw verdwijnt, is die vervorming 'elastisch'. Is er echter een blijvende vervorming, dan is ze 'plastisch'. De grens tussen beide is de elasticiteitsgrens of vloeigrens.

Bij een stijf materiaal is een hoge kracht nodig om een bepaalde (elastische) vervorming te realiseren.

Sterkte heeft niet alleen te maken met breuk, maar dikwijls ook met de weerstand tegen blijvende vervorming. Vervelend is wel dat bij de meeste constructiematerialen stijfheid en sterkte weinig of niets met elkaar te maken hebben. Alle staalsoorten zijn even stijf, maar hun sterkte kan enorm verschillen.

Metalen en keramische materialen worden samengehouden door intense aantrekkingskrachten tussen de atomen (primaire bindingen[1]) en zijn dus meestal stijve materialen. Het wordt echter boeiend wanneer in een materiaal zowel primaire, stijve bindingen aanwezig zijn als secundaire, slappe bindingen. Dit is het geval bij polymeren, die opgebouwd zijn uit lange slierten (ketens) van primair gebonden atomen. Die slierten zijn op hun beurt met elkaar verbonden door slappe, secundaire bindingen.[2] Zal het materiaal dan stijf of zwak zijn? Bij gewone polymeren zal de zwakste schakel, de secundaire bindingen, bepalend zijn: polymeren zijn slappe materialen, in vergelijking met metalen. Dat geldt voor de 'kunstmatige' polymeren of kunststoffen (ook 'plastics' genoemd) zoals polypropyleen, nylon, plexiglas... maar evenzeer voor natuurlijke polymeren zoals hout, katoen of spaghetti. Het verschil in stijfheid met metalen is behoorlijk groot en ligt zo'n tien tot honderd maal lager.

WAAROM IS GEWICHT BELANGRIJK?

Om materialen met elkaar te kunnen vergelijken, gebruikt men het gewicht (of exacter: de massa) per volume-eenheid, ook genoemd de soortelijke massa of dikwijls gemakshalve soortelijk gewicht of de dichtheid (kg/liter). Metalen zoals staal, koper en aluminium zijn zwaar, polymeren zijn licht.

Gewicht is belangrijk, vooral om een ecologisch geïnspireerde reden. Lichtere constructies verbruiken minder energie, zeker wanneer het bewegende voorwerpen betreft. Dit is evident voor alles wat zich op eigen kracht aan de zwaartekracht wil of moet onttrekken. In vliegtuigen wordt (tot nu) hoofdzakelijk het lichtste constructiemetaal gebruikt, aluminium, en is de zoektocht naar nog lichtere materialen zeer intensief.

Maar ook voorwerpen die moeten versneld of afgeremd worden hebben baat bij een zo laag mogelijke massa: auto's, fietsen, tennisrackets... En tenslotte is uiteraard alles wat opgetild moet worden liefst zo licht mogelijk: stoelen, strijkijzers, liftkabels...

STERK, STIJF EN LICHT

De designer die lichte producten wil ontwerpen, staat blijkbaar voor een dilemma. Hij kan opteren voor een licht, maar meestal slap materiaal (polymeren of plastics) of voor een zwaarder, maar stijver metaal. Aan welke eigenschap moet hij het meeste belang hechten? Vanuit de mechanica kan aangetoond worden dat indien men een zo licht mogelijk product wil, de stijfheid (E) gedeeld door het soortelijk gewicht (ρ) moet gemaximaliseerd worden. Het quotiënt E/ρ (ook genoemd: de specifieke stijfheid) moet zo groot mogelijk zijn. Dat kan men bereiken door een materiaal te kiezen met een hoge stijfheid E, of met een laag soortelijk gewicht ρ. Merkwaardig genoeg blijken beide materiaalkarakteristieken elkaar wat te compenseren: ijzer (of staal), aluminium, titanium... hebben allemaal een specifieke stijfheid van ongeveer 26 GPa/kg/dm^3.[3] Plastics halen echter slechts een tiende van die waarde en zijn dus voor stijfheidkritische toepassingen geen echte concurrenten van metalen. Gelukkig is het verschil niet zo groot voor de specifieke sterkte (volgens dezelfde benadering afgeleid: σ/ρ).

VEZELS, NOG EEN DARWIN-PRODUCT

Kan de natuur ons op weg helpen om materialen te vinden die tegelijk stijf en licht zijn?

Bij nader toezien ligt het geheim in het spelen met de twee soorten bindingen in polymeren: als men erin slaagt de stijve (primaire) bindingen allemaal in één richting te oriënteren, dan wordt het polymeer in die richting héél stijf (en in alle andere richtingen slapper). De evolutie heeft planten opgeleverd waarin de moleculaire structuur zo aangepast is dat zij in één richting heel stijf zijn. Vlasstengels moeten, in weer en wind, recht blijven en het lijnzaad droog boven de grond houden. De zeer slanke vlasstengel is dan ook opgebouwd uit sterk georiënteerde celluloseketens. Daardoor verkrijgt vlas dezelfde stijfheid als aluminium en toch is vlas tweemaal lichter dan aluminium. Het resultaat is een specifieke stijfheid die tweemaal hoger is dan die van aluminium. Een analoog fenomeen vindt men terug bij alle hoge en slanke planten zoals hennep of bamboe. Als de noodzaak van weerstand tegen buiging wegvalt, verdwijnt ook de sterk georiënteerde bindingsstructuur: katoenvezels komen niet uit de stengel, maar uit de bloem en moeten de zaden beschermen. De noodzaak van hoge stijfheid vervalt en daardoor dus ook de sterke oriëntatie van de celluloseketens. Katoenvezels zijn daardoor veel minder stijf dan vlas- of hennepvezels.

Kan men de natuur nabootsen? Het duurde toch tot het midden van de jaren 1970 vooraleer de eerste man-made polymeren (of 'kunststoffen') met een sterk georiënteerde moleculaire structuur konden vervaardigd worden. Wanneer polyphenyleen-tereftalamide, beter bekend onder zijn merknaam Kevlar®, op een bijzondere wijze gesponnen wordt tot vezels ontstaat een dergelijke oriëntatie met een stijfheid tot 140GPa, bijna

231

of carbon atoms. These tiny layers are only held together by weak secondary bonds, like the chains in a polymer, but in the layers themselves there are stiff, two-dimensional bonds present. The more closely these can be oriented in parallel with the fibre axis, the stiffer the carbon fibres. Even an 'ordinary' carbon fibre has a stiffness of 230 GPa, three times greater than aluminum and slightly more than steel, yet only weighs 1.75kg/dm^3. The better carbon fibres, such as those now used in the most recent Airbus 380 and Boeing 787, are a further 20% stiffer, and hence attain a specific stiffness of approximately 150, six times greater than steel and aluminum.

How do glass fibres come into all this? Much more industrial use is made of these than of carbon fibres (the annual production total is twenty times greater), yet their stiffness is 'a mere' 70 GPa, the same as flax and aluminum... and as ordinary window glass. Thus spinning glass does not lead to stiffness any greater than that of ordinary cast glass, because the bond structure cannot be aligned. Moreover, glass is fairly heavy (2.55kg/dm^3, nearly as heavy as aluminum), so that the specific stiffness does not rate highly either. So why are glass fibres so successful? Their secret lies in their great strength, which is determined not so much by the internal structure of glass (which is an intrinsically brittle material), as by the absence of small cracks. By very carefully spinning the fibres from molten glass, one can obtain virtually fissure-free fibres.

There remains one final, not unimportant reason why glass fibres are used far more than carbon fibres. They are approximately ten times cheaper (€2/kg as opposed to €20/kg). Here, too, the comparison with traditional construction materials is interesting. Glass fibres lie between plastics and steel (€1 to €3/kg) on the one hand and aluminum (€3 to €5/kg)[4] on the other.

CAN I KNIT AN AIRCRAFT?

Fibres are combined into yarns, which in turn can be connected together to make woven fabrics, knitted fabrics or braided fabrics. Such textiles only feel stiff if they are subjected to a stress in the fibre direction. However, if you pull on the corners of a handkerchief, or if you fold it, it feels supple because the fibres can slide over one another. The force is not transmitted to the fibres.

If one really wishes to exploit the intrinsic stiffness of fibres, one must therefore ensure that the fibres cannot move relative to one another when a force is applied to the woven fabric or knitted fabric. An engineer would say that you have to ensure that the forces are transmitted to the fibres, without them being able to move freely. A comparison can be made with taking in frozen linen from the washing line in the garden on an icy-cold winter's day. The usually flexible tea towels and T-shirts have suddenly turned into hard, non-deformable 'structures'. Of course this is partly because of the layer of ice, but without the flax in the linen tea towel or the cotton in the T-shirt, these deep-frozen items of clothing would not feel nearly as stiff. The frozen water causes the fibres to become immobilised, meaning that the forces can be efficiently transmitted to the fibres. And because flax and cotton fibres are intrinsically stiffer than ice, a frozen T-shirt feels very stiff: the composite effect has been discovered.

THE COMPOSITE CONCEPT

The secret behind high stiffness and strength of composites has thus been discovered. If the fibres can be immobilised, and actually made to adhere to one another, the outstanding stiffness of carbon fibres and strength of glass fibres can be exploited. If a light material is used for this 'glue', the 'combined' material, the composite, will also remain light. Plastics may be flexible and not particularly strong, but they are just strong enough to fulfil the function of immobiliser.

Stiff fibres in a flexible plastic: does this result in a stiff or a flexible composite? Is it like mixing colours? Black paint mixed with white gives a grey colour. The more black is added, the darker the grey. Is this also the case with fibres in a polymer matrix?[5] The answer to this question is neither unambiguous nor simple. Some properties follow this rule, while others do not at all.

For the weight of a composite, a simple 'linear' mixing rule applies: the composite property is proportionate to the proportions of the two components.[6] For the mechanical properties, stiffness and strength, the picture is more complex. In a very simple composite, in which all the fibres lie nicely parallel to one another (a 'unidirectional' composite) the longitudinal or lengthwise stiffness and strength (the stiffness and strength in the fibre direction, i.e. in the direction of pull on this rod) follow the simple, linear mixing rule. An equal quantity of glass fibres (stiffness: 70 GPa) and epoxy resin (stiffness: only 2 GPa) produces a stiffness that lies right in the middle (36 GPa). Compared with the glass fibres, this represents a reduction by nearly half, but compared with the epoxy, the stiffness has been increased nearly 20 times. It is even more impressive with carbon fibres: in a 60% fibres/40% matrix composite, the longitudinal stiffness is 163 GPa, or eighty times stiffer than epoxy, whereas the specific stiffness E/ρ also remains spectacularly high (110) compared with metals (steel, aluminum: approximately 25).

It is therefore not surprising that the very latest models from Boeing (787) and Airbus (A350), are constructed by as much as 50% from carbon fibre composites.

Nor is it any wonder that hardly any glass fibre composites are used in aircraft. They are simply not stiff enough. But can no use be made of the outstanding strength of glass fibres? A unidirectional composite that consists half of strong glass fibres (strength 1500 MPa) and half of a weak polymer (100 MPa), has a strength that lies right in the middle: 800 MPa. This is thus eight times stronger than the matrix and around twice as strong as a good aluminum alloy, for a specific weight that is much lower. The gigantic windmills for electricity generation thus have glass fibre composite blades, which are up to 85 metres long. They need to withstand enormous wind stresses, and therefore need to be very strong and stiff. But the centrifugal forces are proportionate to the weight of the blades, and hence the material also needs to be light. Thus if you wish

tweemaal stijver dan vlas of aluminium. Enkele jaren later werd dit herhaald voor polyethyleen.

Stijfheidkampioen zijn echter de koolstofvezels. Zoals een potlood bestaan zij uit grafiet, een laagvormige bindingsstructuur met koolstofatomen. Die laagjes worden slechts samengehouden door zwakke secundaire bindingen, zoals de ketens in een polymeer, maar in de laagjes zelf zijn stijve, tweedimensionale bindingen aanwezig. Hoe beter die kunnen georiënteerd worden evenwijdig met de vezelas, hoe stijver de koolstofvezels. Een 'gewone' koolstofvezel heeft reeds een stijfheid van 230 GPa, driemaal meer dan aluminium en iets meer dan staal, maar weegt slechts 1,75kg/dm^3. De betere koolstofvezels, die nu in de meest recente Airbus 380 en Boeiing 787 gebruikt worden, zijn nog 20% stijver en bereiken dus een specifieke stijfheid van ongeveer 150 GPa, zes maal hoger dan staal en aluminium

En glasvezels, komen zij niet in dit verhaal voor? Zij worden industrieel veel meer gebruikt dan koolstofvezels (de jaarlijkse productie ligt twintig maal hoger), en toch is hun stijfheid 'slechts' 70 GPa, even hoog als vlas en aluminium... en als gewoon vensterglas. Het spinnen van glas leidt dus niet tot een hogere stijfheid dan gewoon gegoten glas, omdat men de bindingsstructuur niet kan oriënteren. Bovendien is glas vrij zwaar (2,55kg/dm^3, bijna zo zwaar als aluminium), zodat ook de specifieke stijfheid niet hoog scoort. Waarom zijn glasvezels dan toch zo succesvol? Hun geheim zit in hun hoge sterkte, die niet zozeer bepaald wordt door de inwendige structuur van glas (glas is een intrinsiek bros materiaal), maar door de afwezigheid van kleine scheurtjes. Door de vezels heel zorgvuldig te spinnen uit gesmolten glas, kan men bijna scheurvrije vezels bekomen. Er is nog een laatste, en niet onbelangrijke, reden waarom glasvezels veel meer gebruikt worden dan koolstofvezels. Zij zijn namelijk ongeveer tien maal goedkoper (2 t.o.v. 20 €/kg). Ook hier dringt zich de vergelijking met klassieke constructiematerialen op. Glasvezels situeren zich tussen kunststoffen en staal (1 tot 3 €/kg) enerzijds en aluminium (3 tot 5 €/kg) anderzijds.[4]

KAN IK EEN VLIEGTUIG BREIEN?

Vezels kan men samenbrengen in garens en die dan met elkaar verbinden tot weefsels, breisels of vlechtsels. Enkel als men die belast in de vezelrichting, zullen deze textielen stijf aanvoelen, maar als men aan de hoekpunten van een zakdoek trekt, of hem samenvouwt, voelt hij soepel aan: de vezels kunnen immers over elkaar glijden. De kracht wordt niet overgebracht op de vezels. Wil men dus de intrinsieke stijfheid van vezels echt uitbuiten, dan moet men ervoor zorgen dat de vezels niet kunnen bewegen ten opzichte van elkaar wanneer op het weefsel een kracht wordt uitgeoefend. Een mechanicus zou zeggen: men moet ervoor zorgen dat de krachten overgedragen worden op de vezels, zonder dat zij vrij kunnen bewegen. Het is te vergelijken met, op een ijskoude winterdag, bevroren was van de waslijn in de tuin halen. De anders zo slappe keukenhanddoeken of T-shirts zijn dan plots harde, onvervormbare 'structuren' geworden. Dat komt natuurlijk deels van het laagje ijs, maar zonder het vlas van de linnen keukenhanddoek of het katoen van de T-shirt zouden die diepgevroren kledingstukken lang niet zo stijf aanvoelen. Het bevroren water zorgt ervoor dat de vezels geïmmobiliseerd zijn en dat de krachten efficiënt op de vezels kunnen overgebracht worden. En omdat vlas- en katoenvezels intrinsiek stijver zijn dan ijs, voelt een bevroren T-shirt dus heel stijf aan: het composieteffect is ontdekt!

HET COMPOSIETCONCEPT

Het geheim achter de hoge stijfheid en sterkte is dus ontdekt. Als men de vezels kan immobiliseren, eigenlijk aan elkaar vastlijmen, dan zullen de uitstekende stijfheid van koolstofvezels en de sterkte van glasvezels kunnen uitgebuit worden. Als men voor de 'lijm' een licht materiaal gebruikt, dan kan het 'gecombineerde' materiaal, het composiet, ook licht blijven. Plastics zijn wel slap en niet zo sterk, maar toch net voldoende om de functie van immobilisator te kunnen vervullen.

Stijve vezels in een slappe kunststof, geeft dat een stijf of een slap composiet? Is het zoals het mengen van kleuren? Zwarte verf vermengd met witte geeft een grijze kleur. Hoe meer zwart toegevoegd wordt, hoe donkerder het grijs. Is dat ook zo met vezels in een kunststofmatrix?[5] Het antwoord op die vraag is niet eenduidig en niet eenvoudig. Sommige eigenschappen volgen die regel, andere helemaal niet.

Voor het gewicht geldt een eenvoudige lineaire mengregel: de composieteigenschap is recht evenredig met het aandeel van beide componenten.[6] Voor de mechanische eigenschappen, stijfheid en sterkte, is dat complexer. Bij een heel eenvoudig composiet, waarbij alle vezels netjes evenwijdig liggen ten opzichte van elkaar (een 'unidirectioneel' of ééńrichtingscomposiet) volgen de longitudinale of langse stijfheid en sterkte (de stijfheid en sterkte in de vezelrichting, dus in de trekrichting van die stang) ook de eenvoudige, lineaire mengregel. Een gelijke hoeveelheid glasvezels (stijfheid: 70 GPa) en epoxyhars (stijfheid: slechts 2 GPa) geven een stijfheid die netjes in het midden ligt (36 GPa). Ten opzichte van de glasvezels is dit bijna een halvering, maar ten opzichte van de epoxy-kunststof is de stijfheid bijna 20 maal hoger geworden! Het wordt nog indrukwekkender bij koolstofvezels: bij een 60% vezels / 40% matrix composiet wordt de longitudinale stijfheid 163 GPa, of tachtig maal stijver dan de epoxy-kunststof terwijl de specifieke stijfheid E/ρ spectaculair hoog blijft (110) in vergelijking met metalen (staal, aluminium: ongeveer 25). Het is dan ook niet verwonderlijk dat de allernieuwste modellen van Boeing (787) en Airbus (A350) voor vijftig procent opgebouwd zijn uit koolstofvezelcomposieten.

Het is evenmin verrassend dat bijna geen glasvezelcomposieten in vliegtuigen gebruikt worden. Zij zijn eenvoudigweg niet stijf genoeg. Maar kan de uitstekende sterkte van glasvezels niet uitgespeeld worden? Een uni-directioneel composiet dat voor de helft uit sterke glasvezels (sterkte 1500 MPa) en voor de andere helft uit een zwakke kunststof bestaat (100 MPa), heeft inderdaad een sterkte die juist daartussenin ligt: 800 MPa. Dat is dus achtmaal sterker dan de matrix en zowat dubbel zo sterk

233

to build light structures, you will opt for carbon fibre composites if the stiffness is important, and for glass or carbon fibre composites if the strength is important. If cost is the decisive consideration, however, the choice will often fall on glass fibre composites, even though their stiffness is lower.

THE ORIENTATION EFFECT

The composite effect, the drastic increase in stiffness and strength that results from the addition of fibres to a plastic, is very clear in an idealised composite (in which all the fibres lie neatly in parallel with one another), and only when the force is applied parallel to the fibres. But what if this force has a different orientation? The stiffness under a stress, which is perpendicular to the fibres, also known as the 'transversal' stiffness, is far less than the longitudinal stiffness. A 50/50 composite with glass fibres has a transversal stiffness of just 6 GPa, compared with a longitudinal stiffness of 36 GPa. In carbon fibre composites, the difference is even greater.

How is a designer supposed to cope with this? With composites, the designer needs to take continual account of the fibre orientation but he has more choice than just these two extremes: the high longitudinal and the low transversal properties. He or she can play with the fibre orientation and hence match the properties in specific directions with the expected stress in that direction. This is a unique advantage of composites: the designer does not just create the product's form, but can also create an optimal material for that form. As he or she works with these new materials, the designer is invited to conceive new materials.

TEXTILE: AN OLD TECHNOLOGY FOR ADVANCED MATERIALS

Since time immemorial, fibres have been combined into yarns and then woven, braided or knitted together. In a woven fabric, warp and weft yarns form a 90° angle to another. Use can conveniently be made in the 'new' composite technology of age-old developments from textile technology.

Textile technology has helped the composite designers and producers to achieve varying fibre orientations in an economical fashion. But it has to be remembered that greatly varying mechanical properties are obtained in the process, lying somewhere between the high longitudinal and low transversal properties.

HOW DO YOU MAKE IT?

There is a choice between two types of polymers for use as the matrix in fibre-reinforced plastics: thermoplastic and thermosetting. The thermoplastics consist of long molecules, connected together by weak (secondary) bonds. If a polymer is heated up, these weak bonds become unstable, and the long molecules can slide over one another. The polymer becomes deformable, and even starts to melt. Yet most polymers do not really turn into a liquid, like water, but rather into a viscous soup a little like liquid honey.

The situation is completely different with thermosetting polymers. These consist of short chains of molecules, which are 'tied together' by means of strong, primary bonds. In this way, they form a stiff and strong network, which remains intact even at high temperatures. Thus thermosetting polymers do not melt, although if the temperature climbs too high they will degrade or ignite.

However, the term 'thermosetting' refers to the process by which the polymer is produced, namely the 'tying together' of the short molecules (the 'setting' or 'curing' or 'hardening'). Before the short molecules are tied together, they are only loosely connected by secondary bonds. Because of this, some polyesters or epoxy resins, in their non-set or non-hardened state, are almost as liquid as water.[7] This is very important for composite production. In a good composite, the polymer matrix must surround each microscopic fibre. A highly fluid epoxy resin can penetrate a fibre bundle, but a molten polypropylene is too viscous, and becomes stuck on the outside of the fibre bundle. Even so, a solution to this problem has been found. Polypropylene fibres are made and mixed with the glass fibres. When the polypropylene melts, it enters between the glass fibres and can stick the glass fibres to one another to make a sturdy composite in this way.

Thus there are two completely different production methods for composites. In thermosetting epoxies and polyesters, the resin, which has not yet been hardened, flows easily between the fibres. If use is made of a mould and counter mould, the resin can be injected into the mould (or sucked into it using a vacuum, as in a vacuum cleaner). One can also mix fibres and resin in advance ('impregnating'). These 'prepregs' are then simply put in the mould and pressed into the desired form. For high-specification products in the aerospace industry or in sporting applications, use is often made here of a type of pressure chamber (an 'autoclave') instead of a mechanical or hydraulic press.

In the case of thermoplasts, one simply has to heat up the polymer until it is sufficiently pliable (or in some cases until it is molten) in order to press it into the desired form. If the mould is cold, the thermoplast will cool down right after the material has taken on the form of the mould, and hence become stiff again. Production of thermoplastic composites is thus virtually always far quicker than that of thermosetting ones. The production process then starts to resemble the pressing of sheet metal, and is equally fast.

Yet another type of composite had already been on the market for a number of decades, which is even faster and more efficient to produce: short-fibre composites. However, as the fibres get shorter, their reinforcing effect diminishes. A glass fibre composite loses (approximately) one-third of its stiffness when the glass fibres are just 1 millimetre long rather than infinitely long. The strength also drops, although such composites are still far stronger and stiffer than ordinary plastics.

Moreover, these short fibres can easily be mixed with the plastics. This mixture is heated up and liquefied, then injected under

als een goede aluminiumlegering, voor een duidelijk lager soortelijk gewicht. De gigantische windmolens voor elektriciteitsproductie hebben dus glasvezelcomposiet wieken, die tot 85 meter lang zijn. Zij moeten weerstaan aan enorme windbelastingen en moeten dus heel sterk en stijf zijn. Maar de middelpuntvliedende krachten zijn evenredig met het gewicht van de wieken, en dus moet het materiaal ook licht zijn. Wil men dus licht construeren, dan kiest men voor koolstofvezelcomposieten wanneer de stijfheid belangrijk is en voor glas- of koolstofvezelcomposieten wanneer de sterkte belangrijk is. Als de kostprijs doorslaggevend is, zal de keuze echter dikwijls op glasvezelcomposieten vallen, ook al is de stijfheid dan lager.

HET ORIËNTATIE-EFFECT

Het composieteffect, de drastische verhoging van stijfheid en sterkte door toevoeging van vezels aan een kunststof, is heel duidelijk bij een geïdealiseerd composiet (alle vezels netjes evenwijdig met elkaar), en dan nog alleen wanneer de kracht evenwijdig met de vezels aangelegd wordt. Maar wat als die kracht een andere oriëntatie heeft? De stijfheid bij belasting loodrecht op de vezels, ook 'transversale' stijfheid genoemd, is veel lager dan de longitudinale. Een 50/50 composiet met glasvezels heeft een transversale stijfheid van slechts 6 GPa, tegenover een longitudinale van 36 GPa. Bij koolstofvezelcomposieten is het verschil nog groter.

Wat moet een ontwerper hiermee aanvangen? Bij composieten moet de ontwerper dus steeds rekening houden met de vezeloriëntatie, maar hij heeft duidelijk meer keuze dan enkel die twee uitersten: de hoge longitudinale en de lage transversale eigenschappen. Hij/zij kan spelen met de vezeloriëntatie en zo de eigenschappen in bepaalde richtingen afstemmen op de verwachte belasting in die richting. Dit is een uniek voordeel van composieten: de ontwerper creëert niet enkel de vorm van het product, hij kan ook een optimaal materiaal creëren voor die vorm. Design met deze nieuwe materialen nodigt uit tot het ontwerpen van nieuwe vormen.

TEXTIEL: EEN OUDE TECHNOLOGIE VOOR GEAVANCEERDE MATERIALEN

Sinds mensenheugenis worden vezels tot garens samengebracht en daarna met elkaar verweven, gevlochten of gebreid. In een weefsel maken ketting- en inslaggarens een hoek van 90 graden met elkaar. De 'nieuwe' composiettechnologie kan handig gebruik maken van eeuwenlange ontwikkelingen uit de textieltechnologie.

De textieltechnologie heeft de composietontwerpers en -producenten geholpen om verschillende vezeloriëntaties op een kostenbesparende manier te realiseren. Maar daarbij mag niet vergeten worden dat daarmee heel verschillende mechanische eigenschappen verkregen worden, ergens tussen de hoge longitudinale en de lage transversale eigenschappen.

HOE MAAK MEN DAT NU?

Als matrix in vezelversterkte kunststoffen heeft men de keuze tussen twee soorten polymeren: thermoplastische en thermohardende. De thermoplasten bestaan uit lange moleculen, die met elkaar verbonden zijn door zwakke (secundaire) bindingen. Als een polymeer wordt opgewarmd worden die zwakke bindingen onstabiel en kunnen de lange moleculen over elkaar glijden. De polymeer wordt vervormbaar, gaat zelfs smelten. Toch worden de meeste polymeren niet echt een vloeistof, zoals water, maar eerder een stroperige brei, zoiets als vloeibare honing.

Helemaal anders is het bij de thermohardende polymeren. Zij bestaan uit korte moleculenketens, die aan elkaar 'verknoopt' zijn door sterke, primaire bindingen. Op die manier vormen zij een stijf en sterk netwerk, dat ook bij hoge temperaturen intact blijft. Thermohardende polymeren smelten dus niet, maar zullen wel, als de temperatuur te hoog wordt, degraderen of ontbranden.

De term 'thermohardend' slaat echter op het vervaardigingsproces van het polymeer, namelijk het 'verknopen' van de korte moleculen (het 'uitharden'). Vooraleer de korte moleculen met elkaar verknoopt worden, zijn zij slechts slapjes verbonden door secundaire bindingen. Sommige polyesters of epoxyharsen worden daardoor, in niet-uitgeharde toestand, bijna even vloeibaar als water.[7] Dat is erg belangrijk voor de composietproductie. Want in een goed composiet moet elk vezeltje omringd worden door de polymeermatrix. Een zeer vloeibaar epoxyhars kan een vezelbundel binnendringen, maar een gesmolten polypropyleen is te stroperig ('visceus') en blijft steken aan de buitenrand van de vezelbundel. Toch heeft men hiervoor een oplossing gevonden. Men maakt polypropyleenvezels en mengt die met de glasvezels. Als het polypropyleen smelt, zit het meteen tussen de glasvezels en kan het de glasvezels aan elkaar lijmen, om zo een stevig composiet te maken.

Er bestaan dus twee totaal verschillende productiemethoden voor composieten. Bij de thermohardende epoxies en polyesters vloeit het (nog niet uitgeharde) hars makkelijk tussen de vezels. Indien men een mal en tegenmal gebruikt kan men het hars in de mal inspuiten (of erin zuigen, met een vacuüm zoals bij een stofzuiger). Men kan vezels en hars ook vooraf mengen ('impregneren'). Deze 'prepregs' worden dan eenvoudig in de mal gelegd en tot de gewenste vorm geperst. Voor hoogwaardige producten in lucht- en ruimtevaart of in sporttoepassingen gebruikt men daarvoor dikwijls een soort drukvat (een 'autoclaaf') in plaats van een mechanische of hydraulische pers.

Bij thermoplasten moet men het polymeer gewoon opwarmen totdat het voldoende slap geworden is (of eventueel zelfs gesmolten) om het in de gewenste vorm te persen. Als de mal koud is, zal de thermoplast, meteen nadat het materiaal de vorm van de mal aangenomen heeft, afkoelen en dus stijf worden. Productie van thermoplastische composieten is dus vrijwel altijd veel sneller dan thermohardende. Het productieproces gaat dan erg lijken op het persen van metaalplaten en is even snel.

Er bestaat reeds verschillende decennia een ander soort composieten die een nog veel snellere en efficiëntere productie toelaten: de kortevezelcomposieten. Echter, naarmate de vezels korter worden, vermindert hun verstevigend

235

pressure into a cold mould, where it immediately cools down and solidifies. The cycle time is very short, just a few dozen seconds. This technique can therefore be used to manufacture mass products, which combine the advantages of plastics (suitable for injection moulding) and those of composites (higher stiffness and strength).

There are thus numerous methods of making composite products, from very simple, almost craft-like processes (hand-lay up) via expensive autoclave methods through to ultra-fast, super-automated injection moulding processes. However, they all have one property that is extremely important for designers: freedom of form. With a few pieces of textile – carbon fibre, for instance – some liquid epoxy resin and plenty of good craftsmanship, an aerodynamically shaped bike can be made that would not be possible with steel tubes. And using plastic pellets mixed with glass fibres, an injection moulding machine can produce in a few dozen seconds a handle for an electric iron or a sturdy chair.

1   Secondary school chemistry: primary bonds are metallic, ionic or covalent, while examples of secondary bonds are Vanderwaals or hydrogen bonds.
2   Later on we shall see that there are two types of polymer, thermoplastic and thermosetting, and that primary bonds also arise between the chains in thermosetting polymers.
3   This can partially be explained (in simplified terms) as follows: stiffer bonds draw the atoms closer together and hence lead to heavier metals, while conversely heavier atoms usually also form stiffer metallic bonds.
4   Cost prices depend closely on quality: ordinary steel costs around €1/kg, but a high-alloyed steel may cost three times more. The same is true of aluminum alloys and plastics (polypropylene only costs €1/kg, whereas Plexiglas is three times as expensive). Moreover, prices fluctuate considerably over time. Finally, it should not be forgotten that the material cost often only represents a small proportion of the total product cost, although it is sometimes the decisive cost factor.

5   'Matrix' is used as a general term to designate the material that causes the fibres to adhere to one another. Metal matrix and ceramic matrix composites also exist.
6   Expressed as a formula: $K = a_v . K_v + a_m . K_m$, where K is the property, a_v is the fibre fraction (percentage divided by 100) and a_m is the matrix fraction.
7   An analogy is often drawn between thermoplasts and cooked spaghetti: the long strands of spaghetti represent the long molecules. Stirring a bowl of spaghetti requires quite a lot of strength, far more than stirring a bowl of rice. The short rice grains can thus be compared with the short molecules in a thermosetting polymer that has not yet been tied together.

effect. Een glasvezelcomposiet verliest (bij benadering) één derde van zijn stijfheid wanneer de glasvezels, in plaats van oneindig lang, slechts 1 millimeter lang zijn. Ook de sterkte daalt, maar toch zijn dergelijke composieten nog heel wat sterker en stijver dan gewone plastics.

Bovendien kunnen die korte vezeltjes gemakkelijk gemengd worden met de plastics. Dit mengsel wordt dan onder druk in een koude mal gespoten, waar het meteen afkoelt en stolt. De cyclustijd is bijzonder kort, enkele tientallen seconden. Daarom kunnen met die techniek massaproducten vervaardigd worden die de voordelen van plastics (spuitgietbaar) en composieten (hogere stijfheid en sterkte) combineren.

Er bestaan dus veel methoden om composietproducten te maken, van zeer eenvoudige, bijna ambachtelijke processen (hand-lay up) via dure autoclaafmethoden tot de heel snelle en supergeautomatiseerde spuitgietprocessen. Eén voor ontwerpers uitermate belangrijke eigenschap hebben zij echter gemeen, namelijk vormvrijheid.

Met wat lapjes (kool)stof(vezels), wat vloeibaar epoxyhars en veel handige handarbeid kan een aerodynamisch gevormde fiets gemaakt worden, die met stalen buizen niet te realiseren is. En uit plastic korreltjes gemengd met glasvezels kan een spuitgietmachine in enkele tientallen seconden een strijkijzerhandvat of een stevige stoel produceren.

Deze tekst is een ingekorte versie van de tekst 'De wetenschap achter composieten' gepubliceerd in Lut Pil en Ignaas Verpoest (eds.), Xtra Strong/Light. Composites, Leuven: Universitaire Pers Leuven, 2006, pp. 10-35.

1 Chemie uit de middelbare school: primaire bindingen zijn metallisch, ionisch of covalent, secundaire bindingen zijn bijvoorbeeld Vanderwaals- of waterstofbindingen.

2 Later zal uitgelegd worden dat er twee soorten polymeren zijn, thermoplastische en thermohardende, en dat bij de thermohardende toch ook primaire bindingen tussen de ketens ontstaan.

3 Dit kan gedeeltelijk, en vereenvoudigend, verklaard worden: stijvere bindingen trekken de atomen dichter bij elkaar en leiden dus tot zwaardere metalen, en omgekeerd zullen zwaardere atomen meestal ook stijvere metallische bindingen vormen.

4 Kostprijzen zijn sterk afhankelijk van de kwaliteit; gewoon staal kost ongeveer 1€/kg, maar een hooggelegeerd staal kan best driemaal meer kosten. Hetzelfde geldt voor aluminiumlegeringen en kunststoffen (polypropyleen kost slechts 1 €/kg, plexiglas driemaal meer). Bovendien schommelen de prijzen vrij fors met de tijd. Tenslotte mag men niet vergeten dat de materiaalkost dikwijls slechts een heel klein deeltje uitmaakt van de totale productkost, maar soms ook de doorslaggevende kostenfactor is.

5 'Matrix' wordt gebruikt als algemene term om het materiaal aan te duiden dat de vezels aan elkaar lijmt. Er bestaan ook composieten met metaal-matrix en keramische matrix.

6 In formule: $K = a_v \cdot K_v + a_m \cdot K_m$, waarbij K_m de eigenschap is, a_v de vezelfractie is (percentage gedeeld door 100) en a_m de matrixfractie.

7 Dikwijls wordt de analogie gemaakt tussen thermoplasten en gekookte spaghetti: de lange slierten spaghetti stellen de lange moleculen voor. Roeren in een kom spaghetti vereist nogal wat kracht, veel meer dan roeren in een kom rijst. De korte rijstkorreltjes kunnen dan vergeleken worden met de korte moleculen van een thermohardend polymeer dat nog niet verknoopt is.

COLOFON / COLOPHON

Editors
Lut Pil (Matter & Image, LUCA School of Arts)
& Ignaas Verpoest (Department of Materials Engineering, KU Leuven)

Teksten / Texts
Lut Pil, Ignaas Verpoest, Griet De Ceuster (Transport & Mobility Leuven), Bart Theys (Department of Mechanical Engineering, KU Leuven), Luc Labey (Faculty of Engineering Technology, KU Leuven), Dewi Kruijk (envisions), Gert Staal (design writer, researcher, tutor Information Design, Design Academy Eindhoven)

Vertalingen / Translations
ALT Vertaalbureau

Eindredactie / Final editing
Katrien Van Moerbeke
Karel Puype

Fotografie / Photographic credits
Ronald Smits (envisions)
Zie vermelding bij de foto's / See illustration credits

Dank aan alle designers en bedrijven die illustratiemateriaal hebben aangeleverd.

We would like to thank all the designers and companies for kindly providing us with illustrative material.

Vormgeving / Graphic Design
Team Thursday (envisions), Rotterdam (NL)

Art Direction
Sanne Schuurman (envisions)

Druk / Printed by
Drukkerij Tielen bv, Boxtel (NL)

Uitgever / Publisher
Stichting Kunstboek bvba, Oostkamp (BE)
www.stichtingkunstboek.com

Design Museum Gent
Jan Breydelstraat 5
9000 Gent
www.designmuseumgent.be

Dank aan de partners die bijgedragen hebben aan deze publicatie: Huntsman, Solvay, Toray Carbon Fibers Europe S.A, JEC-World, 3B-The Fibreglass Company

We would like to thank all the partners that have contributed to this publication: Huntsman, Solvay, Toray Carbon Fibers Europe S.A, JEC-World, 3B-The Fibreglass Company

Dit boek verschijnt naar aanleiding van de gelijknamige tentoonstelling *Fibre-Fixed. Composites in Design* in Design Museum Gent (26.10.2018 – 21.04.2019, curatoren Ignaas Verpoest & Lut Pil, co-creatie i.s.m. envisions).

This publication is an edition on the occasion of the exhibition of the same name *Fibre-Fixed. Composites in Design* at the Design Museum Gent (26.10.2018 – 21.04.2019, curators Ignaas Verpoest & Lut Pil, co-creation in collaboration with envisions).

© 2018 Stichting Kunstboek bvba & Design Museum Gent

ISBN 978-90-5856-611-9
NUR 656
D/2018/6407/23

All rights reserved. No part of this book may be reproduced, stored in a database or retrieval system, or transmitted, in any form, by any means, electronically, mechanically, by print, photocopying, recording or otherwise without the written permission of the publisher.